Dickler/Dilsky/Schneider

Präparatives Praktikum

VCH

Die Praxis der Labor- und Produktionsberufe

herausgegeben von U. Gruber und W. Klein

Band 1 Schmittel/Bouchée/Less
Labortechnische Grundoperationen

Band 2a Hahn/Haubold
Analytisches Praktikum: Qualitative Analyse

Band 2b Gübitz/Haubold/Stoll
Analytisches Praktikum: Quantitative Analyse

Band 3 Dickler/Dilsky/Schneider
Präparatives Praktikum

Band 4 Gottwald/Puff
Physikalisch-chemisches Praktikum

Band 5 Hahn/Reif/Lischewski/Behle
Betriebs- und verfahrenstechnische Grundoperationen

Band 6 Simic/Hochheimer/Reichwein
Messen, Regeln und Steuern

Band 7a Mayer
Fachrechnen Chemie

Band 7b Mayer
Fachrechnen Physik

Band 7c Burggraf
Fachrechnen Physikalische Chemie

Band 8 Gottwald/Sossenheimer
Angewandte Informatik im Labor

Präparatives Praktikum

Heinz Dickler,
Erwin Dilsky
und
Michael Schneider

VCH Weinheim · New York · Basel · Cambridge · Tokyo

Heinz Dickler
Erwin Dilsky
Michael Schneider
Hoechst AG
Abteilung für
Aus- und Weiterbildung
Postfach 80 03 20
D-65903 Frankfurt/M.

Lektorat: Philomena Ryan-Bugler, Cornelia Clauß
Herstellerische Betreuung: Peter J. Biel

Die Deutsche Bibliothek – CIP-Einheitsaufnahme

Dickler, Heinz:
Präparatives Praktikum/Heinz Dickler, Erwin Dilsky und Michael Schneider. – Weinheim; New York; Basel; Cambridge; Tokyo: VCH, 1994
(Die Praxis der Labor- und Produktionsberufe; Bd. 3)
ISBN 3-527-26497-3
NE: Dilsky, Erwin:; Schneider, Michael:; GT

Gedruckt auf säurefreiem und chlorarm gebleichtem Papier.

Satz: U. Hellinger, D-69253 Heiligkreuzsteinach
Druck: Betzdruck, D-64291 Darmstadt
Bindung: Großbuchbinderei J. Schäffer, D-67259 Grünstadt
Printed in the Federal Republic of Germany

Vertrieb:

VCH Verlagsgesellschaft, Postfach 10 11 61, D-69451 Weinheim (Bundesrepublik Deutschland)

Schweiz: VCH Verlags-AG, Postfach, CH-4020 Basel (Schweiz)

United Kingdom und Irland: VCH Publishers (UK) Ltd., 8 Wellington Court, Wellington Street, Cambridge CB1 1HZ (England)

USA und Canada: VCH Publishers, Suite 909, 220 East 23rd Street, New York, NY 10010-4606 (USA)

Japan: VCH, Eikow Building, 10-9 Hongo 1-chome, Bunkyo-Ku, Tokyo 113 (Japan)

ISBN 3-527-26497-3 ISSN 0930-0147

Vorwort

Eine Vielzahl von Produkten, die unseren heutigen Lebensstandard ausmachen, sind ohne Beteiligung der Chemie nicht denkbar. Seit ihren Anfängen befaßt sich die Chemie aber nicht nur mit der Untersuchung der uns umgebenden Stoffe durch Analyse, sie versucht vielmehr, solche Stoffe – wie auch „künstliche“ – im Labor herzustellen, also zu synthetisieren. Hierzu sind spezielle präparative Arbeitstechniken notwendig. Diesbezügliche Kenntnisse und Fertigkeiten soll dieses Buch vermitteln. Der vorliegende Band will – und kann – aber nicht gleichzeitig Lehrbuch der Chemie sein. Es müssen sowohl in den kurzen theoretischen Einführungen zu den einzelnen Kapiteln als auch bei den jeweils nachfolgenden praktischen Tätigkeiten Grundkenntnisse vorausgesetzt werden.

Bezugnehmend auf das Ordnungsmittel zur Ausbildung von Laborantenberufen wurden exemplarisch bestimmte, uns wichtig erscheinende Reaktionen ausgewählt und mit präparativen Aufgaben – soweit möglich mit unterschiedlichen Schwierigkeitsgraden – versehen. Dabei wird neben der eigentlichen Reaktionsführung gesteigerter Wert auf das Üben gängiger labortechnischer Grundoperationen wie auch auf Identifizierung und Reinheitskontrolle der hergestellten Stoffe gelegt. Besondere Aufmerksamkeit wird in dem vorliegenden Band der Arbeitssicherheit wie auch der Vermeidung von Umweltbelastungen gewidmet. Da in der Chemie Arbeiten mit gefährlichen Stoffen zwar eingeschränkt, aber nicht gänzlich vermieden werden können, wird auf entsprechende Aufgaben bewußt nicht verzichtet. Es muß gelehrt und gelernt werden, mit gefährlichen Stoffen sachgerecht umzugehen.

Die Konzeption des Buches soll ein weitgehend selbständiges Arbeiten von Auszubildenden in den verschiedenen Laborantenberufen, wie auch bei Chemikanten und Pharmakanten ermöglichen. Zur Unterstützung des praktischen Unterrichtes an Berufs(fach)schulen und allgemeinbildenden Schulen ist es ebenfalls geeignet. Eine Hilfe soll dieser Band auch Studierenden an Fachhochschulen und Universitäten zu Beginn der Praktika in den ersten Semestern sein.

Bei der Benutzung dieses Buches ist es nicht unbedingt erforderlich, alle Kapitel systematisch der Reihe nach zu bearbeiten. Der Lernende ist frei in der Wahl des Themas bzw. der Aufgabe. Wertvolle Hilfe für das präparative Praktikum dürften die Bände 1 „Labortechnische Grundoperationen“ und 4 „Physikalisch-chemische Methoden“ der Reihe „Praxis der Labor- und Produktionsberufe“ sein. Unter Hinzunahme entsprechender, weiterführender Literatur wird projektorientiertes Lernen in Einzel- und/oder Gruppenarbeit ermöglicht.

Wie die anderen Bücher dieser Reihe ist auch dieser Band aus Ausbildungsunterlagen für naturwissenschaftliche Berufe der HOECHST AG entstanden. In diesem Zusammenhang gilt allen Mitarbeitern der Abteilung für Aus- und Weiterbildung (Leitung: Dir. Ulrich Huber) für die hilfreiche Unterstützung unser herzlicher Dank. Frau Monika Schreyer gilt für die Erstellung sämtlicher Abbildungen unser besonderer Dank. Weiterhin bedanken wir uns bei der Firma Riedel-de Haen für die Erlaubnis zur Übernahme wesentlicher Teile des Kapitels Arbeitssicherheit aus dem Chemikalienkatalog 1993 sowie beim Verlag Chemie Weinheim für die Überlassung zahlreicher IR-Spektren aus entsprechendem Katalog.

Hoechst AG, November 1993
Heinz Dickler, Erwin Dilsky und Michael Schneider

Inhalt

1 Einleitung

Zur effizienten Handhabung dieses Buches sollen folgende Hinweise dienen:

Kapitel 2 **„Theoretische Grundlagen“** beinhaltet eine kurzgefaßte Beschreibung der unterschiedlichen Reaktionstypen der anorganischen wie organischen Chemie. Begriffe wie Substitution, Eliminierung oder Oxidation werden hier erklärt und mit Beispielen erläutert.

Unabhängig davon wird jeder präparativen (Einzel-)Aufgabe eine kurze theoretische Abhandlung vorangestellt, die sich auf das jeweilige Produkt bezieht.

Zusammenfassend werden im Kapitel 3 **„Allgemeine praktische Arbeitsgrundlagen“** die benötigten Geräte, Apparaturen und Chemikalien aufgelistet. Die Bereitstellung der dort aufgeführten Stoffe und Laborgerätschaften einschließlich einer Standardausrüstung ermöglicht die Durchführung aller in diesem Band aufgezeigten Arbeitsvorschriften.

Darüberhinaus werden hier allgemeine Hinweise zu Arbeitssicherheit, umweltgerechtem Verhalten und der Entsorgung von Reststoffen gegeben.

Notwendige Methoden zur Reinigung der hergestellten Produkte sowie zu deren Qualitätsüberprüfung mit entsprechender Analytik werden kurz aufgezeigt. Ein Hinweis auf die zugehörige Fachliteratur soll weitere Hilfestellungen bieten.

Abschließend beschreibt Kapitel 3 den möglichen und sinnvollen Einsatz von EDV-Systemen. Dies gilt sowohl für arbeitsvorbereitende Maßnahmen als auch für die Dokumentation.

Die Vorschriften zur Herstellung der **„Anorganischen Präparate“** sind im Kapitel 4 nach den jeweiligen Reaktionstypen geordnet.

Im fünften Kapitel **„Organische Präparate“** ist eine Klassifizierung nach Reaktionstypen wie z.B. Halogenierung, Veresterung, Nitrierung, etc. vorgenommen worden.

Die Reihenfolge der einzelnen Reaktionstypen ist alphabetisch gewählt, d.h. mit Acetylierungen beginnend, endet die Auswahl bei Verseifungen.

Bei der Behandlung eines Reaktionstypes sind die jeweils zugehörenden Produkte ebenfalls in alphabetischer Folge angegeben. Eine andere Ordnung, z.B. nach Schwierigkeitsgrad o.ä., wurde wegen der Subjektivität dieser Betrachtung nicht gewählt.

Sogenannte **„Mehrstufensynthesen“** werden im Kapitel 6 vorgeschlagen. Dabei handelt es sich jeweils um die über mehrere Einzelreaktionen erfolgende Darstellung eines organischen Produktes. Beispielsweise kann durch Oxidation von Toluol und anschließende Veresterung mit Ethanol letztlich Benzoesäureethylester hergestellt werden.

Die Mehrstufensynthesen ermöglichen einerseits sparsamen Umgang mit Chemikalien und machen andererseits Beseitigungsmethoden überflüssig, weil die Verwendung der Chemikalien für Folgereaktionen vorgesehen ist.

Im Kapitel 7 werden Vorschläge für **„Projektaufgaben"** unterbreitet. Diese beinhalten komplexere Aufgabenstellungen. Die Analytik und eventuell erforderliche Reinigung von Edukten kann zu Projektaufgaben gehören.

2 Theoretische Grundlagen

Themen und Lerninhalte

Anorganische Reaktionstypen:
- Neutralisationsreaktionen
- Redoxreaktionen
- Fällungsreaktionen
- Komplexbildungsreaktionen

Organische Reaktionstypen:
- Substitutionsreaktionen
- Additionsreaktionen
- Eliminierungsreaktionen
- Umlagerungsreaktionen

2.1 Anorganische Reaktionstypen

Während in der organischen Chemie die Reaktionen und ihre Mechanismen weitgehend erforscht und systematisch hinlänglich beschrieben sind, ist dies im Bereich der anorganischen Chemie nicht immer der Fall.

Zahlreiche anorganische Stoffumwandlungen werden nur kurz und teilweise unvollständig dargestellt. Dies hat seine Ursache sicherlich u.a. im Mangel eines einheitlich nutzbaren Modells.

Trotzdem soll hier eine Beschreibung derjenigen Reaktionstypen versucht werden, welche sozusagen als Triebkraft anorganischer Reaktionen anzusehen sind.

2.1.1 Neutralisationen

Nach dem schwedischen Chemiker Svante Arrhenius (1859–1927) werden alle Wasserstoffverbindungen, die in wäßriger Lösung H^+-Ionen (Protonen) abspalten, als Säuren bezeichnet.

$$HX \xrightarrow{H_2O} H_3O^+ + X^-$$

$$HNO_3 \xrightarrow{H_2O} H_3O^+ + NO_3^-$$

$$H_2SO_4 \xrightarrow{H_2O} 2\,H_3O^+ + SO_4^{2-}$$

Stoffe bzw. Teilchen, welche H^+-Ionen (Protonen) aufnehmen können, werden nach dem Dänen Johannes Nikolaus Brönsted (1879 - 1947) Basen genannt.

$$Y + H_3O^+ \longrightarrow YH^+ + H_2O$$
$$NH_3 + H_3O^+ \longrightarrow NH_4^+ + H_2O$$
$$OH^- + H_3O^+ \longrightarrow 2\,H_2O$$

Bei der Reaktion einer Säure mit einer Base entstehen das entsprechende Salz und Wasser:

$$HCl + NaOH \longrightarrow NaCl + H_2O$$

Da hierbei aus einem sauren und einem basischen Stoff neutrale Produkte entstehen, wird diese Reaktion als *Neutralisation* bezeichnet.

Die eigentliche Reaktion der Neutralisation besteht in der Vereinigung von H^+-Ionen und OH^--Ionen zu Wasser.

$$H^+ + OH^- \longrightarrow H_2O$$

Die übrigen beteiligten Ionen liegen auch nach der Neutralisation unverändert in Lösung vor.

$$H^+Cl^- + Na^+\,OH^- \longrightarrow H_2O + Na^+Cl^-$$

Es wird so durch die Neutralisation eine wäßrige Lösung von Natrium- und Chlorid-Ionen erhalten. Die Entfernung des Wassers durch Abdampfen führt zur Kristallisation des Salzes. Mit der oben beschriebenen Methode der Neutralisation können viele Salze gewonnen werden.

Darstellung von Kaliumchlorid

Kalilauge wird durch Zugabe von Salzsäure nach folgender Reaktionsgleichung neutralisiert:

$$KOH + HCl \xrightarrow{H_2O} KCl + H_2O$$

2.1.2 Redoxvorgänge

Chemische Reaktionen, bei denen gleichzeitig Oxidationen wie Reduktionen ablaufen, werden als Redoxvorgänge bezeichnet.

Der französische Chemiker Antoine Laurent Lavoisier (1743–1794) führte erstmals den Begriff Oxidation ein. Lavoisier konnte, entgegen der bis dahin verbreiteten Theorie, erklären, daß bei jeder Verbrennung Sauerstoff benötigt wird. Die Reaktionen, bei denen sich Metalle oder Nichtmetalle mit „Oxygen" (Sauerstoff) verbinden, bezeichnete er als Oxidation.

Als Reduktion wurden ursprünglich Reaktionen bezeichnet, bei welchen Metalloxide in elementare Metalle zurückgeführt wurden.

Da jedoch auch andere Reaktionen, wie z.B. die Umsetzung von erhitztem Natrium im Chlorgasstrom verbrennungsähnliche Erscheinungen zeigen, wurden Oxidations- wie Reduktionsbegriff erweitert:

Unter Oxidation versteht man heute den Vorgang, bei dem einem Teilchen (Atom, Ion oder Molekül) Elektronen entzogen werden.

Oxidation entspricht Elektronenabgabe

Unter Reduktion versteht man einen Vorgang, bei dem ein Teilchen Elektronen aufnimmt.

Reduktion entspricht Elektronenaufnahme

Da ein Teilchen A nur dann Elektronen aufnehmen kann, wenn diese Elektronen von einem anderen Teilchen B abgegeben werden, sind Elektronenaufnahme (Reduktion) und Elektronenabgabe (Oxidation) zwangsläufig stets miteinander verknüpft.

Reaktionen, bei denen Elektronenübergänge (auch: Elektronenverschiebungen) stattfinden, werden als Redoxreaktionen bezeichnet.

$$2\,\overset{+2}{\mathrm{Pb}}\mathrm{O} + \overset{0}{\mathrm{C}} \longrightarrow 2\,\overset{0}{\mathrm{Pb}} + \overset{+4}{\mathrm{C}}\mathrm{O_2}$$

Reduktion Oxidation

Substanzen, welche die Oxidation von Reaktionspartnern fördern, werden als Oxidationsmittel bezeichnet. Häufig verwendete Oxidationsmittel sind Kaliumpermanganat ($KMnO_4$), Kaliumdichromat ($K_2Cr_2O_7$), Wasserstoffperoxid (H_2O_2), etc.

Als Reduktionsmittel werden im Labor oftmals verwendet: metallisches Eisen (Fe) in mineralsaurem Medium, unedle Metalle wie Natrium (Na) oder Zink (Zn), Metallhydride, etc.

Mittels Redoxreaktionen werden im chemischen Labor wie auch in der Technik u.a. Metalle, Nichtmetalle und Nichtmetalloxide hergestellt.

Beispiel für die Darstellung eines Metalloxids

Darstellung von Magnesiumoxid

$$2\,Mg + O_2 \longrightarrow 2\,MgO$$

Beispiel für die Darstellung eines Salzes

Darstellung von Kupfersulfat

$$Cu + 2\,H_2SO_4 \longrightarrow CuSO_4 + 2\,H_2O + SO_2$$

Kupfer wird zu Cu^{2+}-Ionen oxidiert. Das entstehende Kupfer-II-sulfat findet z.B. in der Galvanotechnik sowie der Schädlingsbekämpfung Anwendung.

2.1.3 Fällungsreaktionen

Von einer Fällungsreaktion wird gesprochen, wenn die Darstellung einer schwerlöslichen Verbindung (Produkt) aus gelösten Edukten erfolgt.

Aus zwei gutlöslichen Ionenverbindungen AB und CD kann beim Mischen der Lösungen dieser Verbindungen eine schwerlösliche Verbindung AD hergestellt werden, die durch Filtration von den übrigen Bestandteilen des Reaktionsgemischs abgetrennt wird.

$$AB + CD \longrightarrow AD\downarrow + CB$$

Die allgemeine Methodik dieses Reaktionstypus läßt sich folgendermaßen beschreiben: Zunächst wird der Stoff AB mit Hilfe eines geeigneten Lösemittels in Lösung gebracht:

$$AB \xrightarrow{H_2O} A^+ + B^-$$

Der Stoff CD wird möglichst im gleichen Lösemittel aufgelöst:

$$CD \xrightarrow{H_2O} C^+ + D^-$$

Hierbei erfolgt jeweils eine Stabilisierung der freien, beweglichen Ionen durch Solvatation mit Lösemittelmolekülen.

Beim Mischen der beiden Lösungen können alle Ionen miteinander in Berührung kommen. Dabei entsteht aus den Ionen A^+ und D^- die schwerlösliche Verbindung AD. Für diesen Vorgang spielen Temperatur und die Mischgeschwindigkeit eine bedeutende Rolle.

$$A^+ + B^- + C^+ + D^- \xrightarrow{H_2O} \underset{\downarrow}{AD} + C^+ + B^-$$

Die Triebkraft dieser Reaktion liegt in der Bildung der schwerlöslichen Verbindung AD. Die übrigen Ionen sind an der Reaktion im eigentlichen Sinne nicht beteiligt.

Reduziert auf das Wesentliche kann der Reaktionsablauf folgendermaßen wiedergegeben werden:

$$A^+ + D^- \xrightarrow{H_2O} \underset{\downarrow}{AD}$$

Durch Kuchenfiltration kann der Feststoff AD aus dem Reaktionsgemisch, das noch aus Lösemittel und diversen freien Ionen besteht, abgetrennt werden.

Nach Waschen und Trocknen wird das Produkt AD in reiner Form erhalten.

2.1.4 Bildung von Komplexverbindungen

Ende des 18. Jahrhunderts konnte der französische Chemiker Tassaert beobachten, daß bei längerem Stehen aus einer wässrigen ammoniakalischen Kobalt-III-chlorid-Lösung ein gelb bis orangefarbener Feststoff ausgeschieden wird. Der Franzose stellte die Zusammensetzung des Niederschlages in additiver Schreibweise als $CoCl_3 \cdot 6\ NH_3$ fest.

Erst einhundert Jahre später fand der Deutsche Alfred Werner eine Erklärung für die vorliegenden Bindungsverhältnisse mit seiner „Koordinationslehre". Diese kam der heutigen Beschreibung von Komplexverbindungen sehr nahe:

Komplexe bestehen aus einem Zentral-Atom bzw. Zentral-Ion und mindestens zwei Liganden, die das zentrale Teilchen umgeben und mittels einer koordinativen Bindung daran gebunden sind.

Die Koordinationszahl gibt an, wieviele Liganden ein Zentral-Atom bzw. -Ion umgeben und hängt davon ab, wieviele koordinative Bindungen das Zentral-Atom/-Ion eingehen kann.

So weist z.B. das Zentral-Ion Kobalt Co^{3+} immer die Koordinationszahl 6 auf, d.h. Co^{3+} hat stets sechs Liganden. Schreibweise:

$$[Co(NH_3)_6]^{3+}$$

Der räumliche Aufbau kann so angenommen werden: Das Kobalt-Zentral-Ion ist in der Mitte plaziert; die sechs Liganden (NH_3-Moleküle) sind oktaedrisch um das Zentral-Ion angeordnet.

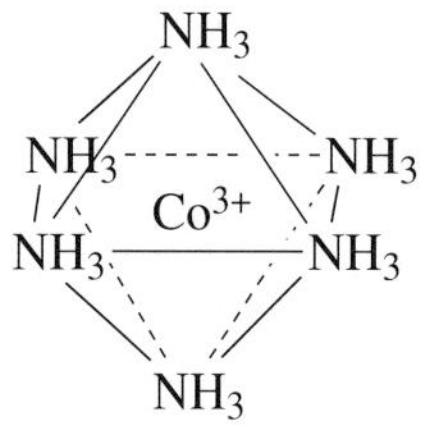

Darstellung von Komplexverbindungen

Wird eine Verbindung gelöst, welche ein potentielles Zentral-Atom bzw. -Ion besitzt, so kann es sofort zu einer Komplexbildung kommen, wenn das Lösemittel die Liganden liefert.

Wenn beispielsweise Kupfersulfat in Wasser aufgelöst wird, entsteht ein Kupfer-hexaquo-sulfat:

$$CuSO_4 + 6\,H_2O \longrightarrow [Cu(H_2O)_6]^{2+} \cdot SO_4^{2-}$$

Dieser Kupfer-hexaquo-Komplex ist schwach blau gefärbt und gut in Wasser löslich.

Wird die wäßrige Lösung von Kupfersulfat mit Ammoniak-Lösung versetzt, so verdrängen die NH_3-Moleküle die Wasser-Moleküle aus dem bestehenden Komplex:

$$[Cu(H_2O)_6]^{2+} \xrightarrow[-4\,H_2O]{+4\,NH_3} [Cu(NH_3)_4(H_2O)_2]^{2+}$$

Es entsteht somit durch den Austausch von vier Wassermolekülen gegen vier Ammoniak-Moleküle ein stabiler Kupfer-tetrammin-Komplex, der tief blau gefärbt und gut in Wasser löslich ist.

Beim Abdampfen von Wasser kristallisiert blaues Kupfertetramminsulfat aus.

2.2 Organische Reaktionstypen

In diesem Abschnitt soll versucht werden, die außerordentliche, scheinbar zusammenhanglose Vielfalt der organisch-chemischen Phänomene anhand weniger, einfacher Prinzipien aufzuzeigen.

Dazu werden die Reaktionen organischer Verbindungen in vier wesentliche Grundtypen gegliedert:

– Substitutionsreaktionen
– Additionsreaktionen

- Eliminierungsreaktionen
- Umlagerungsreaktionen

2.2.1 Substitutionsreaktionen

Bei einer Vielzahl organischer Reaktionen handelt es sich um Substitutionsreaktionen, die auch Verdrängungsreaktionen genannt werden. Sie verlaufen nach dem Typus:

$$AB + CD \longrightarrow AD + BC$$

Die Abgangsgruppe B verläßt das Molekül AB und wird durch das Atom bzw. die Atomgruppe D ersetzt (substituiert).

Als Beispiel für eine aliphatische wie auch radikalische Substitution sei hier die Methanchlorierung genannt:

$$\underset{\text{Methan}}{CH_3\text{–}H} + Cl_2 \longrightarrow \underset{\text{Chlormethan}}{CH_3\text{–}Cl} + HCl$$

Dabei wird ein Wasserstoffatom des Methans gegen ein Chloratom ausgetauscht.

Die Sulfonierung von Aminobenzol (Anilin) ist ein Beispiel für eine elektrophile Substitution am Aromaten:

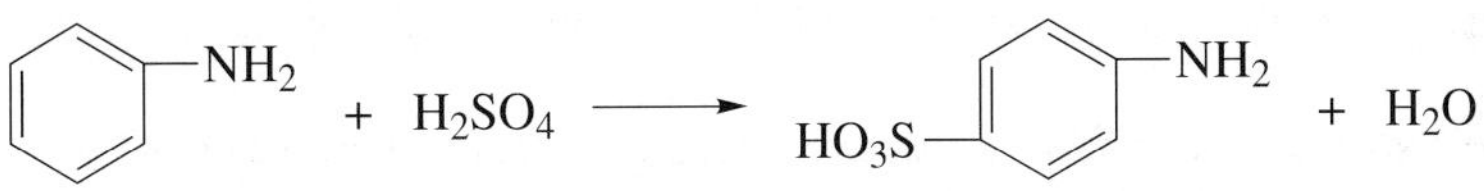

Anilin Sulfanilsäure

Ein Wasserstoffatom des aromatischen Systems wird durch die SO_3H-Gruppe substituiert.

Folgende Arten von Substitutionsreaktionen werden unterschieden:
- aliphatisch-nucleophil
- aromatisch-nucleophil
- aliphatisch-elektrophil
- aromatisch-elektrophil
- radikalisch

Substitutionsreaktionen, die für ein präparatives Praktikum wesentlich erscheinen, werden anschließend genauer beschrieben.

Aromatisch-elektrophile Substitution

Aromatische elektrophile Substitutionen sind Reaktionen vom Typ:

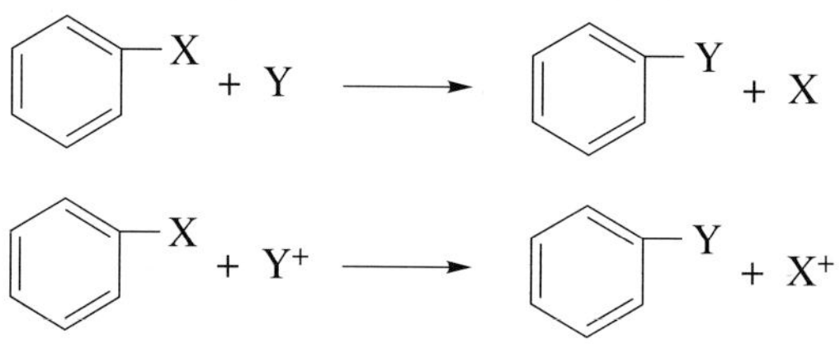

Reaktionspartner sind die aromatische Verbindung Ar-X und eine Lewis-Säure Y, d.h. ein Teilchen mit Elektronenpaarlücke Y oder ein Kation Y^+.

Lewis-Säuren sind „Elektronenmangelverbindungen" und reagieren aus diesem Grunde bevorzugt mit negativen bzw. negativierten Teilchen. Daher werden sie als elektrophil (elektronensuchend) bezeichnet.

Abgangsgruppen sind Teilchen, die selbst arm an Elektronen sind. Häufig wird Wasserstoff substituiert, der die Verbindung als Proton (H^+) verläßt.

Reaktionsbedingungen

Aromatische elektrophile Substitutionen werden durch polare Lösemittel, welche die Abgangsgruppe und das zwischenzeitlich entstehende Phenonium-Ion $(H\text{-}Ar\text{-}Y)^+$ durch Solvatation stabilisieren, begünstigt.

Reaktionsmechanismus

Am langsamsten, also geschwindigkeitsbestimmenden Schritt der Reaktion sind zwei Stoffe beteiligt: das Elektrophil Y und die aromatische Verbindung Ar-X. Diese bilden zunächst einen relativ lockeren Anlagerungskomplex (π-Komplex), aus dem sich bei ausreichenden energetischen Verhältnissen ein sogenanntes Arenium-Ion bildet.

Da zwei Stoffe am energieaufwendigsten und daher langsamsten Teilschritt beteiligt sind, wird von einer bimolekularen („2") elektrophilen („E") Substitutionsreaktion („S") gesprochen.

Bei aromatischen elektrophilen Substitutionen handelt es sich stets um einen S_E2-Mechanismus.

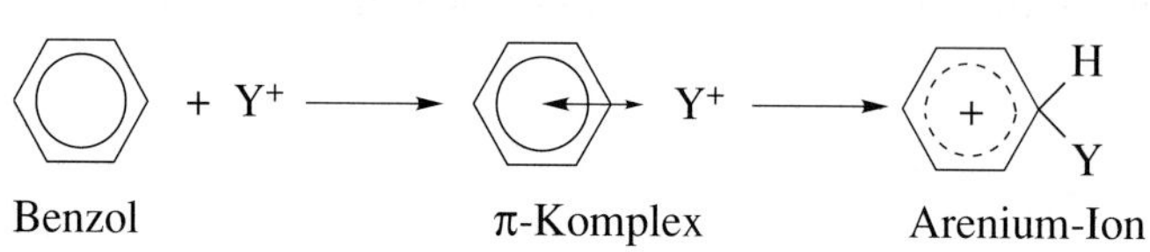

Bei Energieabgabe zerfällt das Arenium-Ion unter Bildung des substituierten Produktes Ar-Y und Abspaltung eines Protons.

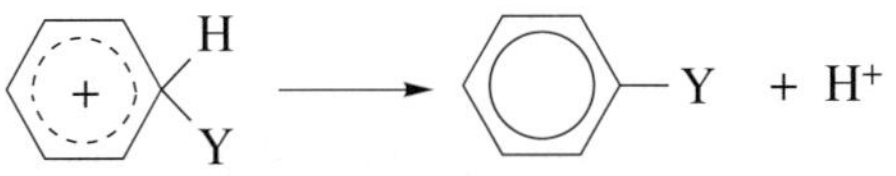

Arenium-Ion subst. Produkt

Charakteristische Beispiele für S_E2-Reaktionen am Aromaten sind:

- Acylierung (nach Friedel-Crafts)
- Alkylierung (nach Friedel-Crafts)
- Diazo-Kupplung
- Halogenierung (mit Lewis-Basen)
- Nitrierung
- Sulfonierung

Für die Sulfonierung von Benzol sei hier beispielgebend die Reaktionsgleichung aufgeführt:

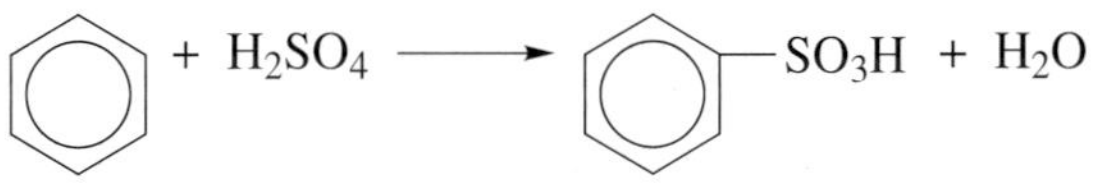

Benzol Benzolsulfonsäure

Ein Wasserstoffatom des aromatischen Systems wurde durch die SO_3H-Gruppe substituiert.

Aliphatisch nucleophile Substitution

Aliphatische nucleophile Substitutionen sind Reaktion vom Typ:

$$R{-}X + Y{:} \longrightarrow R{-}Y + X{:} \quad \text{bzw.}$$

$$R{-}X + Y^- \longrightarrow R{-}Y + X^-$$

Reaktionspartner sind die aliphatische Verbindung R-X und eine Lewis-Base, d.h. ein Teilchen mit freiem Elektronenpaar Y**:** oder ein Anion Y^-.

Lewis-Basen sind „Elektronenüberschußverbindungen" und reagieren bevorzugt mit positiven Teilchen. Daher werden sie als nucleophil (kernsuchend) bezeichnet.

Reaktionsbedingungen

Aliphatische nucleophile Substitutionen finden meist in Lösung statt, wobei polare Lösemittel die Lewis-Base durch Solvatation stabilisieren und somit die Gesamtreaktion begünstigen.

Reaktionsmechanismus

Nucleophile Substitutionen werden je nach Ablauf dem monomolekularen S_N1- oder dem bimolekularen S_N2-Mechanismus zugeordnet.

S_N1-Mechanismus:

Bei monomolekularen („1") nucleophilen („N") Substitutionen („S") handelt es sich um Zwei-Schritt-Reaktionen.

Im ersten Reaktionsschritt entsteht aus der aliphatischen Verbindung R-X durch heteropolare Spaltung ein Carbenium-Ion R^+ sowie die freie Abgangsgruppe $:X^-$.

$$R\text{–}X \xrightarrow{\text{langsam}} R^+ + :X^-$$

Im zweiten Schritt reagiert das Carbenium-Ion R^+ mit dem zugesetzten Reaktionspartner, also mit der Lewis-Base $:Y^-$ zum Produkt R-Y.

$$R^+ + :Y^- \xrightarrow{\text{schnell}} R\text{–}Y$$

Die Geschwindigkeit einer chemischen Reaktion wird stets durch den langsamsten Teilschritt der Reaktion bestimmt. Hier ist die langsam erfolgende Dissoziation geschwindigkeitsbestimmend.

Da an der Dissoziation lediglich ein Stoff, nämlich die Verbindung R-X, beteiligt ist, wird von einer monomolekularen („1") nucleophilen (also: „N") Substitution („S") gesprochen. Die Reaktion verläuft somit nach dem S_N1-Mechanismus.

Bei verhältnismäßig geringer Konzentration des Nucleophils, schwacher Nucleophilie des Angreifers, hoher Polarität des Lösemittels sowie bei Katalyse mit Silber-Ionen Ag^+ oder Protonen H^+ laufen Reaktionen bevorzugt nach dem S_N1-Mechanismus ab.

S_N2-Mechanismus:

Bei bimolekularen („2") nucleophilen („N") Substitutionen („S") handelt es sich um Ein-Schritt-Reaktionen. Reaktionspartner sind dabei die aliphatische Verbindung R-X und die Lewis-Base :Y.

Das Nucleophil :Y nähert sich dem Molekül R-X jeweils an der Seite, welche der Abgangsgruppe X gegenüberliegt.

Es entsteht ein Übergangszustand Y-R-X, wobei Abgangsgruppe X und Nucleophil Y gleichermaßen an den aliphatischen Rest R gebunden sind:

$$Y: + R\text{–}X \longrightarrow \underset{\text{Übergangszustand}}{Y\text{–}R\text{–}X}$$

Aus dem Übergangszustand erfolgt gleichzeitig das Festigen der Bindung R-Y sowie das Lösen der R-X-Bindung:

$$Y\text{–}R\text{–}X \longrightarrow Y\text{–}R + :X$$

Da am geschwindigkeitsbestimmenden, hier dem einzigen Schritt zwei Stoffe beteiligt sind, handelt es sich um eine bimolekulare („2") Reaktion. Diese Reaktion verläuft somit nach dem S_N2-Mechanismus.

Bei Substitutionen nach dem S_N2-Mechanismus tritt stets eine Umkehr der Konfiguration (Inversion) ein, die auch Walden-Umkehr genannt wird:

$$—\overset{|}{\underset{|}{C}}-X \quad \text{wird zu} \quad Y-\overset{|}{\underset{|}{C}}—$$

Bei hoher Konzentration des Nucleophils, starker Nucleophilie des Angreifers (der Lewis-Base) und geringer Polarität des Lösemittels laufen Reaktionen bevorzugt nach dem S_N2-Mechanismus ab.

Charakteristische Beispiele für aliphatische, nucleophile Substitutionen sind die Ether-Bildung (durch Williamson-Synthese), die Bildung von Carbonsäuren (durch Hydrolyse von Säurehalogeniden) und Verseifungen von Estern.

Ether-Bildung (Williamson-Synthese)

Reaktionspartner sind Alkalialkoholate R-O-Me, die nach Dissoziation Alkoholat-Ionen (Lewis-Basen) als Nucleophile liefern, sowie Halogenalkane R^*-X.

$$R^*–X + R–O^- \cdot Me^+ \longrightarrow \underset{\text{Ether}}{R^*–O–R} + MeX$$

Darstellung von Isopropyl-methyl-ether:

$$CH_3–J + (CH_3)_2–CH–O–Na \longrightarrow \underset{\text{Isopropyl-methyl-ether}}{(CH_3)_2–CH–O–CH_3} + NaJ$$

Die Substitution verläuft wegen der starken Nucleophilie des Alkoholats nach dem S_N2-Mechanismus.

Bildung von Carbonsäuren (Verseifung)

Die Hydrolyse von Estern führt zu Carbonsäuren und Alkoholen.

$$\underset{\text{Ester}}{R-C{\overset{\displaystyle /\!\!/ O}{\underset{\displaystyle \backslash O–R^*}{}}}} \quad + \underset{\text{Wasser}}{H_2O} \longrightarrow \underset{\text{Carbonsäure}}{R-C{\overset{\displaystyle /\!\!/ O}{\underset{\displaystyle \backslash O–H}{}}}} \quad + \underset{\text{Alkohol}}{R^*–OH}$$

Die Verseifung von Estern wird durch eine hohe OH^--Ionen-Konzentration begünstigt. Dies ist beim Einsatz von Alkalilaugen der Fall.

Die OH^--Ionen greifen als Nucleophile das positivierte Kohlenstoffatom des Esters an, als Abgangsgruppe verläßt das Alkoholat-Ion das Molekül.

Bei der Verseifung mit Kalilauge entsteht so nicht der freie Alkohol, sondern das entsprechende Kaliumsalz.

2.2.2 Additionsreaktionen

Bei Additionsreaktionen ist die Anlagerung eines Teilchens an die C–C-Mehrfachbindungen von Alkenen oder Alkinen am häufigsten anzutreffen. Jedoch spielt auch die Addition an Carbonylgruppen bei Aldehyden oder Ketonen eine bedeutende Rolle.

Addition an C–C-Mehrfachbindung

Unter der Addition an eine C–C-Mehrfachbindung versteht man eine Reaktion des Typs:

Alken Alkan

Wie die Reaktionsgleichung aufzeigt, entsteht aus einem Alken ein Alkan. Dabei reagiert eine ungesättigte, elektronenreiche Verbindung (Alken mit Doppelbindung oder Alkin mit Dreifachbindung) mit einem elektronensuchenden, also elektrophilen Partner.

Liegt als Edukt ein Alkin (R–C≡C–H) vor, so entsteht durch Addition ein Alken:

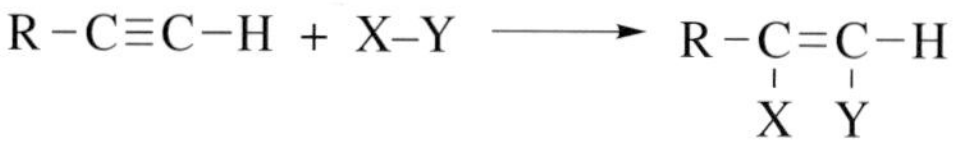

Alkin Alken

Reaktionsmechanismus

Wird an eine C=C-Doppelbindung addiert, so bestimmt der Reaktionspartner den Reaktionsmechanismus. Greift ein elektrophiles Teilchen wie z.B. ein Kation die C=C-Doppelbindung an, verläuft die Reaktion nach dem Mechanismus der elektrophilen Addition.

Nähert sich jedoch ein Radikal der ungesättigten Verbindung, kann eine Addition nach radikalischem Mechanismus erfolgen.

Weniger wahrscheinlich ist hingegen, daß ein Nucleophil (z.B. ein Anion), welches selbst schon einen Überschuß an negativen Ladungsträgern besitzt, sich der elektronenreichen, ungesättigten Verbindung als Reaktionspartner anbietet. In seltenen Fällen tritt dies jedoch ein; so erfolgt eine nucleophile Addition.

Am häufigsten erfolgt unter den oben genannten Varianten die **elektrophile Addition**.
Im ersten Reaktionsschritt wird dabei ein Elektrophil wie z.B. ein Kation an die C=C-Doppelbindung addiert. Dabei entsteht ein Carbenium-Ion.

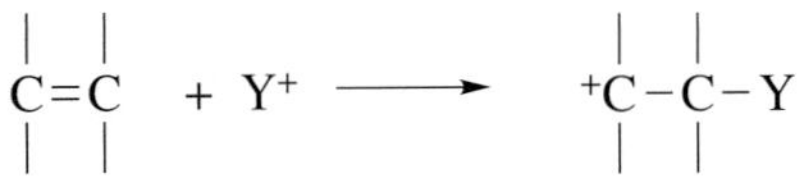

Carbeniumion

Im zweiten Reaktionsschritt reagiert das Carbenium-Ion mit einem Elektronendonator X**:** oder X^-. Als Produkt entsteht eine gesättigte Verbindung.

Beispiele für wichtige elektrophile Additionen

Halogenierung

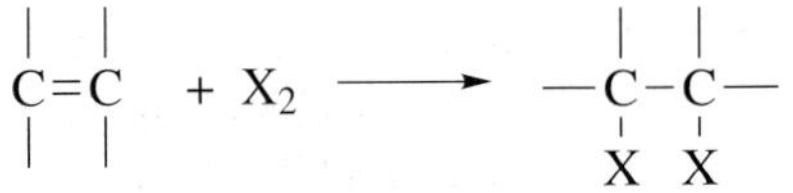

1,2-Dihalogenalkan

Addition des Halogens Br_2

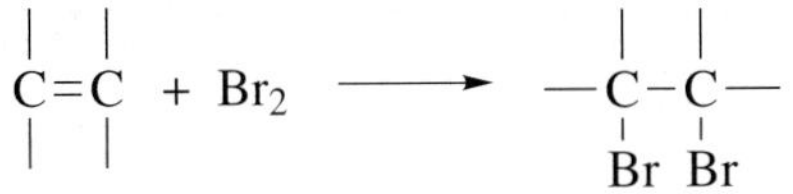

1,2-Dibromalkan

Hydrohalogenierung

Addition des Halogenwasserstoffes HCl

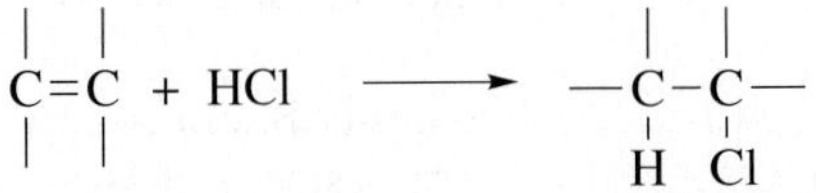

Chloralkan

Hydratisierung

Addition von Wasser H_2O

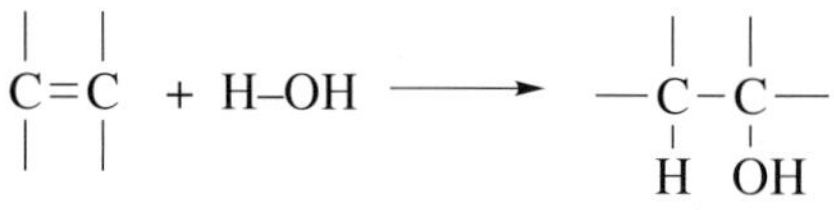

Alkohol
einwertig und gesättigt

2.2.3 Eliminierungsreaktionen

Eliminierungen sind Reaktionen des Typs:

$$A \longrightarrow B + C$$

Aus einem Ausgangsstoff (Edukt) entstehen dabei zwei oder mehr Endstoffe (Produkte).

Am weitesten verbreitet ist unter Eliminierungen die Abspaltung von Wasserstoff einerseits und einem Atom oder einer Atomgruppe andererseits. Die beiden Abgangsgruppen verlassen benachbarte Kohlenstoffatome unter Ausbildung einer C=C-Doppelbindung.

Beispiel:

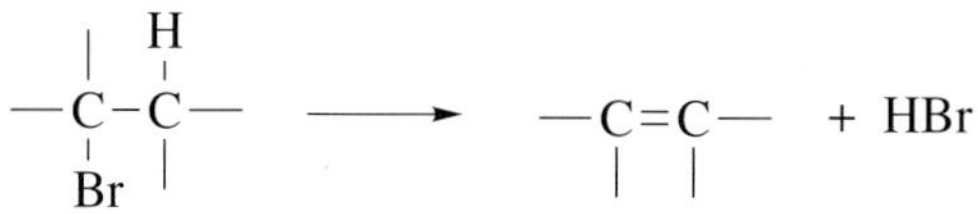

Alkenbildende Eliminierung

Elimininierungsreaktionen, welche substituierte Alkane als Ausgangsstoffe haben, führen zu entsprechenden Alkenen und der eliminierten Verbindung XY.

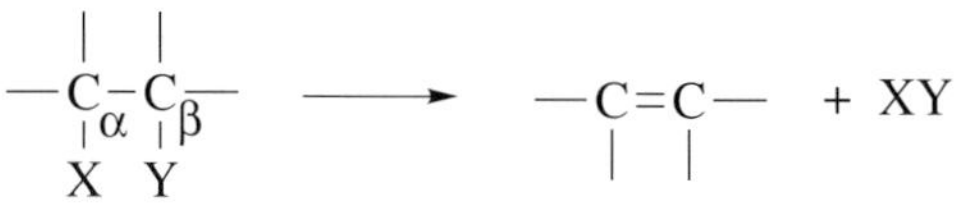

Alkan Alken

Dieser oben dargestellten Fall wird als ß-Eliminierung bezeichnet: Zwei Atome bzw. Atomgruppen X und Y, die an vicinalen (d.h. an zwei benachbarten) Kohlenstoffatomen gebunden sind, werden aus dem Molekül entfernt.

Alkinbildende Eliminierung

Elimininierungsreaktionen, welche Alkene als Edukte aufweisen, bilden entsprechende Alkine sowie die eliminierte Verbindung XY. Es handelt sich ebenfalls um eine β-Eliminierung.

Alken Alkin

α-Eliminierung

Seltener als die oben beschriebene ß-Eliminierung ist die sogenannte α-Eliminierung, bei der die beiden Abgangsgruppen X und Y von demselben Kohlenstoffatom abgehen.

$$CH_3–CH_2–CH_2–CH(H)–Cl \xrightarrow[-\,HCl]{} CH_3–CH_2–CH_2–CH\!:$$

$$CH_3–CH_2–CH_2–CH\!: \longrightarrow CH_3–CH_2–CH{=}CH_2$$

Wichtige Eliminierungsreaktionen

Dehydratisierung von Alkoholen

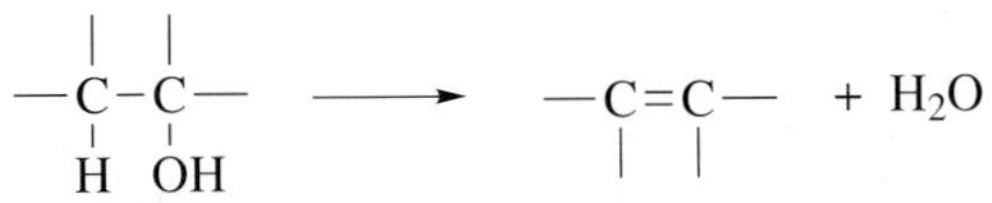

Alkohol Alken Wasser

Dehydrohalogenierung von Halogenalkanen

Halogenalkan Alken

Dehalogenierung von vicinalen Dihalogenalkanen

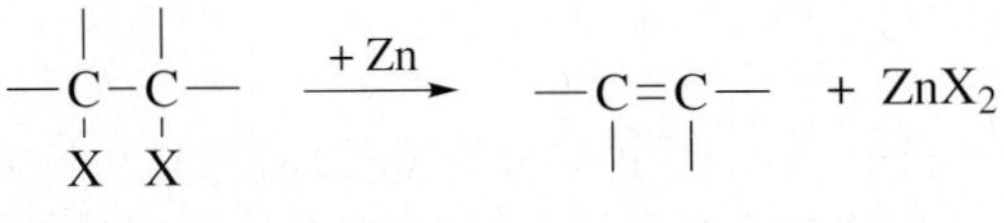

Dihalogenalkan Alken

Lösemitteleinfluß bei Eliminierungen

Eliminierungsreaktionen können durch die Wahl eines geeigneten Lösemittels günstig im Sinne einer erhöhten Ausbeute und/oder dem schnelleren Verlauf beeinflußt werden.

Ein Lösemittel, welches die Abgangsgruppe bzw. die bei der Eliminierung entstehende Verbindung aufnehmen kann, d.h. ein gutes Lösevermögen dafür besitzt, unterstützt den Verlauf der Reaktion.

Entsteht bei einer Eliminierung z.B. Chlorwasserstoff, so ist ein polares Lösemittel geeignet, HCl aufzunehmen und dadurch die Reaktion günstig zu beeinflussen.

2.2.4 Umlagerungen

Umlagerungen sind Reaktionen, bei denen eine funktionelle Gruppe im Molekül wandert. Umlagerungsreaktionen können mit der allgemeinen Reaktionsgleichung beschrieben werden:

$$A \longrightarrow B$$

Anionotropie: Handelt es sich bei der wandernden Gruppe um ein Anion, so wird von Anionotropie gesprochen.

Kationotropie: Als Kationotropie wird die Wanderung eines Kations innerhalb des Moleküls bezeichnet.

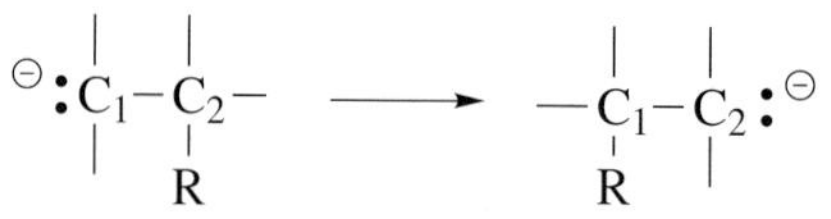

Radikalische Umlagerung: Wandert ein Radikal im Molekül an eine andere Position, wird von radikalischer Umlagerung gesprochen.

Bei den o.a. Umlagerungen handelt es sich jeweils um 1,2-Verschiebungen, d.h. die wandernde Gruppe verändert ihre Stellung zum benachbarten Kohlenstoffatom, also von C_1 zu C_2.

Da die anionotropen Umlagerungen die häufigsten sind, soll deren Reaktionsmechanismus im folgenden Abschnitt beschrieben werden.

Mechanismus anionotroper 1,2-Verschiebungen:

Zunächst verläßt eine Abgangsgruppe (X) als Anion (:X⁻) das Molekül.

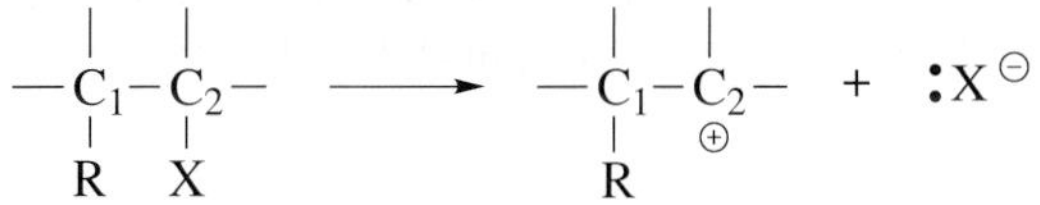

An dem entstehenden Carbenium-Ion vollzieht sich die Umlagerung gemäß:

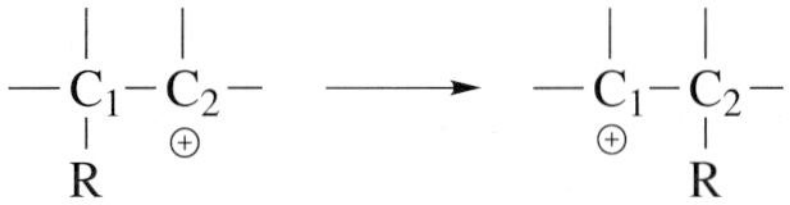

Das im Anschluß an diese sogenannte Wagner-Meerwein-Umlagerung vorliegende Carbenium-Ion geht anschließend eine weitere Reaktion ein, um eine Stabilisierung zu erreichen.

Beispiel für eine Wagner-Meerwein-Umlagerung:

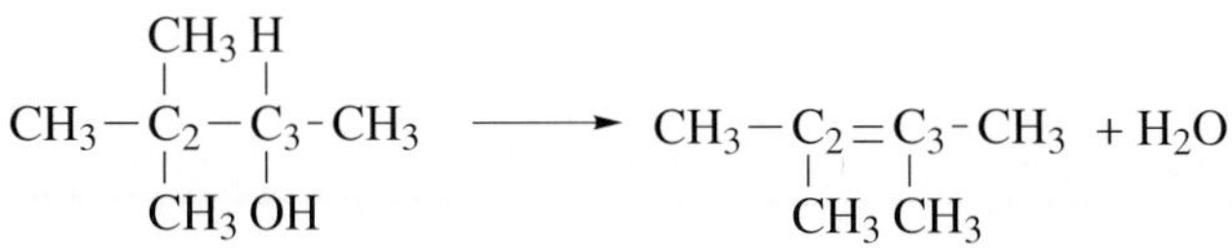

Spezielle Umlagerungen

Hofmann'scher Amidabbau

Einem Carbonsäureamid werden zwei Wasserstoffatome durch Einwirkung von elementarem Brom entzogen. Dabei tritt gleichzeitig eine Umlagerung ein.

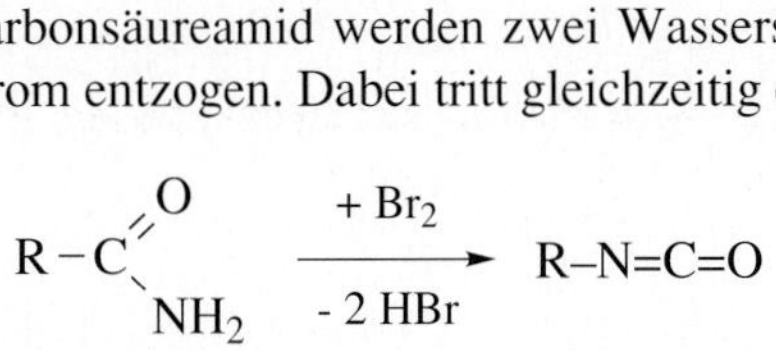

Carbonsäureamid Isocyanat

Das umgelagerte Isocyanat wird hydratisiert; es entstehen ein primäres Amin und Kohlenstoffdioxid. Dieser Reaktionsverlauf entspricht einer Decarboxylierung (Abspaltung einer Carboxylgruppe).

$$R{-}N{=}C{=}O \xrightarrow{+\,H_2O} R{-}NH_2 + CO_2$$

Amin

Beckmann Umlagerung

Die Umlagerung nach Beckmann ist als Sonderfall zu betrachten. Dabei sind stets Ketoxime die Ausgangsstoffe, welche im ersten Reaktionsschritt protoniert werden:

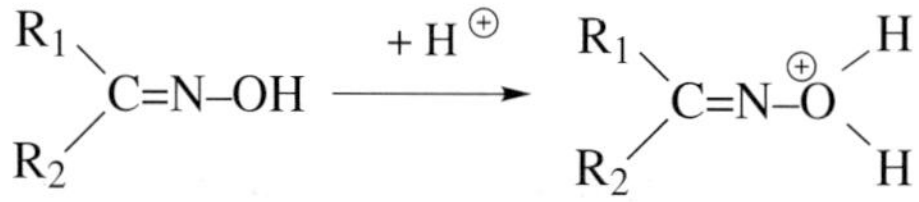

Unter Abspaltung von Wasser entsteht ein Nitrenium-Ion:

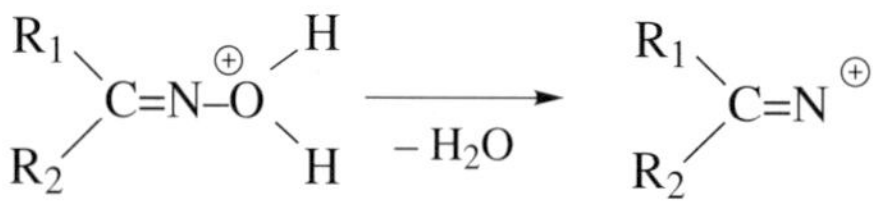

Eine der funktionellen Gruppe wandert als Anion zu dem positiven Stickstoff. Bei der Umlagerung entsteht ein Carbenium-Ion:

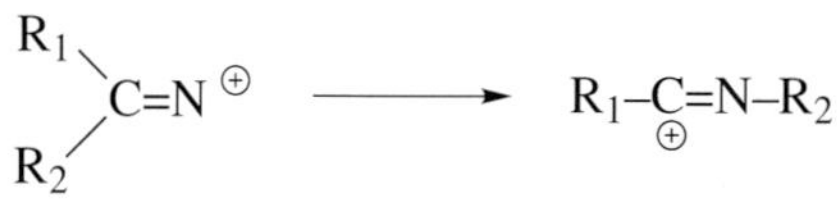

Nitrenium-Ion Carbenium-Ion

An das Carbenium-Ion kann im nächsten Reaktionsschritt eine nucleophile Gruppe angelagert werden.

Durch Folgereaktion mit Wasser (H_2O) entstehen N-substituierte Carbonsäureamide.

3 Allgemeine Praktische Arbeitsgrundlagen

Themen und Lerninhalte

- Aufbau der verschiedenen Reaktionsapparaturen
- Umgang mit Chemikalien unter besonderer Berücksichtigung der Arbeitssicherheit
- Aufarbeitung bzw. umweltgerechte Entsorgung von Reststoffen
- Identifikationsmethoden für hergestellte Produkte (Präparate)
- Reinheitskontrolle der Produkte
- Anwendung von EDV
- Dokumentation

3.1 Einleitung

In diesem Kapitel werden, bevor die Bewältigung der konkreten Aufgaben ansteht, allgemeine Hinweise zu Grundlagen praktischen Arbeitens erteilt.

Dabei wird eine **Auflistung** aller benötigten **Geräte** zur Durchführung des Praktikums vorangestellt. Auf die Erwähnung von laborüblichen Kleinteilen (wie Reagenzgläser, Pipetten, etc.) wird verzichtet.

Die wichtigsten **Apparaturen** zur Durchführung der diversen Synthesen werden in **Abbildungen** vorgestellt.

Die **Auflistung der benötigten Chemikalien** soll einen Überblick über den Umfang einer anzulegenden Präparatesammlung geben, falls alle Vorschriften abgearbeitet werden sollen.

In einer alle im Praktikum erwähnten Chemikalien umfassenden Übersicht werden die jeweiligen R- und S-Sätze wiedergegeben (Kap. 3.4).
Diese „**Hinweise** auf die besonderen Gefahren" (R-Sätze) und „Sicherheitsratschläge" (S-Sätze) sind für die **Arbeitssicherheit** im Chemielabor von herausragender Bedeutung.

In der gleichen Tabelle sind weiterhin die Gefahrenbezeichnungen und MAK-Werte enthalten.

Im Hinblick auf den **Umweltschutz** werden im Abschnitt 3.5 Vorschläge zur bedarfsgerechten Behandlung der anfallenden Reststoffe unterbreitet.

Wenn ein Recycling oder Aufarbeiten nicht möglich oder sinnvoll erscheint, wird eine entsprechende **Entsorgung** vorgeschlagen.

In knapp gehaltener Form werden in Kapitel 3.6 **Reinigungsverfahren** für feste und flüssige Produkte vorgestellt. Eine ausführliche Beschreibung dieser Methoden ist in Band 1 dieser Buchreihe „Labortechnische Grundoperationen" erfolgt.

Die **Analysenmethoden zur Identifikation** und/oder **Reinheitskontrolle** der eingesetzten bzw. hergestellten Präparate werden in Abschnitt 3.7 angesprochen. Nähere Ausführungen dazu können dem Band 4 dieser Buchreihe „Physikalisch-chemisches Praktikum" entnommen werden.

Abschließend enthält das dritte Kapitel Hinweise zur **Anwendung von EDV-Systemen** (z.B. Benutzung einer Datenbank) sowie zur **Dokumentation** der Arbeitsabläufe und -ergebnisse.

3.2 Geräte und Apparaturen

3.2.1 Geräte

Zur Durchführung der einzelnen Arbeiten werden Stoffmengen von ca. 1/10 mol eingesetzt. Aus diesem Grunde sind Reaktionsgefäße mit einem Volumen von 50-mL bis 500-mL vorgesehen.

Neben der allgemein üblichen Laborausstattung wie Gas- und Stromversorgung, Abzugseinrichtungen, etc. werden benötigt:

Bechergläser 50/100/400/600/1000-mL
Chlorcalciumrohr
Claisenbrücke
Destillatverteiler, Vakuumvorlage gebogen (Spinne)
Dewar-Gefäß 1 L
Dimrothkühler
Einhals-Rundkolben 100/250/500-mL
Flüssigkeitsbad, elektrisch
Gaswaschflaschen

Hebebühne
Heizkörbe, elektrisch
Intensivkühler
Kettenklammern
Kolonnenkopf
Kühlschale (Edelstahlschale)
Magnetrührer
Rücklaufteiler (nach Dr. Junge)
Rückschlagventil
Rührer
Rührerführungen (gasdicht)
Rührwerk, elektrisch
Scheidetrichter 100/250/500/1000-mL
Schliffkappe (zur Gasableitung)
Spannungsteiler (Heizwertregler)
Stockthermometer (– 120 °C ... +20 °C)
Stockthermometer (– 20 °C ... +150 °C)
Stockthermometer (– 20 °C ... +250 °C)
Thermostat
Tropftrichter 100-mL (mit Druckausgleich)
UV-Lampe
Vakuummeter
Vakuumpumpe
Vierhals-Rundkolben 250/500-mL
Vigreux-Kolonne (150 ... 400 mm)
Wasserstrahlpumpe
Zweihals-Rundkolben 100/250/500-mL

Bei der Auflistung der benötigten Geräte wird vorausgesetzt, daß diese aus chemikalienbeständigem Laborglas (z.B. Borosilikatglas) gefertigt und wo nötig mit Normschliffen üblicher Größe ausgestattet sind.

In Kapitel 7 „Projektaufgaben“ werden exemplarisch Vorschriften zur Durchführung von Kleinmengensynthesen angegeben.

Zur qualitativen bzw. quantitativen Überprüfung der im präparativen Praktikum hergestellten Produkte werden u.a. folgende Geräte empfohlen:

Gaschromatograph (mit FID)
IR-Spektrometer
Refraktometer
Schmelzpunktapparat
UV-/VIS-Spektrometer

Hinweise zu Handhabung der analytischen Geräte und Interpretation der damit ermittelten Daten sind im Band 4 dieser Buchreihe „Physikalisch-chemisches Praktikum“ enthalten.

3.2.2 Abbildungen verwendeter Apparaturen

Bei der Durchführung eines präparativen Praktikums werden unterschiedlichste Apparaturen benötigt. In diesem Abschnitt wurden zur Darstellung der Apparaturen Zeichnungen gewählt.

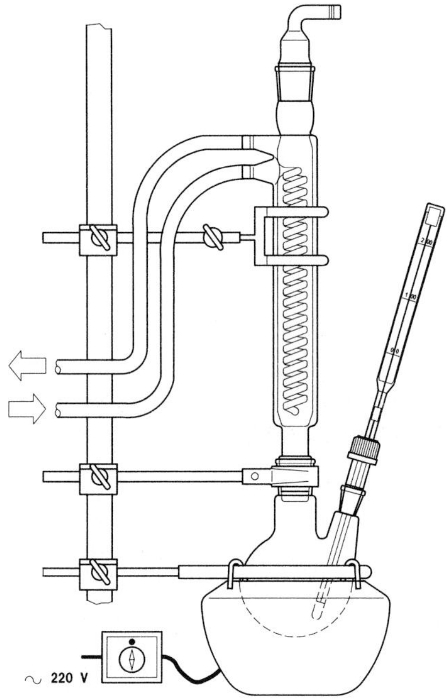

Abb. 3-1 Rückflußapparatur, incl. Anschlüsse und Stativmaterial

In obiger Abbildung ist eine „Rückflußapparatur" einschließlich der Anschlüsse für elektrischen Strom und Kühlwasser dargestellt. Auch das Stativ mit entsprechenden Backen- bzw. Kühlerklammern ist abgebildet.

Bei den weiteren Abbildungen wird auf Anschlüsse und Stativmaterial verzichtet, um eine übersichtliche Zeichnung der Apparatur zu erhalten.

Hinweise zum Aufbau einer Apparatur

- Aufbau soll von unten nach oben erfolgen
- Apparatur muß senkrecht aufgebaut werden
- ausreichender Abstand des Reaktionsgefäßes zur Tischplatte ist einzuhalten, weil evtl. Heiz- und Kühlbad im Wechsel zu verwenden sind
- Schliffe sind ordnungsgemäß zu fetten
- Rührer ist gegen Abrutschen vom Rührwerk zu sichern
- Kabel und Schläuche sind hinter der Apparatur abzuführen, wobei Leitungen nicht mit heißen Gegenständen in Berührung kommen dürfen
- Energieanschlüsse müssen stets gut erreichbar sein

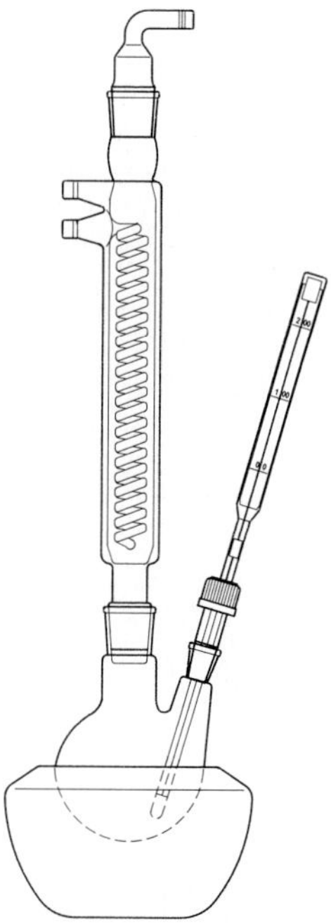

Abb. 3-2 Rückflußapparatur

Geräte: Heizkorb (elektrisch); Spannungsteiler, 500-mL-Zweihals-Rundkolben, Intensivkühler, Schliffthermometer

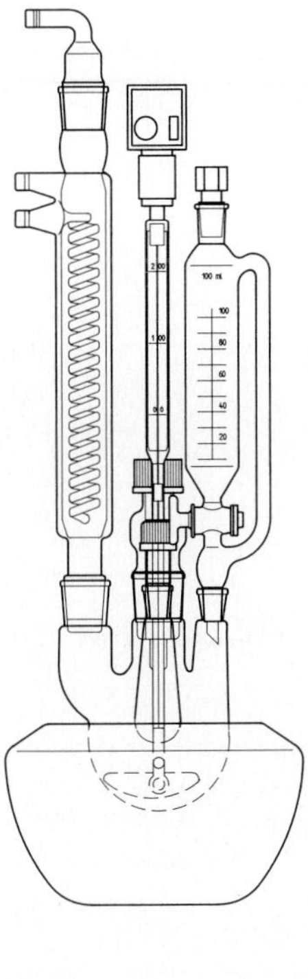

Abb. 3-3 Standardrührapparatur

Geräte: Heizkorb (elektrisch), 500-mL-Vierhals-Rundkolben, Intensivkühler, Thermometer, Tropftrichter, Gasableitung, Rührwerk (elektrisch)

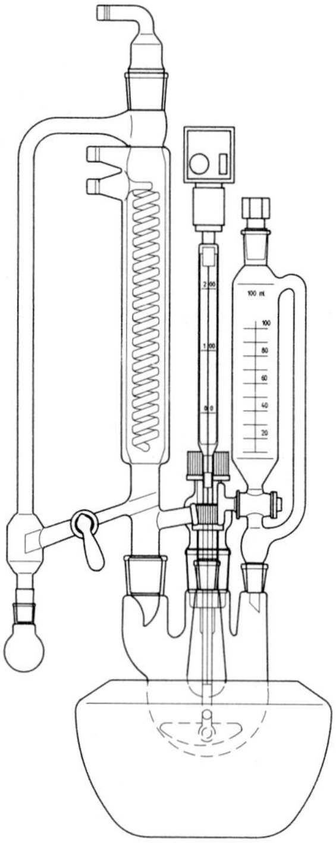

Abb. 3-4 Standardrührapparatur mit Kolonnenkopf
Geräte: Heizkorb (elektrisch), 500-mL-Vierhals-Rundkolben, Kondensatteiler nach Dr. Junge, Tropftrichter, Gasableitung, Thermometer, Rührwerk

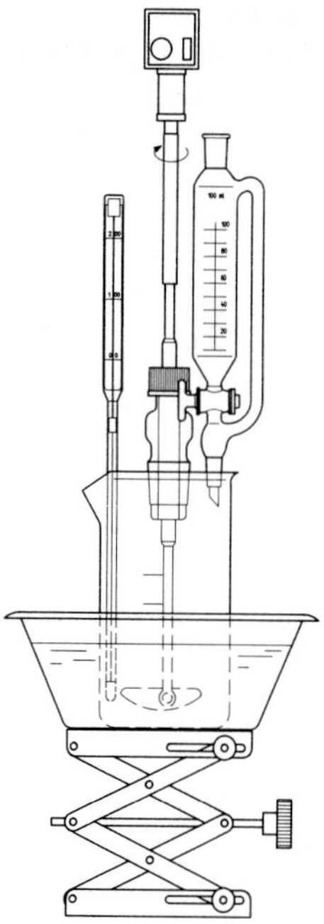

Abb. 3-5 Offene Rührapparatur „Becherglasrührapparatur"
Geräte: Becherglas, Rührer mit Führung und Rührwerk, Tropftrichter, Thermometer, Schale, Hebebühne (Kühlen), Brenner, Vierfuß (Heizen)

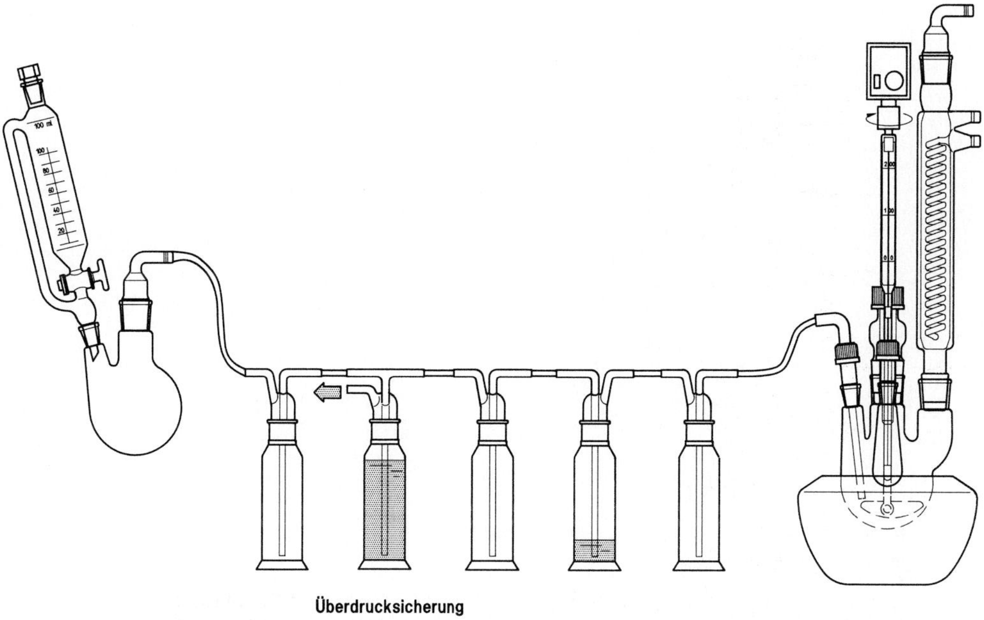

Abb. 3-6 Gasentwicklungsapparatur incl. Gastrocknung (kombiniert mit einer Standardrührappara-
Geräte: Tropftrichter, Zweihals-Rundkolben, Gaswaschflaschen (davon eine offen, als Überdrucksicherung), Standardrührapparatur

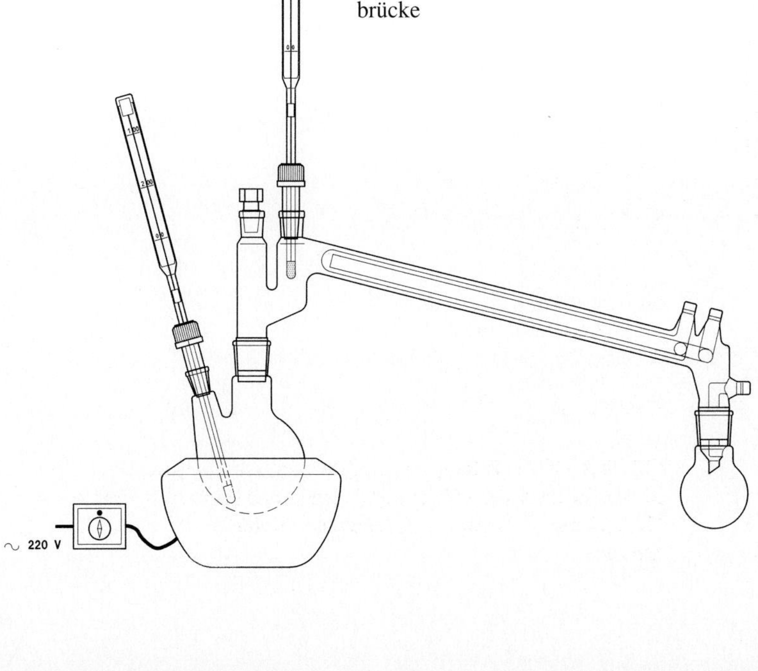

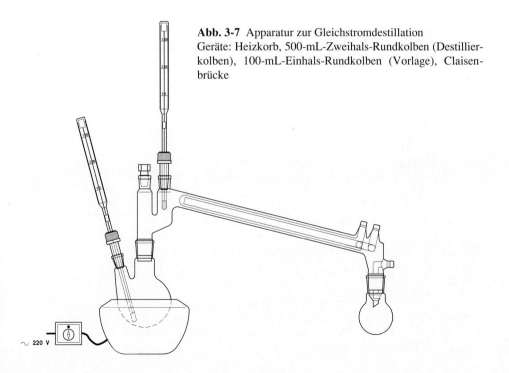

Abb. 3-7 Apparatur zur Gleichstromdestillation
Geräte: Heizkorb, 500-mL-Zweihals-Rundkolben (Destillierkolben), 100-mL-Einhals-Rundkolben (Vorlage), Claisenbrücke

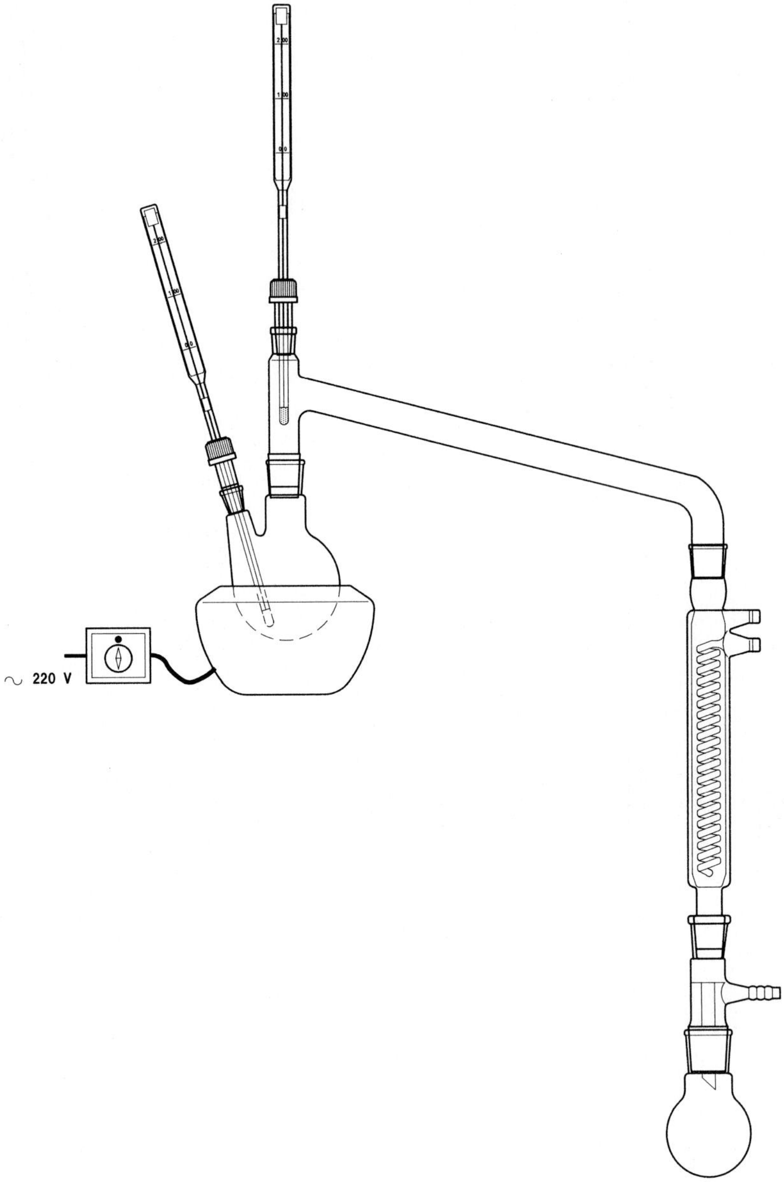

Abb. 3-8 Apparatur zur Gleichstromdestillation hochsiedender Substanzen

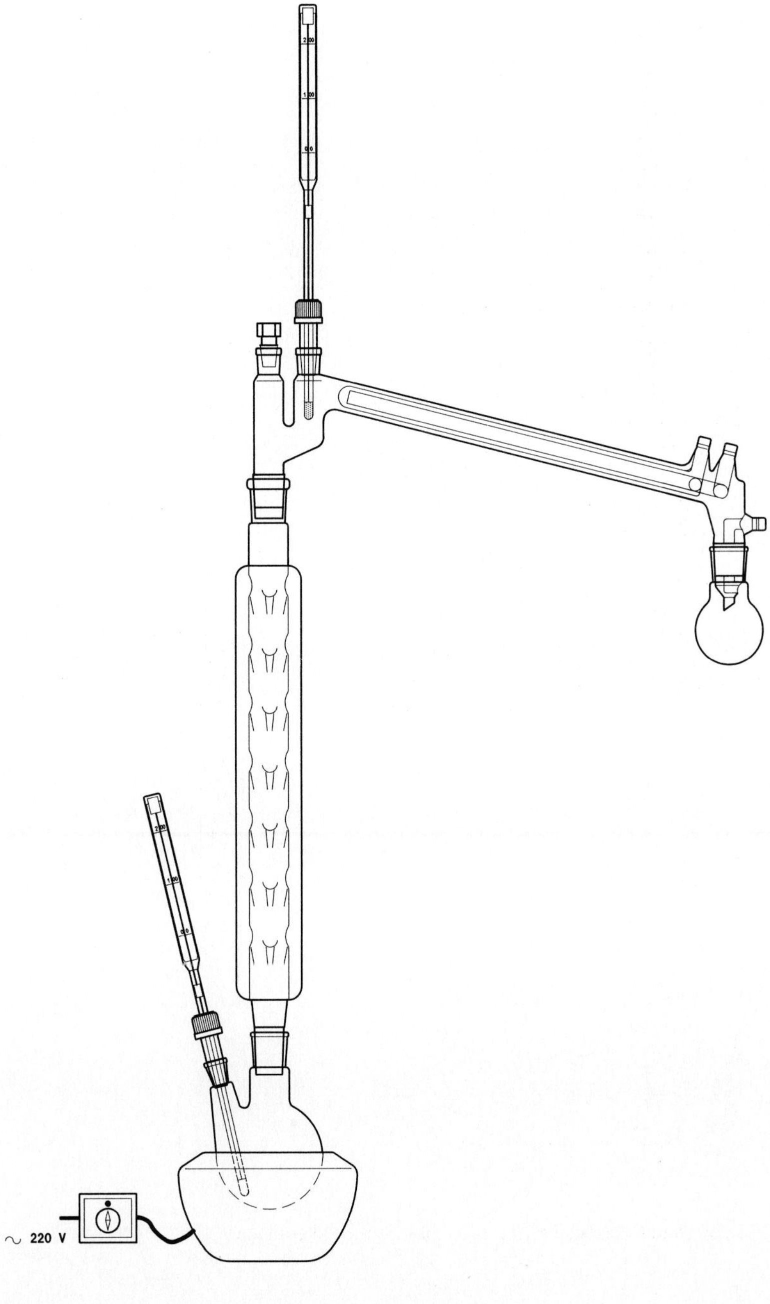

Abb. 3-9 Rektifikationsapparatur mit Claisenbrücke

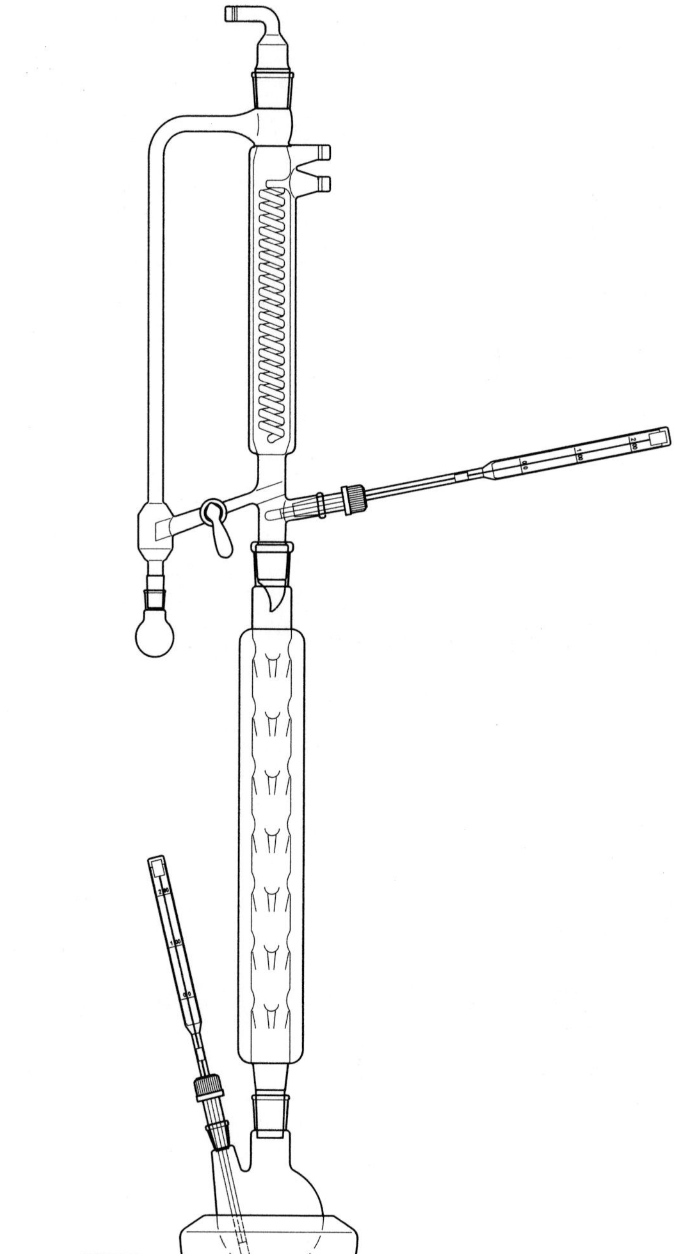

Abb. 3-10 Rektifikationsapparatur mit Rücklaufteiler nach Dr. Junge (Kolonnenkopf)

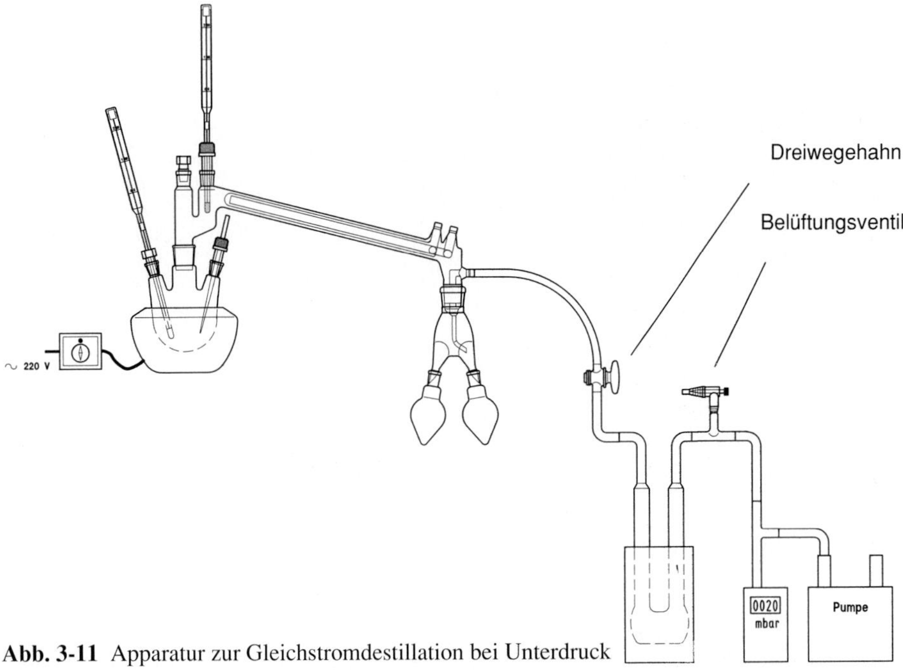

Abb. 3-11 Apparatur zur Gleichstromdestillation bei Unterdruck

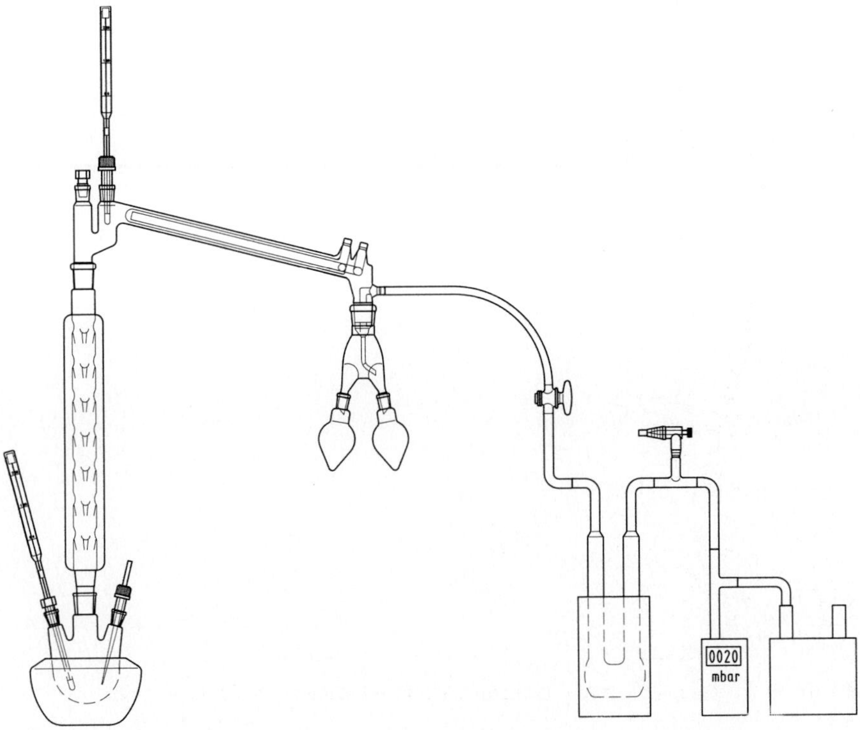

Abb. 3-12 Vakuum-Rektifikationsapparatur mit Claisenbrücke und Spinne

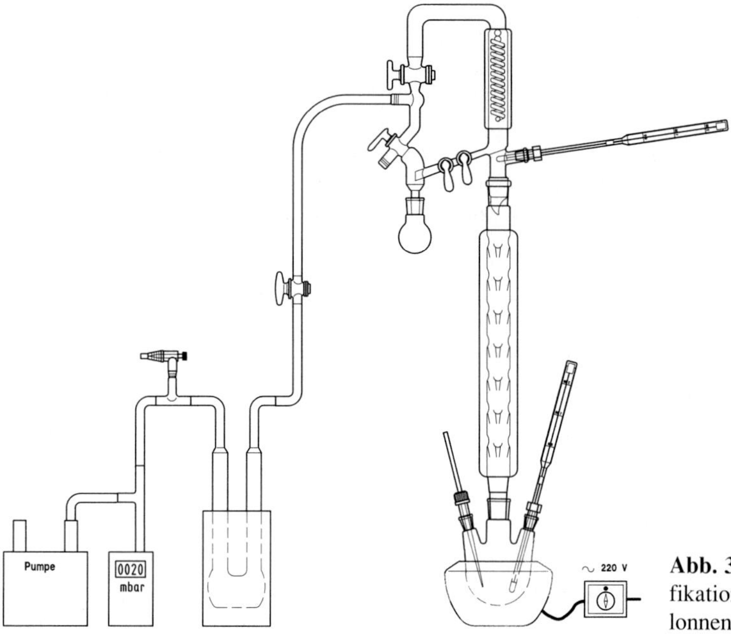

Abb. 3-13 Vakuum Rektifikationsapparatur mit Kolonnenkopf

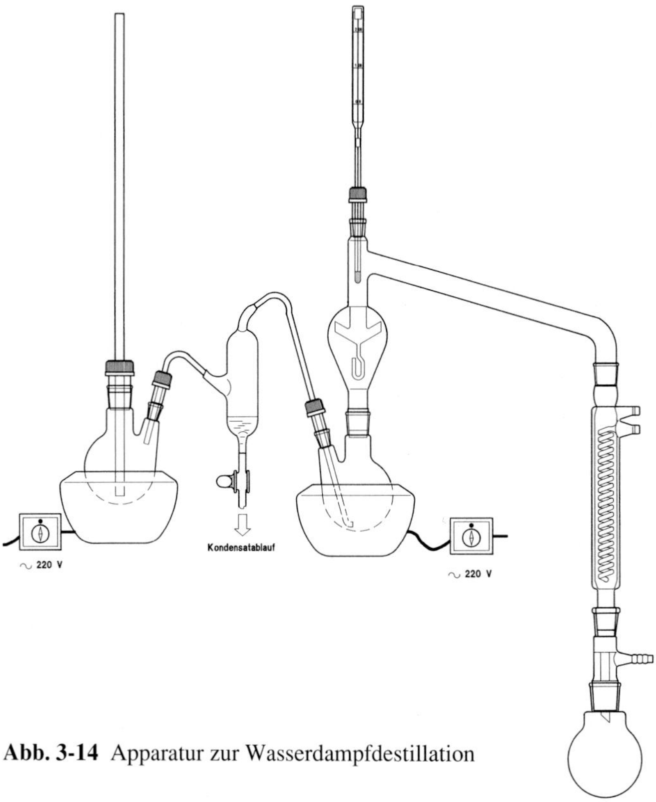

Abb. 3-14 Apparatur zur Wasserdampfdestillation

3.3 Chemikalien-Liste

Diese Auflistung beinhaltet alle zur Durchführung des Praktikums notwendigen Chemikalien. Gebräuchliche Trivialnamen wurden aufgenommen; dies führt gelegentlich dazu, daß Stoffe beim alphabetischen Auflisten zweimal benannt sind. Dies ist beispielsweise für 1,3-Dimethylbenzol und „m-Xylol" der Fall.

4-Acetaminotoluol (4-Methylacetanilid)
Acetanilid
Acetessiganilid
Acetessigsäureethylester
Aceton
Acetylchlorid
Ameisensäure (Methansäure)
2-Aminobenzoesäure (Anthranilsäure)
4-Aminobenzolsulfonsäure (Sulfanilsäure)
4-Aminotoluol (p-Toluidin, 4-Methylanilin)
Ammoniak
Ammoniumsulfat
Anilin
Anthranilsäure (2-Aminobenzoesäure)

Benzoesäure
Benzoesäureethylester
Benzoylchlorid
Benzylalkohol
Brom
Brombenzol
1 Butanol
tert.-Butylchlorid (2-Chlor-2-methylpropan)

Calciumchlorid
2-Chlor-2-methyl-propan (tert.-Butylchlorid)
Cyclohexanol
Cyclohexanonoxim
Cyclohexen

Diacetyl
1,5-Diaminoanthrachinon
1,2-Dichlorbenzol
Dichlormethan
Diethylether (Ethylether)
1,3-Dihydroxybenzol (Resorcin)
Dilauroylperoxid

1,3-Dimethylbenzol (m-Xylol)
Eisen-Blech
Eisen-Pulver
Eisen-Späne
Eisen(III)-chlorid
Eisen(III)-chlorid-6-hydrat
Eisen(II)-sulfat
Eisen(II)-sulfat-7-hydrat
Essigsäure
Essigsäureanhydrid
Essigsäureethylester
Essigsäurevinylester (Vinylacetat)
Ethanol
Ethylether (Diethylether)

Hydroxylammoniumchlorid

Isopropanol (2-Propanol)

Kaliumcarbonat
Kaliumdichromat
Kaliumhydrogencarbonat
Kaliumhydroxid
Kaliumpermanganat
Kupfer-Späne
Kupfer(II)-chlorid
Kupfersulfat-5-hydrat

Magnesium-Späne
Magnesiumsulfat
Methacrylsäuremethylester
Methanol
Methansäure (Ameisensäure)
4-Methylacetanilid (4-Acetaminotoluol)
4-Methylanilin (4-Aminotoluol, p-Toluidin)
4-Methyl-2-nitroacetanilid (3-Nitro-4-acetaminotoluol)
4-Methyl-2-nitroanilin (3-Nitro-4-aminotoluol)
Methylorange

ß-Naphthol (2-Naphthol)
Natriumacetat
Natriumacetat-3-hydrat
Natriumbromid
Natriumcarbonat
Natriumchlorid
Natriumhydrogencarbonat

Natriumhydroxid
Natriumnitrit
Natriumsulfat
Natronlauge
4-Nitroacetanilid
3-Nitro-4-acetaminotoluol (4-Methyl-2-nitroacetanilid)
3-Nitro-4-aminotoluol (4-Methyl-2-nitroanilin)
Nitrobenzol
4-Nitrotoluol

Petrolether
Petroleumbenzin (40-60 °C)
Phenolphthalein
Phenylhydrazin
Phosphorsäure
Phosphortrichlorid
Phthalimid
Polyvinylalkohol
2-Propanol (Isopropanol)

Resorcin (1,3-Dihydroxybenzol)

Salicylsäure
Salicylsäuremethylester
Salpetersäure
Salzsäure
Schwefelsäure
Sulfanilsäure (4-Aminobenzolsulfonsäure)

Tetralin (1,2,3,4-Tetrahydronaphthalin)
p-Toluidin (4-Aminotoluol, 4-Methylanilin)
Toluol
Trockeneis

10-Undecylensäure

Vinylacetat (Essigsäurevinylester)

Wasserstoffperoxid

m-Xylol (1,3-Dimethylbenzol)

3.4 Hinweise zur Arbeitssicherheit

Diese Aufstellung enthält für alle im Praktikum verwendeten/hergestellten Chemikalien die zugehörigen Gefahrenbezeichnungen, MAK-Werte sowie R- und S-Sätze, soweit diese uns zum Zeitpunkt der Drucklegung zugänglich waren.

Tab 3-4-1 Gefahrenbezeichnungen

Symbole	Bedeutungen
T^+	sehr giftig
T	giftig
X_n	mindergiftig
C	ätzend
X_i	reizend
E	explosionsgefährlich
O	brandfördernd
F^+	hochentzündlich
F	leichtentzündlich
N	umweltgefährlich

Hinweise auf besondere Gefahren (R-Sätze)

R 1 In trockenem Zustand explosionsgefährlich
R 2 Durch Schlag, Reibung, Feuer oder andere Zündquellen explosionsgefährlich
R 3 Durch Schlag, Reibung, Feuer oder andere Zündquellen besonders explosionsgefährlich
R 4 Bildet hochempfindliche explosionsgefährliche Metallverbindungen
R 5 Beim Erwärmen explosionsfähig
R 6 Mit und ohne Luft explosionsfähig
R 7 Kann Brand verursachen
R 8 Feuergefahr bei Berührung mit brennbaren Stoffen
R 9 Explosionsgefahr bei Mischung mit brennbaren Stoffen
R 10 Entzündlich
R 11 Leichtentzündlich
R 12 Hochentzündlich
R 13 Hochentzündliches Flüssiggas
R 14 Reagiert heftig mit Wasser
R 15 Reagiert mit Wasser unter Bildung leicht entzündlicher Gase
R 16 Explosionsgefährlich in Mischung mit brandfördernden Stoffen
R 17 Selbstentzündlich an der Luft
R 18 Bei Gebrauch Bildung explosionsfähiger/leichtentzündlicher Dampf-Luftgemische möglich

R 19	Kann explosionsfähige Peroxide bilden
R 20	Gesundheitsschädlich beim Einatmen
R 21	Gesundheitsschädlich bei Berührung mit der Haut
R 22	Gesundheitsschädlich beim Verschlucken
R 23	Giftig beim Einatmen
R 24	Giftig bei Berührung mit der Haut
R 25	Giftig beim Verschlucken
R 26	Sehr giftig beim Einatmen
R 27	Sehr giftig bei Berührung mit der Haut
R 28	Sehr giftig beim Verschlucken
R 29	Entwickelt bei Berührung mit Wasser giftige Gase
R 30	Kann bei Gebrauch leicht entzündlich werden
R 31	Entwickelt bei Berührung mit Säure giftige Gase
R 32	Entwickelt bei Berührung mit Säure sehr giftige Gase
R 33	Gefahr kumulativer Wirkung
R 34	Verursacht Verätzungen
R 35	Verursacht schwere Verätzungen
R 36	Reizt die Augen
R 37	Reizt die Atmungsorgane
R 38	Reizt die Haut
R 39	Ernste Gefahr irreversiblen Schadens
R 40	Irreversibler Schaden möglich
R 41	Gefahr ernster Augenschäden
R 42	Sensibilisierung durch Einatmen möglich
R 43	Sensibilisierung durch Hautkontakt möglich
R 44	Explosionsgefahr bei Erhitzen unter Einschluß
R 45	Kann Krebs erzeugen
R 46	Kann vererbbare Schäden verursachen
R 47	Kann Mißbildungen verursachen
R 48	Gefahr ernster Gesundheitsschäden bei längerer Exposition
R 49	Kann Krebs erzeugen beim Einatmen
R 50	Sehr giftig für Wasserorganismen
R 51	Giftig für Wasserorganismen
R 52	Schädlich für Wasserorganismen
R 53	Kann in Gewässern längerfristig schädliche Wirkungen haben
R 54	Giftig für Pflanzen
R 55	Giftig für Tiere
R 56	Giftig für Bodenorganismen
R 57	Giftig für Bienen
R 58	Kann längerfristig schädliche Wirkungen auf die Umwelt haben
R 59	Gefährlich für die Ozonschicht
R 60	Kann die Fortpflanzungsfähigkeit beeinträchtigen
R 61	Kann das Kind im Mutterleib schädigen
R 62	Kann möglicherweise die Fortpflanzungsfähigkeit beeinträchtigen
R 63	Kann das Kind im Mutterleib möglicherweise schädigen
R 64	Kann Säuglinge über die Muttermilch schädigen

Kombination der R-Sätze

R 14/15	Reagiert heftig mit Wasser unter Bildung hochentzündlicher Gase
R 15/29	Reagiert mit Wasser unter Bildung giftiger und hochentzündlicher Gase
R 20/21	Gesundheitsschädlich beim Einatmen und bei Berührung mit der Haut
R 20/21/22	Gesundheitsschädlich beim Einatmen, Verschlucken und Berührung mit der Haut
R 21/22	Gesundheitsschädlich bei Berührung mit der Haut und beim Verschlucken
R 23/24	Giftig beim Einatmen und bei Berührung mit der Haut
R 23/25	Giftig beim Einatmen und Verschlucken
R 23/24/25	Giftig beim Einatmen, Verschlucken und Berührung mit der Haut
R 24/25	Giftig bei Berührung mit der Haut und beim Verschlucken
R 26/27	Sehr giftig beim Einatmen und bei Berührung mit der Haut
R 26/28	Sehr giftig beim Einatmen und Verschlucken
R 26/27/28	Sehr giftig beim Einatmen und Verschlucken und Berührung mit der Haut
R 27/28	Sehr giftig bei Berührung mit der Haut und beim Verschlucken
R 36/37	Reizt die Augen und die Atmungsorgane
R 36/38	Reizt die Augen und die Haut
R 36/37/38	Reizt die Augen, Atmungsorgane und die Haut
R 37/38	Reizt die Atmungsorgane und die Haut
R 39/23	Giftig; ernste Gefahr irreversiblen Schadens beim Einatmen
R 39/24	Giftig; ernste Gefahr irreversiblen Schadens bei Berührung mit der Haut
R 39/25	Giftig; ernste Gefahr irreversiblen Schadens durch Verschlucken
R 39/23/24	Giftig; ernste Gefahr irreversiblen Schadens durch Einatmen und bei Berührung mit der Haut
R 39/23/25	Giftig; ernste Gefahr irreversiblen Schadens durch Einatmen und durch Verschlucken
R 39/24/25	Giftig; ernste Gefahr irreversiblen Schadens bei Berührung mit der Haut und durch Verschlucken
R 39/23/24/25	Giftig; ernste Gefahr irreversiblen Schadens durch Einatmen, Berührung mit der Haut und durch Verschlucken
R 39/26	Sehr giftig; ernste Gefahr irreversiblen Schadens durch Einatmen
R 39/27	Sehr giftig; ernste Gefahr irreversiblen Schadens bei Berührung mit der Haut
R 39/28	Sehr giftig; ernste Gefahr irreversiblen Schadens durch Verschlucken
R 39/26/27	Sehr giftig; ernste Gefahr irreversiblen Schadens durch Einatmen und bei Berührung mit der Haut
R 39/26/28	Sehr giftig; ernste Gefahr irreversiblen Schadens durch Einatmen und Verschlucken
R 39/27/28	Sehr giftig; ernste Gefahr irreversiblen Schadens bei Berührung mit der Haut und Verschlucken
R 39/26/27/28	Sehr giftig; ernste Gefahr irreversiblen Schadens durch Einatmen, Berührung mit der Haut und Verschlucken

R 40/20	Gesundheitsschädlich: Möglichkeit irreversiblen Schadens durch Einatmen
R 40/21	Gesundheitsschädlich: Möglichkeit irreversiblen Schadens bei Berührung mit der Haut
R 40/22	Gesundheitsschädlich: Möglichkeit irreversiblen Schadens durch Verschlucken
R 40/20/21	Gesundheitsschädlich: Möglichkeit irreversiblen Schadens durch Einatmen und bei Berührung mit der Haut
R 40/20/22	Gesundheitsschädlich: Möglichkeit irreversiblen Schadens durch Einatmen und Verschlucken
R 40/21/22	Gesundheitsschädlich: Möglichkeit irreversiblen Schadens bei Berührung mit der Haut und durch Verschlucken
R 40/20/21/22	Gesundheitsschädlich: Möglichkeit irreversiblen Schadens durch Einatmen, bei Berührung mit der Haut und durch Verschlucken
R 42/43	Sensibilisierung durch Einatmen und Hautkontakt möglich
R 48/20	Gesundheitsschädlich: Gefahr ernster Gesundheitsschäden bei längerer Exposition durch Einatmen
R 48/21	Gesundheitsschädlich: Gefahr ernster Gesundheitsschäden bei längerer Exposition durch Berührung mit der Haut
R 48/22	Gesundheitsschädlich: Gefahr ernster Gesundheitsschäden bei längerer Exposition durch Verschlucken
R 48/20/21	Gesundheitsschädlich: Gefahr ernster Gesundheitsschäden bei längerer Exposition durch Einatmen und durch Berührung mit der Haut
R 48/20/22	Gesundheitsschädlich: Gefahr ernster Gesundheitsschäden bei längerer Exposition durch Einatmen und durch Verschlucken
R 48/21/22	Gesundheitsschädlich: Gefahr ernster Gesundheitsschäden bei längerer Exposition durch Berührung mit der Haut und durch Verschlucken
R 48/20/21/22	Gesundheitsschädlich: Gefahr ernster Gesundheitsschäden bei längerer Exposition durch Einatmen, Berührung mit der Haut und durch Verschlucken
R 48/23	Giftig: Gefahr ernster Gesundheitsschäden bei längerer Exposition durch Einatmen
R 48/24	Giftig: Gefahr ernster Gesundheitsschäden bei längerer Exposition durch Berührung mit der Haut
R 48/25	Giftig: Gefahr ernster Gesundheitsschäden bei längerer Exposition durch Verschlucken
R 48/23/24	Giftig: Gefahr ernster Gesundheitsschäden bei längerer Exposition durch Einatmen und durch Berührung mit der Haut
R 48/23/25	Giftig: Gefahr ernster Gesundheitsschäden bei längerer Exposition durch Einatmen und durch Verschlucken
R 48/24/25	Giftig: Gefahr ernster Gesundheitsschäden bei längerer Exposition durch Berührung mit der Haut und durch Verschlucken
R 48/23/24/25	Giftig: Gefahr ernster Gesundheitsschäden bei längerer Exposition durch Einatmen, Berührung mit der Haut und durch Verschlucken
R 50/53	Sehr giftig für Wasserorganismen, kann in Gewässern längerfristig schädliche Wirkung haben

R	51/53	Giftig für Wasserorganismen, kann in Gewässern längerfristig schädliche Wirkung haben
R	52/53	Schädlich für Wasserorganismen, kann in Gewässern längerfristig schädliche Wirkung haben

Sicherheitsratschläge (S-Sätze)

S	1	Unter Verschluß aufbewahren
S	2	Darf nicht in die Hände von Kindern gelangen
S	3	Kühl aufbewahren
S	4	Von Wohnplätzen fernhalten
S	5	Unter ... aufbewahren (geeignete Flüssigkeit vom Hersteller anzugeben)
S	6	Unter ... aufbewahren (inertes Gas vom Hersteller anzugeben)
S	7	Behälter dicht geschlossen halten
S	8	Behälter trocken halten
S	9	Behälter an einem gut belüfteten Ort aufbewahren
S	12	Behälter nicht gasdicht verschließen
S	13	Von Nahrungsmitteln, Getränken und Futtermitteln fernhalten
S	14	Von leichtentzündlichen Stoffen fernhalten
S	15	Vor Hitze schützen
S	16	Von Zündquellen fernhalten - Nicht rauchen
S	17	Von brennbaren Stoffen fernhalten
S	18	Behälter mit Vorsicht öffnen und handhaben
S	20	Bei der Arbeit nicht essen und trinken
S	21	Bei der Arbeit nicht rauchen
S	22	Staub nicht einatmen
S	23	Gas/Rauch/Dampf/Aerosol nicht einatmen (geeignete Bezeichnungen vom Hersteller anzugeben)
S	24	Berührung mit der Haut vermeiden
S	25	Berührung mit den Augen vermeiden
S	26	Bei Berührung mit den Augen gründlich mit Wasser abspülen und Arzt konsultieren
S	27	Beschmutzte, getränkte Kleidung sofort ausziehen
S	28	Bei Berührung mit der Haut sofort abwaschen mit viel ... spülen (vom Hersteller anzugeben)
S	29	Nicht in die Kanalisation gelangen lassen
S	30	Niemals Wasser hinzugießen
S	33	Maßnahmen gegen elektrostatische Aufladung treffen
S	34	Schlag und Reibung vermeiden
S	35	Abfälle und Behälter müssen in gesicherter Weise beseitigt werden
S	36	Bei der Arbeit geeignete Schutzkleidung tragen
S	37	Geeignete Schutzhandschuhe tragen
S	38	Bei unzureichender Belüftung Atemschutzgerät anlegen
S	39	Schutzbrille/Gesichtsschutz tragen
S	40	Fußboden und verunreinigte Gegenstände mit ... reinigen (vom Hersteller anzugeben)

S	41	Explosions- und Brandgase nicht einatmen
S	42	Beim Räuchern/Versprühen geeignetes Atemschutzgerät anlegen
S	43	Zum Löschen ... verwenden (vom Hersteller anzugeben). Wenn Wasser die Gefahr erhöht, anfügen: „Kein Wasser verwenden!“
S	44	Bei Unwohlsein ärztlichen Rat einholen (wenn möglich, dieses Etikett vorzeigen)
S	45	Bei Unfall oder Unwohlsein sofort Arzt zuziehen (wenn möglich, dieses Etikett vorzeigen)
S	46	Bei Verschlucken sofort ärztlichen Rat einholen und Verpackung oder Etikett vorzeigen
S	47	Nicht bei Temperaturen über ...°C aufbewahren (vom Hersteller anzugeben)
S	48	Feucht halten mit ... (geeignetes Mittel vom Hersteller anzugeben)
S	49	Nur im Originalbehälter aufbewahren
S	50	Nur mischen mit ... (vom Hersteller anzugeben)
S	51	Nur in gut belüfteten Bereichen verwenden
S	52	Nicht großflächig für Wohn-/Aufenthaltsräume zu verwenden
S	53	Explosion vermeiden - Vor Gebrauch besondere Anweisungen einholen
S	54	Vor Ableitung in Kläranlagen Einwilligung der zuständigen Behörden einholen
S	55	Vor Ableitung in die Kanalisation oder in Gewässer nach dem Stand der Technik behandeln
S	56	Diesen Stoff und seinen Behälter der Problementsorgung zuführen
S	57	Zur Vermeidung einer Kontamination der Umwelt geeigneten Behälter verwenden
S	58	Als gefährlichen Abfall entsorgen
S	59	Informationen zur Wiederverwendung/Wiederverwertung beim Hersteller/ Lieferanten erfragen
S	60	Dieser Stoff und/oder sein Behälter sind als gefährlicher Abfall zu entsorgen
S	61	Freisetzung in die Umwelt vermeiden. Besondere Anweisungen einholen/ Sicherheitsdatenblatt zu Rate ziehen.
S	62	Bei Verschlucken kein Erbrechen herbeiführen. Sofort ärztlichen Rat einholen und Verpackung oder dieses Etikett vorzeigen.

Kombination der S-Sätze

S	1/2	Unter Verschluß und für Kinder unzugänglich aufbewahren
S	3/7	Behälter dicht geschlossen halten und an einem kühlen Ort aufbewahren
S	3/9	Behälter an einem kühlen, gut gelüftetem Ort aufbewahren
S	3/9/14	An einem kühlen, gut gelüfteten Ort, entfernt von ... aufbewahren (die Stoffe, mit denen Kontakt vermieden werden muß, sind vom Hersteller anzugeben)
S	3/9/14/49	Nur im Originalbehälter an einem kühlen, gut gelüfteten Ort, entfernt von ... aufbewahren (die Stoffe, mit denen Kontakt vermieden werden muß, sind vom Hersteller anzugeben)

S 3/9/49	Nur im Originalbehälter an einem kühlen, gut gelüfteten Ort aufbewahren
S 3/14	An einem kühlen, von ... entfernten Ort aufbewahren (die Stoffe, mit denen Kontakt vermieden werden muß, sind vom Hersteller anzugeben)
S 7/8	Behälter trocken und dicht geschlossen halten
S 7/9	Behälter dicht geschlossen an einem gut gelüfteten Ort aufbewahren
S 7/47	Behälter dicht geschlossen und nicht bei Temperaturen über ... °C aufbewahren (vom Hersteller anzugeben)
S 20/21	Bei der Arbeit nicht essen, trinken, rauchen
S 24/25	Berührung mit den Augen und der Haut vermeiden
S 29/56	Nicht in die Kanalisation gelangen lassen
S 36/37	Bei der Arbeit geeignete Schutzhandschuhe und Schutzkleidung tragen
S 36/37/39	Bei der Arbeit geeignete Schutzkleidung, Schutzhandschuhe und Schutzbrille/Gesichtsschutz tragen
S 36/39	Bei der Arbeit geeignete Schutzkleidung und Schutzbrille/Gesichtsschutz tragen
S 37/39	Bei der Arbeit geeignete Schutzhandschuhe und Schutzbrille/Gesichtsschutz tragen
S 47/49	Nur im Originalbehälter bei einer Temperatur von nicht über ... °C aufbewahren (vom Hersteller anzugeben)

MAK-Werte

Der MAK-Wert (maximale Arbeitsplatzkonzentration) ist die höchstzulässige Konzentration eines Arbeitsstoffes als Gas, Dampf oder Schwebstoff in der Luft am Arbeitsplatz, die nach dem gegenwärtigen Stand der Kenntnis auch bei wiederholter und langfristiger, in der Regel täglich achtstündiger Exposition, jedoch bei Einhaltung einer durchschnittlichen Wochenarbeitszeit von 40 Stunden im allgemeinen die Gesundheit der Beschäftigten und deren Nachkommen nicht beeinträchtigt und diese nicht unangemessen belästigt.

Auch für alle nicht kennzeichnungspflichtigen Arbeitsstoffe sind vorsorglich die üblicherweise vorgeschriebenen Schutzmaßnahmen einzuhalten.

Die Sicherheitsdaten entsprechen dem Stand der Technik bei Drucklegung. Aktuelle Daten können u.a. den jüngsten Veröffentlichungen der Berufsgenossenschaft der Chemischen Industrie oder dem BGBl (Bundesgesetzblatt) entnommen werden. Die dort gemachten Angaben sind als grundlegend für die Ausführungen und Tätigkeiten im Labor anzusehen.

Die in folgender Tabelle mit * gekennzeichneten Verbindungen sind in die Stufen A bzw. B der cancerogenen Substanzen eingeordnet.

Für den Umgang mit diesen Stoffen gelten besondere Vorschriften, welche zur absoluten Verhinderung der Exposition der gefährlichen Substanzen aufgestellt wurden (vgl. BGBl).

So dürfen diese Verbindungen nur im Abzug aus ihren Behältern genommen, abgewogen und abgefüllt werden. Die Reinigung der verwendeten Gerätschaften muß ebenfalls im Abzug erfolgen.

Tab 3-4-2 Chemikalien-Liste

Name	Gefahren symbol	R-Sätze	S-Sätze	MAK mg/m^3
4-Acetaminotoluol (4-Methylacetanilid)	–	22-36/37/38	26-36	–
Acetanilid	X_n	20/21/22	25-28-44	–
Acetessiganilid	X_n	20/21/22 48/22	36/37/39-44	–
Acetessigsäureethylester	X_i	36	26	–
Aceton (Dimethylketon)	F	11	9-16-23-33	2400
Acetylchlorid	F, C	11-14-34	9-16-26	–
Acetylsalicylsäure	X_n	22	–	–
Ameisensäure	C	35	2-23-26	9
4-Aminoacetanilid	–	–	–	–
2-Aminobenzoesäure (Anthranilsäure)	X_i	36	22-24	–
4-Aminotoluol* (p-Toluidin)	T	45-23/25-36	53-44	–
Ammoniak-Lösung (25%)	X_i	36/37/38	26-39	35
Ammoniumeisen(II)-sulfat	–	–	–	–
Ammoniumsulfat	–	–	–	–
Anilin*	T	20/21/22-33 23/24/25	28-36/37-44	8
Anthranilsäure (2-Aminobenzoesäure)	X_i	36	22-24	–
Benzoesäure	–	–	–	–
Benzoesäureethylester	–	–	–	–
Benzoylchlorid	T	23-34	26-36/37/39	–
Benzylalkohol	X_n	20-22	26	–
Benzylbromid	X_i	36/37/38	39	–
Brom	T^+, C	26-35	7/9-26	0,7
4-Bromacetanilid	X_n	22	22-24/25	–
Brombenzol	X_i	10-38	–	–
1-Brombutan	X_n	10-22	23-24/25	–
10-Bromundecansäure	–	–	–	–
Bromwasserstoff	C	34-37	7/9-26-36	17
1-Butanol	X_n	10-20	16	300
tert.-Butylchlorid	F	11	9-16-33	–
5-tert.-Butyl-m-xylol	X_i	36/37/38	26-36/37/39	–
Calciumcarbonat	–	–	–	–
Calciumchlorid	X_i	36	22-24	–
Calciumsulfat	–	–	–	6F[1)]
ε-Caprolactam	X_n	20-22 36/37/38	26	5G[2)]
2-Chlorbenzoesäure	X_i	36	22-24	–
2-Chlor-2-methyl-propan	F	11	9-16-33	–
Cyclohexanol	X_n	20/22-37/38	24/25	200
Cyclohexanonoxim	–	–	–	–
Cyclohexen	F, X_n	11-22	16-23-24/25-33	1015

Name	Gefahren symbol	R-Sätze	S-Sätze	MAK mg/m^3
Diacetyl	F, X_n	11-22	9-16-23-33	–
Diacetyldioxim	X_n	22	24/25	–
1,5-Diaminoanthrachinon	X_n	22	24/25	–
1,2-Dibromcyclohexan	–	–	–	–
1,2-Dichlorbenzol	X_n	20	24/25	300
Dichlormethan	X_n	40	23-24/25-36/37	360
Diethylether	F^+	12-19	9-16-29-33	1200
2,4-Dihydroxybenzoesäure (β-Resorcylsäure)	–	–	–	–
Dilauroylperoxid	O, X_i	11-36/37/38	3/7/9-14 37/39	–
1,3-Dimethylbenzol (m-Xylol)	X_n	10-20/21-38	25	440
Dimethylketon (Aceton)	F	11	9-16-23-33	2400
Dinatriumhydrogenphosphat	–	–	–	–
Eisen	–	–	–	–
Eisen(III)-chlorid	C	34	7/8-26-36	–
Eisen(III)-chlorid·6 H_2O	X_n	22-36/38	2-13-39	–
Eisen(II)-sulfat·7 H_2O	X_n	22-41	26	–
Essigsäure	C	10-35	23-26-36	25
Essigsäureanhydrid	C	10-34	26	20
Essigsäureethylester	F	11	16-23-29-33	1400
Essigsäurevinylester* (Vinylacetat)	F	11	16-23-29-33	35
Ethanol	F	11	7-16	1900
Hansagelb G®	–	–	–	–
Hydroxylammoniumchlorid	X_n	20/22-36/38	2-13	–
Indanthrengelb GK®	–	–	–	–
Isopropanol (2-Propanol)	F	11	7-16	980
Kalilauge (w = 50%)	C	35	2-26/27-37/39	–
Kaliumbromid	–	–	–	–
Kaliumcarbonat	X_n	22	22	–
Kaliumchlorid	–	–	–	–
Kaliumdichromat*	T	45-36/37/38 43	28-44-53	0,1 G[2)]
Kaliumhydrogencarbonat	–	–	–	–
Kaliumhydroxid	C	35	2-26-37/39	–
Kaliumpermanganat	O, X_n	8-22	2	–
Kupfer	–	–	–	1 G[2)]
Kupfer(II)-chlorid	X_n	20/22-36/38	26	–
Kupfersulfat-5-hydrat	X_n	22	24	–
Kupfertetramminsulfat	X_i	36/37/38	26-37/39	
Magnesium-Späne	F	11-15	7/8-43	–
Magnesiumsulfat	–	–	–	–
Mangandioxid (Braunstein)	X_n	20/22	25	–

Name	Gefahren symbol	R-Sätze	S-Sätze	MAK mg/m³
Methacrylsäuremethylester	F, X_i	11-36/37/38-43	9-16-29-33	210
Methanol	F, T	11-23/25	2-7-16-24	260
4-Methylacetanilid	–	22-36/37/38	26-36	–
4-Methylanilin (p-Toluidin)	T	45-23/25-36	53-44	–
4-Methyl-2-nitroacetanilid		nicht bekannt		
4-Methyl-2-nitroanilin	T	23/24/25-33	28-36/37-44	–
Methylorange-Lösung	–	10	24/25	–
β-Naphthol (2-Naphthol)	X_n	20/22-41-43	24/25	–
β-Naphtholorange	X_i	36/37/38	26-36	–
Natriumacetat	–	–	–	–
Natriumacetat-3-hydrat	–	–	–	–
Natriumbromid	–	–	–	–
Natriumcarbonat	X_i	36	22-26	–
Natriumchlorid	–	–	–	–
Natriumdihydrogenphosphat	–	–	–	–
Natriumhydrogencarbonat	–	–	–	–
Natriumhydroxid	C	35	2-26-37/39	2
Natriumnitrit	O, T	8-25	44	–
Natriumsulfat	–	–	–	–
Natronlauge (30%)	C	35	26-36	–
4-Nitroacetanilid	–	–	–	–
3-Nitro-4-acetaminotoluol		nicht bekannt		
3-Nitro-4-aminotoluol (4-Methyl-2-nitroanilin)	T	23/24/25-33	28-36/37-44	–
Nitrobenzol	T^+	26/27/28-33	28-36/37-45	5
4-Nitrotoluol	T	23/24/25-33	28-37-44	30
Petrolether	F	11	9-16-29-33	–
Petroleumbenzin (40-60°C)	F	11	9-16-29-33	–
Phenolphthalein-Lösung	F	10	24/25	–
Phenylhydrazin	T	23/24/25-36 40	28-44	22
1-Phenyl-3-methyl-pyrazolon-5	–	–	–	–
Phosphorsäure	C	34	26	–
Phosphortrichlorid	C	34-37	7/8-26	3
Phthalimid	X_n	20/21/22-40	26-36/37/39	–
Polymethacrylsäuremethylester	–	–	–	–
Polyvinylacetat	–	–	–	–
Polyvinylalkohol	–	–	–	–
2-Propanol (Isopropanol)	F	11	7-16	980
Resorcin (1,3-Dihydroxybenzol)	X_n	22-36/38-43	26	–
β-Resorcylsäure (2,4-Dihydroxybenzoesäure)	–	–	–	–
Salicylsäure	X_n	22-36/38	22	–
Salicylsäuremethylester	X_n	22-36	24-26	–
Salpetersäure (70%)	C	8-35	23-26-36	5
Salzsäure (37%)	C	34-37	2-26	7

Name	Gefahren symbol	R-Sätze	S-Sätze	MAK mg/m³
Schwefelsäure (96%)	C	35	2-26-30	1 G[2)]
Sudanrot B®	–	–	–	–
Sulfanilsäure (4-Aminobenzolsulfonsäure)	X_n	20/21/22	25-28	–
Tetralin (1,2,3,4-Tetrahydro-naphthalin)	X_i	36-38	23-26	–
p-Toluidin* (4-Aminotoluol)	T	23/24/25-33	28-36/37-44	–
Toluol	F, X_n	47-11-20	53-16-25-29 33	380
Trockeneis	–	–	–	–
10-Undecylensäure	X_i	38	25-26	–
Vinylacetat* (Essigsäurevinylester)	F	11	16-23-29-33	35
Wasserstoffperoxid (35%)	C	34	28-39	1,4
m-Xylol (1,3-Dimethylbenzol)	X_n	10-20/21-38	25	440
Zementkupfer	–	–	–	–

[1)] F gemessen als Feinstaub
[2)] G gemessen als Gesamtstaub

3.5 Umweltschutz und Entsorgung von Reststoffen

Im Sinne geringer Umweltbelastungen durch Abfallstoffe sollte der Wiederverwendung stets Vorrang vor einer Entsorgung eingeräumt werden.

Dies wird insbesondere bei der Durchführung von Mehrstufensynthesen berücksichtigt, wobei Produkte aus einer Reaktion R1 als Edukte der Reaktion R2 eingesetzt werden können.

Lösemittel können vielfach durch Destillation gereinigt und wieder verwertet werden.

Ist eine Wiederverwendung nicht möglich bzw. nicht sinnvoll, müssen Reststoffe sachgerecht entsorgt werden.

Die folgende Aufstellung enthält für alle im Praktikum verwendeten und hergestellten Chemikalien die zugehörigen Behandlungshinweise zu Sammlung und Entsorgung.

Eingangs werden die hier relevanten Behandlungsmethoden aufgeführt und erläutert.

Sammelgefäße

Empfehlenswert ist die Beschaffung und Kennzeichnung von neun Sammelgefäßen für Reststoffe

Tab 3-5-1

Gefäß	Inhalt / Abfall
A	gelöste Rückstände; neutral: pH 6–8
C	feste organische Verbindungen
E	(sehr) giftige Verbindungen
F	(sehr) giftige brennbare Verbindungen
H	organische Lösemittel, halogenhaltig
M	regenerierbare Metall(salz)rückstände
O	organische Lösemittel, halogenfrei
Q	anorganische Quecksilberrückstände
S	anorganische Feststoffe

Die Sammelgefäße müssen entsprechend beschriftet und mit den jeweiligen Gefahrensymbolen deutlich gekennzeichnet werden.

Transport und Entsorgung (Verbrennung oder Deponierung) sind sachgerecht – gegebenenfalls durch eine darauf spezialisierte Firma – vorzunehmen.

Behandlungsmethoden

1. Anorganische Säuren werden zunächst vorsichtig durch Einrühren in Wasser verdünnt, anschließend mit Natronlauge neutralisiert, pH 6 8; Sammelgefäß A
2. Anorganische Basen werden durch Einrühren in Wasser verdünnt und anschließend mit verdünnter Schwefelsäure langsam neutralisiert, pH 6–8; Sammelgefäß A
3. Anorganische Salze: Sammelgefäß S; Lösungen dieser Salze: Sammelgefäß A; Falls Neutralisation notwendig, Behandlung nach Methode 1 oder 2
4. Kanzerogene, giftige oder sehr giftige anorganische (Metall-)Verbindungen: Lösungen und Feststoffe einzeln verpacken und kennzeichnen: Sammelgefäß E
5. Radioaktive Verbindungen sind unter Beachtung der Strahlenschutzverbindungen und der behördlichen Vorschriften zu entsorgen
6. Anorganische Quecksilberrückstände und Quecksilber: Sammelgefäß Q. - Aufarbeitung durch Spezialfirma
7. Cyanide, Metallazide, Diazoniumverbindungen werden mit Natriumhypochlorit-Lösung zu gefahrlosen Folgeprodukten oxidiert. Überschüssiges Oxidationsmittel kann mit Natriumthiosulfat abgefangen werden. Sammelgefäß A
8. Anorganische Peroxide und Oxidationsmittel werden mit Natriumthiosulfat-Lösung zu gefahrlosen Folgeprodukten reduziert. Reaktionslösung: Sammelgefäß A

9. Fluorwasserstoff und Lösungen anorganischer Fluorverbindungen werden mit Kalkmilch als Calciumfluorid ausgefällt. Der Niederschlag wird abfiltriert: Sammelgefäß S; Lösung: Sammelgefäß A
10. Hydrolyseempfindliche, anorganische Halogenide und ähnliche Verbindungen werden vorsichtig in Eiswasser eingerührt, nach Neutralisation: Sammelgefäß A
11. Phosphor und Metallphosphide werden durch vorsichtiges Eintragen in eine Lösung aus z.B. 100 mL 5 %-iger Natriumhypochlorit-Lösung und 5 mL 50 %-iger Natronlauge oxidiert. Wegen der Leichtentzündlichkeit der Verbindungen sollte unter Schutzgas und im Abzug gearbeitet werden. Die ausgefallenen Oxidationsprodukte werden abgesaugt: Sammelgefäß S. Lösung: Sammelgefäß A
12. Alkalimetalle, Metallhydride, -amide und -alkoholate zersetzen sich z.T. explosionsartig mit Wasser. Die Verbindungen werden daher mit äußerster Vorsicht in 1-Butanol eingetragen. – Niemals mit Eis, Wasser oder Trockeneis kühlen. Gemisch über Nacht stehen lassen und vorsichtig mit Wasser verdünnen und mit Schwefelsäure neutralisieren. Sammelgefäß O
13. Salze wertvoller Metalle: Rückstände und Lösungen sollen der Wiederverwertung zugeführt werden. Sammelgefäß M
14. Organische, halogenfreie Lösemittel: Sammelgefäß O
15. Halogenhaltige, organische Lösemittel: Sammelgefäß H
16. Mäßig reaktive organische Verbindungen: - halogenfreie, flüssige: Sammelgefäß O -halogenhaltige, flüssige: Sammelgefäß H - feste: Sammelgefäß C
17. Organische Basen und Amine nach Neutralisation mit verdünnter Salz- oder Schwefelsäure in Sammelgefäß O oder H
18. Organische Säuren werden vorsichtig mit Natriumhydrogencarbonat oder Natriumhydroxid in wäßriger Lösung neutralisiert. Anschließend: Sammelgefäß A
19. Organische Peroxide, oxidierende oder brandfördernd wirkende Stoffe werden in Natriumsulfit-Lösung reduziert. Sammelgefäß O/H
20. Nitrile, Mercaptane und ähnliche Verbindungen werden durch mehrstündiges Rühren mit Natriumhypochlorit-Lösung oxidiert. Überschüssiges Oxidationsmittel kann durch Natriumthiosulfat zerstört werden. Organische Phase: Sammelgefäß H Wäßrige Phase: Sammelgefäß A
21. Hydrolyseempfindliche Organoelement-Verbingungen werden vorsichtig in 1-Butanol eingetragen. Es wird über Nacht gerührt, dann vorsichtig Wasser im Überschuß zugegeben. Organische Phase: Sammelgefäß O; Wäßrige Phase: Sammelgefäß A
22. Kanzerogene, sehr giftige, giftige und/oder brennbare Verbindungen: Sammelgefäß F
23. Säurehalogenide werden zur Desaktivierung in Methanol eingetropft. Die Reaktion kann, wenn nötig, mit einigen Tropfen Salzsäure beschleunigt werden. Anschließend mit Natronlauge neutralisieren. Sammelgefäß H

Tab 3-5-2 Chemikalien-Liste

Name	Behandlungsmethode
4-Acetaminotoluol (4-Methylacetanilid)	16
Acetanilid	16
Acetessiganilid	19
Acetessigsäureethylester	14
Aceton (Dimethylketon)	14
Acetylchlorid	23
Acetylsalicylsäure	18
Ameisensäure	18
4-Aminoacetanilid	16
2-Aminobenzoesäure (Anthranilsäure)	18
4-Aminotoluol (p-Toluidin)	22
Ammoniak	2
Ammoniumeisen(II)-sulfat	3
Ammoniumsulfat	3
Anilin	22
Benzoesäure	16
Benzoesäureethylester	14
Benzoylchlorid	23
Benzylalkohol	14
Benzylbromid	22
Brom	8
4-Bromacetanilid	16
Brombenzol	15
1-Brombutan	15
10-Bromundecansäure	18
Bromwasserstoff	1
1-Butanol	14
tert.-Butylchlorid	15
5-tert.-Butyl-m-xylol	14
Calciumcarbonat	3
Calciumchlorid	3
Calciumsulfat	3
ε-Caprolactam	16
2-Chlorbenzoesäure	18
2-Chlor-2-methyl-propan	15
Cyclohexanol	14
Cyclohexanonoxim	14
Cyclohexen	14
Diacetyl	14
Diacetyldioxim	16
1,5-Diaminoanthrachinon	17
1,2-Dibromcyclohexan	15
1,2-Dichlorbenzol	15
Dichlormethan	15
Diethylether	14
2,4-Dihydroxybenzoesäure (β-Resorcylsäure)	18
Dilauroylperoxid	19

Name	Behandlungsmethode
1,3-Dimethylbenzol (m-Xylol)	14
Dimethylketon (Aceton)	14
Dinatriumhydrogenphosphat	3
Eisen	3
Eisen(III)-chlorid	3
Eisen(III)-chlorid-6-hydrat	3
Eisenhydroxid	3
Eisen(II)-sulfat-7-hydrat	3
Essigsäure	18
Essigsäureanhydrid	18
Essigsäureethylester	14
Essigsäurevinylester (Vinylacetat)	14
Ethanol	14
Hansagelb G®	16
Hydroxylammoniumchlorid	22
Indanthrengelb GK®	16
Isopropanol (2-Propanol)	14
Kalilauge (w = 50%)	2
Kaliumbromid	3
Kaliumcarbonat	3
Kaliumchlorid	3
Kaliumdichromat	22
Kaliumhydrogencarbonat	3
Kaliumhydroxid	2
Kaliumpermanganat	3
Kupfer	3
Kupfer(II)-chlorid	22
Kupfersulfat-5-hydrat	3
Kupfertetramminsulfat	3
Magnesium-Späne	3
Magnesiumsulfat	3
Mangandioxid (Braunstein)	3
Methacrylsäuremethylester	14
Methanol	14
4-Methylacetanilid	16
4-Methylanilin (p-Toluidin)	22
4-Methyl-2-nitroacetanilid	16
4-Methyl-2-nitroanilin	22
Methylorange-Lösung	16
β-Naphthol (2-Naphthol)	16
β-Naphtholorange	16
Natriumacetat	16
Natriumacetat-3-hydrat	16
Natriumbromid	3
Natriumcarbonat	3
Natriumchlorid	3
Natriumdihydrogenphosphat	3
Natriumhydrogencarbonat	3
Natriumhydroxid	2

Name	Behandlungsmethode
Natriumnitrit	22
Natriumsulfat	3
Natronlauge (30%)	2
4-Nitroacetanilid	16
3-Nitro-4-acetaminotoluol	16
3-Nitro-4-aminotoluol (4-Methyl-2-nitroanilin)	22
Nitrobenzol	22
4-Nitrotoluol	22
Petrolether	14
Petroleumbenzin (40-60 °C)	14
Phenolphthalein-Lösung	14
Phenylhydrazin	22
1-Phenyl-3-methyl-pyrazolon-5	16
Phosphorsäure	1
Phosphortrichlorid	10
Phthalimid	16
Polymethacrylsäuremethylester	16
Polyvinylacetat	16
Polyvinylalkohol	16
2-Propanol (Isopropanol)	14
Resorcin (1,3-Dihydroxybenzol)	16
Salicylsäure	18
Salicylsäuremethylester	14
Salpetersäure (70%)	1
Salzsäure (37%)	1
Schwefelsäure (96%)	1
Sudanrot B®	16
Sulfanilsäure (4-Aminobenzolsulfonsäure)	16
Tetralin (1,2,3,4-Tetrahydronaphthalin)	14
p-Toluidin (4-Aminotoluol)	22
Toluol	14
10-Undecylensäure	18
Vinylacetat (Essigsäurevinylester)	14
Wasserstoffperoxid (35%)	8
m-Xylol (1,3-Dimethylbenzol)	14
Zementkupfer	3

3.6 Reinigungsmethoden

Zur Reinigung der im Praktikum hergestellten Produkte sind je nach vorliegenden Eigenschaften unterschiedliche Methoden anzuwenden.

Für Feststoffe sind Umkristallisation aus heißgesättigter Lösung, Umfällung, Extraktion oder Sublimation geeignete Reinigungsverfahren.

Flüssigkeiten können durch (Gleichstrom-)Destillation sowie Rektifikation bei Normaldruck oder bei Unterdruck gereinigt werden. Auch Schleppmitteldestillation (meist: Wasserdampfdestillation) oder Extraktion können zur Reinigung von flüssigen Substanzen durchgeführt werden.

Gase werden durch Einleiten in entsprechend ausgesuchte Wasch- und/oder Trockenflüssigkeiten gereinigt.

Sämtliche aufgeführte Reinigungsmethoden sind im ersten Band dieser Buchreihe „Labortechnische Grundoperationen" ausführlich dargestellt und beschrieben.

3.7 Analytik

Qualitative und/oder quantitative Untersuchungen der im Praktikum hergestellten Produkte werden unter Angabe der jeweils günstigsten Methode zur Identifikation oder Reinheitskontrolle empfohlen.

Bestimmungen von Schmelz- und Siedepunkten, Dichten oder Brechungsindizes, die sämtlich zur Substanzerkennung genutzt werden können, sind im ersten Band dieser Buchreihe „Labortechnische Grundoperationen" ausführlich beschrieben.

Die Reinheit von Salzen und Säuren läßt sich mit geringem Aufwand volumetrisch bestimmen. Die erforderlichen Arbeitsvorschriften und Ausführungen zu theoretischen Grundlagen der Volumetrie sind im Band 2b dieser Reihe „Analytisches Praktikum" zu finden.

Instrumentelle analytische Untersuchungen mit erhöhtem apparativem Aufwand sind u.a. Gaschromatographie, IR-Spektroskopie, UV/VIS-Spektroskopie oder Polarimetrie. Diese Methoden sind im Band 4 dieser Buchreihe „Physikalisch-chemisches Praktikum" erklärt.

3.8 EDV-Anwendung

In vielfacher Hinsicht kann eine EDV-Anwendung zur Vereinfachung bzw. Erleichterung der Auswertung und/oder Dokumentation von Labortätigkeiten führen.

Die Benutzung von Standardsoftware wie LOTUS 1-2-3 zur Tabellenkalkulation und entsprechender Grafik, MS-WORD zur Erstellung von Protokollen oder eines Datenbanksystems dBASE-III zur Ermittlung von stoffspezifischen Daten sind empfehlenswert und im Band 8 dieser Buchreihe „Angewandte Informatik im Labor" mit Beispielen beschrieben.

3.9 Dokumentation

Ein wesentlicher Teil jeder naturwissenschaftlichen Arbeit ist die exakte Protokollierung der jeweiligen Versuchsdurchführung.

Das Protokoll muß grundsätzlich alle wesentlichen Angaben enthalten, um Reproduzierbarkeit, d.h. ein genaues Nacharbeiten, zu ermöglichen bzw. um gewollte oder ungewollte Abweichungen von der Originalvorschrift erkennen zu können.

Protokoll-Gliederung

1. Datum
2. Name des Ausführenden
3. Bezeichnung der durchgeführten Reaktion/Aufgabe
4. Beteiligte Chemikalien mit Name
   Summenformel
   Molekulare Masse
   ggf. Dichte, etc.
5. Reaktionsgleichung (mit Strukturformeln)
6. Mengen- und Reinheitsangaben eingesetzter Substanzen
7. Informationen über Gefahren beim Umgang mit verwendeten Chemikalien
8. Angaben zur Wiederverwertung bzw. Entsorgung der anfallenden Chemikalien
9. Verwendete Apparatur(en)
10. Beschreibung der Versuchsdurchführung, einschließlich der Isolation und Reinigung des Produktes; Insbesondere sind Abweichungen von der Arbeitsvorschrift und/oder Besonderheiten im Versuchsablauf hier aufzuführen
11. Meßwerte (wie z.B. Zeit, Temperatur)
12. Ausbeuteberechnung
13. Angaben zur Identifizierung und Reinheitskontrolle
14. Zusammenfassung des Versuchsergebnisses

Zur Protokollierung sollten ausschließlich gebundene Hefte/Bücher verwendet werden. Eine Inhaltsangabe erleichtert dort die Orientierung.

4 Anorganische Präparate

4.1 Fällungsreaktionen

4.1.1 Darstellung von Calciumcarbonat

Theoretische Grundlagen

Calciumcarbonat ($CaCO_3$) wird aus wässrigen Lösungen durch Reaktion von Calcium-Ionen (Ca^{2+}) mit Carbonat-Ionen (CO_3^{2-}) gewonnen.

$$Ca^{2+} + CO_3^{2-} \longrightarrow CaCO_3$$

Die vollständige Reaktionsgleichung lautet:

$$CaCl_2 + Na_2CO_3 \longrightarrow \underline{CaCO_3}\downarrow + 2\,NaCl$$

Calciumcarbonat bildet als schwerlösliche Verbindung einen weißen Niederschlag. Dieser wird durch Filtration von den übrigen Bestandteilen des Reaktionsgemisches getrennt.

Verwendung findet Calciumcarbonat in der Glasherstellung, Düngemittelproduktion und als Anstrichfarbe. Als feines Pulver wird Calciumcarbonat darüberhinaus zur Herstellung von Kitt, Zahn- und Putzpulver eingesetzt.

Apparatur

Standard-Rührapparatur (vgl. Abb. 3-3)

Geräte

500-mL-Vierhals-Rundkolben, Intensivkühler, Rührer mit Rührerführung und Rührwerk, Tropftrichter mit Druckausgleich, Thermometer mit Normschliff, Heizkorb (elektrisch) mit Spannungsteiler.

Benötigte Chemikalien

Calciumchlorid $CaCl_2$	m = 27,7 g	w = 100 %
Natriumcarbonat Na_2CO_3	m = 27 g	w = 100 %

Sicherheitsdaten

Tab 4-1-1

Substanz	Gefahren-symbol	R-Sätze	S-Sätze	MAK-Wert mg/m^3
Calciumcarbonat	–	–	–	–
Calciumchlorid	X_i	36	22-24	–
Natriumcarbonat	X_i	36	22-26	–

Hinweise zur Arbeitssicherheit

Calciumchlorid:
- Reizt die Augen
- Staub nicht einatmen
- Berührung mit der Haut vermeiden

Natriumcarbonat:
- Reizt die Augen
- Staub nicht einatmen
- Bei Berührung mit den Augen gründlich mit Wasser spülen und Arzt konsultieren

Entsorgung

Calciumcarbonat: Beseitigungsmethode 3
- Sammelgefäß S

Calciumchlorid: Beseitigungsmethode 3
- mit Wasser lösen / verdünnen
- ggf. neutralisieren
- in Sammelgefäß A

Natriumcarbonat: Beseitigungsmethode 3
- mit Wasser lösen / verdünnen
- neutralisieren mit Schwefelsäure
- in Sammelgefäß A

Arbeitsvorschrift

In der Rührapparatur werden 150 mL Wasser vorgelegt. Unter Rühren werden 27,7 g Calciumchlorid eingebracht und gelöst.

Bei einer Temperatur von 40 °C wird eine Lösung von 27 g Natriumcarbonat in 120 mL Wasser langsam unter fortwährendem Rühren eingetropft.

Anschließend wird auf 60 °C erwärmt und bei dieser Temperatur 30 Minuten nachgerührt.

Nachdem die Suspension auf Raumtemperatur abgekühlt ist, wird abgesaugt, mit heißem Wasser chloridionenfrei gewaschen, scharf abgesaugt und abgepreßt.

Getrocknet wird im Trockenschrank bei 100 °C.

Ausbeute

Die durchschnittlich erreichten Ausbeuten, bezogen auf eingesetztes Calciumchlorid, liegen bei etwa 95 %.

Reinheitsbestimmung

Zur Bestimmung der Reinheit des Calciumcarbonats wird eine Neutralisationstitration empfohlen. Die komplexometrische Titration des Calciums mit entsprechender Umrechnung auf $CaCO_3$ ist ebenso geeignet.

Anzugeben:

Feuchtausbeute
Trockenausbeute
Theoretische Ausbeute (bezogen auf $CaCl_2$)
Massenanteil $w(CaCO_3)$

Zeitaufwand:

Die voraussichtliche Dauer zur Durchführung der Aufgabe (ohne Trocknungs-/Kristallisationszeiten) beträgt ca. 3 Stunden.

4.1.2 Darstellung von Calciumsulfat-1/2-hydrat

Theoretische Grundlagen

Calciumsulfat-2-hydrat ($CaSO_4 \cdot 2H_2O$) wird auch als Gips bezeichnet und spielt im Baugewerbe eine wichtige Rolle.

Aus wäßrigen Lösungen wird Calciumsulfat-2-hydrat durch Reaktion von Calcium-Ionen (Ca^{2+}) und Sulfat-Ionen (SO_4^{2-}) gewonnen.

$$Ca^{2+} + SO_4^{2-} \xrightarrow{+\,2\,H_2O} CaSO_4 \cdot 2\,H_2O$$

Die komplette Reaktionsgleichung lautet:

$$CaCl_2 + Na_2SO_4 \xrightarrow{+\,2\,H_2O} \underline{CaSO_4 \cdot 2\,H_2O} \downarrow + 2\,NaCl$$

Wird Gips ($CaSO_4 \cdot 2H_2O$) erhöhten Temperaturen (> 120 °C) ausgesetzt, so wird Kristallwasser abgespalten. Es entsteht gebrannter Gips, d.h. Calciumsulfat-1/2-hydrat ($CaSO_4 \cdot 1/2\ H_2O$).

$$CaSO_4 \cdot 2\,H_2O \xrightarrow[-1{,}5\,H_2O]{\Delta} CaSO_4 \cdot 0{,}5\,H_2O$$

Die Verwendung von gebranntem Gips in Bau- und Keramik-Industrie beruht auf der Schnellhärtung. Wird Calciumsulfat-1/2-hydrat mit Wasser zu einem Brei angerührt, so härtet dieser in knapp 15 Minuten zu einer festen Masse aus.

Apparatur

Standard-Rührapparatur (vgl. Abb. 3-3)

Geräte

500-mL-Vierhals-Rundkolben, Intensivkühler, Rührer mit Rührerführung und Rührwerk, Tropftrichter mit Druckausgleich, Thermometer mit Normschliff, Heizkorb (elektrisch) mit Spannungsteiler.

Benötigte Chemikalien

Calciumchlorid $CaCl_2$	m = 22,2 g	w = 100 %
Natriumsulfat Na_2SO_4	m = 29 g	w = 100 %
Ethanol C_2H_5OH	V = 40 mL	w = 96 %

Sicherheitsdaten

Tab 4-1-2

Substanz	Gefahren-symbol	R-Sätze	S-Sätze	MAK-Wert mg/m^3
Calciumchlorid	X_i	36	22-24	–
Calciumsulfat	–	–	–	6F
Ethanol	F	11	7-16	1900
Natriumsulfat	–	–	–	–

Hinweise zur Arbeitssicherheit

Calciumchlorid:
- Reizt die Augen
- Staub nicht einatmen
- Berührung mit der Haut vermeiden

Ethanol: – Leichtentzündlich
– Behälter dicht geschlossen halten
– Von Zündquellen fernhalten - Nicht rauchen

Entsorgung

Calciumchlorid: Beseitigungsmethode 3
– mit Wasser lösen/verdünnen
– ggf. neutralisieren
– in Sammelgefäß A

Calciumsulfat: Beseitigungsmethode 3
– Sammelgefäß S

Ethanol: Beseitigungsmethode 14
– Sammelgefäß O

Natriumsulfat: Beseitigungsmethode 3
– in Sammelgefäß S

Arbeitsvorschrift

In der Rührapparatur werden 300 mL Wasser vorgelegt. Unter kräftigem Rühren werden darin 22,2 g Calciumchlorid gelöst.

Bei einer Temperatur von 85 °C – 90 °C wird in etwa 20 Minuten eine Lösung von 29 g Natriumsulfat in 120 mL Wasser zugetropft.

Nachdem die Suspension auf Raumtemperatur abgekühlt ist, wird 15 Minuten nachgerührt.

Das entstandene Calciumsulfat wird scharf abgesaugt, mit heißem Wasser chloridionenfrei gewaschen und gut abgepreßt. Anschließend wird der Filterkuchen zweimal mit je 20 mL Ethanol gewaschen und trockengesaugt.

Getrocknet wird im Vakuumtrockenschrank bei 90 °C.

Ausbeute

Die durchschnittlich erreichten Ausbeuten, bezogen auf eingesetztes Calciumchlorid, liegen bei etwa 85 % der theoretischen Ausbeute.

Reinheitsbestimmung

Zur Bestimmung der Reinheit des Calciumsulfats wird nach einem alkalischen Aufschluß die komplexometrische Titration des Calciums empfohlen.

Anzugeben:

Feuchtausbeute
Trockenausbeute
Theoretische Ausbeute (bezogen auf $CaCl_2$)

Zeitaufwand:

Die voraussichtliche Dauer zur Durchführung der Aufgabe (ohne Trocknungs-/Kristallisationszeiten) beträgt ca. 3 Stunden

4.2 Komplexbildung

4.2.1 Darstellung von Kupfertetramminsulfat

Theoretische Grundlagen

Wird eine Kupfersulfat-Lösung ($CuSO_4$) mit einer Ammoniak-Lösung (NH_3) versetzt, so bildet sich zunächst ein schwach-blauer Niederschlag von basischem Kupfersulfat. Bei weiterer Zugabe von Ammoniak-Lösung entsteht der tiefblau gefärbte, gut lösliche Kupfertetrammin-Komplex.

$$CuSO_4 + 4\,NH_3 \xrightarrow{H_2O} [Cu(NH_3)_4]SO_4$$

Durch Zugabe von Ethanol wird die Löslichkeit der Komplexverbindung herabgesetzt; es entsteht ein tiefblauer Niederschlag von Kupfertetramminsulfat. Dieser wird durch Filtration abgetrennt und getrocknet.

Apparatur

Becherglas

Geräte

250-mL-Becherglas, Glasstab, Vierfuß, Drahtnetz, Tropftrichter, Eisbad, Absaugleitung

Benötigte Chemikalien

Kupfer(II)-sulfat-5-hydrat $CuSO_4 \cdot 5\,H_2O$	m = 25,0 g	w = 100 %
Ammoniak-Lösung NH_3	V = 61 mL	w = 25 %
Ethanol C_2H_5OH	V = 77 mL	w = 96 %

Sicherheitsdaten

Tab 4-2-1

Substanz	Gefahren-symbol	R-Sätze	S-Sätze	MAK-Wert mg/m³
Ammoniak-Lösung	X_i	36/37/38	26-39	35
Ethanol	F	11	7-16	1900
Kupfersulfat	X_n	22	24	–
Kupfertetramminsulfat	X_i	36/37/38	26-37/39	–

Hinweise zur Arbeitssicherheit

Ammoniak-Lösung:
- Reizt die Augen, Atmungsorgane und die Haut
- Bei Berührung mit den Augen gründlich mit Wasser abspülen und Arzt konsultieren
- Schutzbrille/Gesichtsschutz tragen

Ethanol:
- Leichtentzündlich
- Behälter dicht geschlossen halten
- Von Zündquellen fernhalten – Nicht rauchen

Kupfersulfat:
- Gesundheitsschädlich beim Verschlucken
- Berührung mit der Haut vermeiden

Kupfertetramminsulfat:
- Reizt die Augen, Atmungsorgane und die Haut
- Bei Berührung mit den Augen gründlich mit Wasser abspülen und Arzt konsultieren
- Bei der Arbei geeignete Schutzhandschuhe und Schutzbrille/ Gesichtsschutz tragen

Entsorgung

Ammoniak-Lösung: Beseitigungsmethode 2
- mit Wasser lösen / verdünnen
- neutralisieren mit Schwefelsäure
- in Sammelgefäß A

Ethanol: Beseitigungsmethode 14
- Sammelgefäß O

Kupfersulfat: Beseitigungsmethode 3
- mit Wasser lösen / verdünnen
- ggf. neutralisieren
- in Sammelgefäß A

Kupfertetramminsulfat: Beseitigungsmethode 3
– Sammelgefäß S

Arbeitsvorschrift

In einem 250-mL-Becherglas werden 16 mL Wasser und 33 mL Ammoniak-Lösung mit $w(NH_3) = 25\ \%$ vorgelegt. Darin werden 25 g Kupfersulfat-5-hydrat unter intensivem Rühren mit dem Glasstab gelöst.

Die entstandene Lösung wird mit 25 mL Ethanol versetzt und dann im Eisbad auf 10 °C abgekühlt.

Bei dieser Temperatur werden die ausgefallenen Kristalle abgesaugt und mit einem Gemisch aus 28 mL Ammoniak-Lösung mit $w(NH_3) = 25\ \%$ und 28 mL Ethanol gewaschen. Anschließend wird zweimal mit je 12 mL Ethanol gewaschen.

Das erhaltene Produkt wird an der Luft bis zur Massenkonstanz getrocknet.

Ausbeute

Die durchschnittlich erreichten Ausbeuten, bezogen auf eingesetztes Kupfer(II)-sulfat-5-hydrat, liegen bei etwa 60 %.

Reinheitsbestimmung

Zur Bestimmung der Reinheit des Kupfertetramminsulfates wird eine spektralphotometrische Untersuchung im UV/VIS-Bereich empfohlen.

Anzugeben:

Trockenausbeute
Theoretische Ausbeute (bezogen auf $CuSO_4 \cdot 5\ H_2O$)

Zeitaufwand:

Die voraussichtliche Dauer zur Durchführung der Aufgabe (ohne Trocknungs-/Kristallisationszeiten) beträgt ca. 2 Stunden.

4.3 Neutralisationsreaktionen

4.3.1 Darstellung von Kaliumchlorid

Theoretische Grundlagen

Kaliumchlorid (KCl) wird in der Natur als sogenanntes „Sylvin" gefunden. Dieses Mineral ist häufig ein Begleiter von Steinsalz, das aus Natriumchlorid besteht. Die Darstellung von Kaliumchlorid im Labor wird durch Neutralisation von Kalilauge mit Salzsäure vorgenommen.

Reaktionsgleichung:

$$KOH + HCl \longrightarrow KCl + H_2O$$

Verwendung findet Kaliumchlorid als Rohstoff zur Darstellung fast aller anderen Kaliumverbindungen und als Kalidünger.

Apparatur

Becherglas

Geräte

250-mL-Becherglas, Glasstab, Hebebühne, Kühlbad, Tropftrichter, Absaugleitung

Benötigte Chemikalien

Kaliumhydroxid KOH	m = 14 g	w = 85 %
Salzsäure HCl	V: ca. 35 mL	w = 36 %
Ethanol C_2H_5OH	V: ca. 50 mL	w = 96 %

Sicherheitsdaten

Tab 4-3-1

Substanz	Gefahren-symbol	R-Sätze	S-Sätze	MAK-Wert mg/m³
Ethanol	F	11	7-16	1900
Kaliumchlorid	–	–	–	–
Kaliumhydroxid	C	35	2-26-37/39	–
Salzsäure	C	34-37	2-26	7

Hinweise zur Arbeitssicherheit

Ethanol:
- Leichtentzündlich
- Behälter dicht geschlossen halten
- Von Zündquellen fernhalten - Nicht rauchen

Kaliumhydroxid:
- Verursacht schwere Verätzungen
- Darf nicht in die Hände von Kindern gelangen
- Bei Berührung mit den Augen gründlich mit Wasser abspülen und Arzt konsultieren
- Bei der Arbeit geeignete Schutzhandschuhe und Schutzbrille/Gesichtsschutz tragen

Salzsäure:
- Verursacht Verätzungen
- Reizt die Atmungsorgane
- Darf nicht in die Hände von Kindern gelangen
- Bei Berührung mit den Augen gründlich mit Wasser abspülen und Arzt konsultieren

Entsorgung

Ethanol: Beseitigungsmethode 14
- Sammelgefäß O

Kaliumchlorid: Beseitigungsmethode 3
- Sammelgefäß S

Kaliumhydroxid: Beseitigungsmethode 2
- durch Einrühren in Wasser verdünnen
- mit verdünnter Schwefelsäure langsam neutralisieren, pH 6–8
- in Sammelgefäß A

Salzsäure: Beseitigungsmethode 1
- durch Einrühren in Wasser verdünnen
- mit Natronlauge neutralisieren, pH 6–8
- in Sammelgefäß A

Arbeitsvorschrift

In einem 250-mL-Becherglas, das von außen mit einem Wasserbad gekühlt wird, werden 50 mL Wasser vorgelegt. Darin werden 14 g Kaliumhydroxid unter Rühren mit einem Glasstab gelöst.

Langsam wird Salzsäure $w(HCl) = 36\ \%$ unter kräftigem Rühren zugetropft, bis die Lösung sauer reagiert. Dies ist mit Indikator-Papier zu prüfen.

Anschließend wird Ethanol zugetropft. Dabei wird ein weißer Niederschlag von Kaliumchlorid ausgefällt.

Es wird 30 Minuten nachgerührt; anschließend erfolgt die Überprüfung auf vollständige Ausfällung. Ggf. muß noch etwas Ethanol zugegeben werden.

Es wird abgesaugt und mit kaltem Ethanol neutral gewaschen. Das scharf abgesaugte Produkt (Kaliumchlorid) wird an der Luft getrocknet.

Ausbeute

Die durchschnittlich erreichten Ausbeuten bezogen auf eingesetztes Kaliumhydroxid liegen bei etwa 85 %.

Reinheitsbestimmung

Zur Bestimmung der Reinheit des Kaliumchlorids wird eine alkalimetrische Bestimmung mittels Ionentauscher empfohlen.

Anzugeben:

Trockenausbeute
Theoretische Ausbeute (bezogen auf KOH)
Massenanteil w(KCl)

Zeitaufwand:

Die vorraussichtliche Dauer zur Durchführung der Aufgabe (ohne Trocknungs-/Kristallisationszeiten) beträgt ca. 3 Stunden.

4.3.2 Darstellung von Natriumdihydrogenphosphat

Theoretische Grundlagen

Phosphate sind Salze der Phosphorsäure H_3PO_4. Schrittweise können bei der Neutralisation der Phosphorsäure die Wasserstoffionen gegen Metallionen ausgetauscht, d.h. substituiert werden.

Dabei werden folgende Salze erhalten:
MeH_2PO_4 – primäres Phosphat
Me_2HPO_4 – sekundäres Phosphat
Me_3PO_4 – tertiäres Phosphat

Die Darstellung von primärem Natriumphosphat erfolgt durch Neutralisation von Phosphorsäure mit Natronlauge. Dabei darf der pH-Wert 4,4 nicht überschritten werden, sonst erfolgt eine weitere Substitution der verbliebenen Wasserstoffionen.

Reaktionsgleichung:

$$H_3PO_4 + NaOH \longrightarrow NaH_2PO_4 + H_2O$$

Hierbei ist anzumerken, daß auch bei Einhaltung des o.g. pH-Wertes kein reines Natriumdihydrogenphosphat NaH_2PO_4 entsteht, sondern auch in geringeren Mengen Dinatriumhydrogenphosphat Na_2HPO_4 als Produkt vorliegt.

Apparatur

Becherglasrührapparatur (vgl. Abb. 3-5)

Geräte

600-mL-Becherglas, Rührer, elektr. Rührwerk, Hebebühne, Tropftrichter; Vierfuß mit Ceranplatte, Teclu-Brenner

Benötigte Chemikalien

Phosphorsäure H_3PO_4	V = 39 mL	w = 85 %
Natronlauge NaOH	V = 50 mL	w = 50 %
Methylorange		w = 0,1 %

Sicherheitsdaten

Tab 4-3-2

Substanz	Gefahren-symbol	R-Sätze	S-Sätze	MAK-Wert mg/m^3
Methylorange Lösung	–	10	24/25	–
Natriumdihydrogenphosphat	–	–	–	–
Natronlauge	C	35	26-36	–
Phosphorsäure	C	34	26	–

Hinweise zur Arbeitssicherheit

Methylorange:
- Entzündlich
- Berührung mit den Augen und der Haut vermeiden

Natronlauge:
- Verursacht schwere Verätzungen
- Bei Berührung mit den Augen gründlich mit Wasser abspülen und Arzt konsultieren
- Bei der Arbeit geeignete Schutzkleidung und Schutzbrille/Gesichtsschutz tragen

Phosphorsäure:
- Verursacht Verätzungen
- Bei Berührung mit den Augen gründlich mit Wasser abspülen und Arzt konsultieren

Entsorgung

Methylorange: Beseitigungsmethode 16
- Sammelgefäß O

Natriumdihydrogenphosphat: Beseitigungsmethode 3
- in Wasser lösen, verdünnen
- mit NaOH neutralisieren, pH 6–8
- in Sammelgefäß A

Natronlauge: Beseitigungsmethode 2
- durch Einrühren in Wasser verdünnen
- mit verdünnter Schwefelsäure langsam neutralisieren, pH 6–8
- in Sammelgefäß A

Phosphorsäure: Beseitigungsmethode 1
- durch Einrühren in Wasser verdünnen
- mit Natronlauge neutralisieren, pH 6–8
- in Sammelgefäß A

Arbeitsvorschrift

In einem 600-mL-Becherglas werden 70 mL Wasser vorgelegt. Darin werden 39 mL Phosphorsäure unter Rühren gelöst. Einige Tropfen Methylorange-Lösung werden als Indikator zugegeben.

Der Tropftrichter wird mit einer verdünnten Natronlauge befüllt, die aus 200 mL Wasser und 50 mL Natronlauge w(NaOH) = 50 % hergestellt wurde.

Langsam wird die Natronlauge zu der Phosphorsäure-Lösung zugetropft, bis zum Farbumschlag des Methylorange (von rot nach gelb-orange).

Um das Reaktionsprodukt auszukristallisieren, wird unter permanentem Rühren mittels Teclu-Brenner bis auf ein Volumen von ca. 60 mL eingeengt. Tritt beim Abkühlen keine Kristallisation ein, wird ein Impfkristall zugesetzt.

Bei Raumtemperatur wird abgesaugt und an der Luft bis zur Massenkonstanz getrocknet.

Ausbeute

Da obiger Aussage entsprechend auch Dinatriumhydrogenphosphat entsteht und mit unterschiedlichen Wassergehalten gerechnet werden muß, kann eine exakte Angabe bzgl. der Ausbeute nicht gemacht werden.

Anzugeben:

Trockenausbeute

Zeitaufwand:

Die vorraussichtliche Dauer zur Durchführung der Aufgabe (ohne Trocknungs-/Kristallisationszeiten) beträgt ca. 3 Stunden.

4.3.3 Darstellung von Dinatriumhydrogenphosphat

Theoretische Grundlagen

Phosphate sind Salze der Phosphorsäure H_3PO_4. Schrittweise können bei der Neutralisation der Phosphorsäure die Wasserstoffionen gegen Metallionen ausgetauscht, d.h. substituiert werden.

Dabei werden folgende Salze erhalten:
MeH_2PO_4 – primäres Phosphat
Me_2HPO_4 – sekundäres Phosphat
Me_3PO_4 – tertiäres Phosphat

Die Darstellung von sekundärem Natriumphosphat erfolgt durch Neutralisation von Phosphorsäure mit Natronlauge. Dabei darf der pH-Wert 9,5 nicht überschritten werden, sonst erfolgt weitere Substitution des verbliebenen Wasserstoffions.

Reaktionsgleichung:

$$H_3PO_4 + 2\ NaOH \longrightarrow Na_2HPO_4 + 2\ H_2O$$

Hierbei ist anzumerken, daß auch bei Einhaltung des o.g. pH-Wertes kein reines Dinatriumhydrogenphosphat Na_2HPO_4 entsteht, sondern auch geringe Mengen Natriumdihydrogenphosphat NaH_2PO_4 als Produkt vorliegen.

Apparatur

Becherglasrührapparatur (vgl. Abb. 3-5)

Geräte

1000-mL-Becherglas, Rührer, elektr. Rührwerk, Hebebühne, Tropftrichter; Vierfuß mit Ceranplatte, Teclu-Brenner

Benötigte Chemikalien

Phosphorsäure H_3PO_4	V = 39 mL	w = 85 %
Natronlauge NaOH	V = 110 mL	w = 50 %
Phenolphthalein		w = 1 %

Sicherheitsdaten

Tab 4-3-3

Substanz	Gefahren-symbol	R-Sätze	S-Sätze	MAK-Wert mg/m³
Dinatriumhydrogen-phosphat	–	–	–	–
Natronlauge	C	35	26-36	–
Phenolphthalein Lösung	F	10	24/25	–
Phosphorsäure	C	34	26	–

Hinweise zur Arbeitssicherheit

Natronlauge:
- Verursacht schwere Verätzungen
- Bei Berührung mit den Augen gründlich mit Wasser abspülen und Arzt konsultieren
- Bei der Arbeit geeignete Schutzkleidung und Schutzbrille/Gesichtsschutz tragen

Phenolphthalein:
- Entzündlich
- Berührung mit den Augen und der Haut vermeiden

Phosphorsäure:
- Verursacht Verätzungen
- Bei Berührung mit den Augen gründlich mit Wasser abspülen und Arzt konsultieren

Entsorgung

Dinatriumhydrogenphosphat: Beseitigungsmethode 2
- in Wasser lösen, verdünnen
- mit H_2SO_4 neutralisieren, pH 6–8,
- in Sammelgefäß A

Natronlauge: Beseitigungsmethode 2
- durch Einrühren in Wasser verdünnen
- mit verdünnter Schwefelsäure langsam neutralisieren, pH 6–8
- in Sammelgefäß A

Phenolphthalein: Beseitigungsmethode 14
- Sammelgefäß O

Phosphorsäure: Beseitigungsmethode 1
- durch Einrühren in Wasser verdünnen
- mit Natronlauge neutralisieren, pH 6–8
- in Sammelgefäß A

Arbeitsvorschrift

In einem 1000-mL-Becherglas werden 70 mL Wasser vorgelegt. Darin werden 39 mL Phosphorsäure unter Rühren gelöst. Einige Tropfen Phenolphthalein-Lösung werden als Indikator zugegeben.

Der Tropftrichter wird mit einer verdünnten Natronlauge befüllt, die aus 400 mL Wasser und 110 mL Natronlauge w(NaOH) = 50 % hergestellt wurde. Langsam wird die Natronlauge zu der Phosphorsäure-Lösung zugetropft, bis zum Farbumschlag des Phenolphthaleins (von farblos nach rosa).

Um das Reaktionsprodukt auszukristallisieren, wird unter permanentem Rühren mittels Teclu-Brenner bis auf ein Volumen von ca. 90 mL eingeengt. Tritt beim Abkühlen keine Kristallisation ein, wird ein Impfkristall zugesetzt.

Bei Raumtemperatur wird abgesaugt und an der Luft bis zur Massenkonstanz getrocknet.

Ausbeute

Da auch Natriumdihydrogenphosphat (NaH_2PO_4) entsteht und mit unterschiedlichen Mengen an Kristallwasser gerechnet werden muß, ist eine Angabe bzgl. der zu erwartenden Ausbeute nicht sinnvoll.

Anzugeben:

Trockenausbeute

Zeitaufwand:

Die vorraussichtliche Dauer zur Durchführung der Aufgabe (ohne Trocknungs-/Kristallisationszeiten) beträgt ca. 3 Stunden.

4.4 Redoxreaktionen

4.4.1 Darstellung von Ammoniumeisen(II)-sulfat

Theoretische Grundlagen

Ammoniumeisen(II)-sulfat ist ein Doppelsalz, das auch „Mohrsches Salz“ genannt wird. Es bildet hellgrüne Kristalle und ist an der Luft relativ beständig. Verwendung findet es in der Permanganometrie als Urtitersubstanz.

Die Darstellung von Ammoniumeisen(II)-sulfat im Labor wird durch Umsetzung von Eisenpulver (Fe) mit verdünnter Schwefelsäure (H_2SO_4) zu Eisensulfat ($FeSO_4$) und anschließender Kristallisation mit konzentrierter Ammoniumsulfat-Lösung vorgenommen.

Bei der erstgenannten Reaktion handelt es sich um eine Oxidation des Eisens. Dabei werden die Wasserstoff-Ionen (Protonen) der Schwefelsäure zu elementarem Wasserstoff-Gas reduziert.

Reaktionsgleichung:

$$Fe + H_2SO_4 \longrightarrow FeSO_4 + H_2\uparrow$$

Die zweite Reaktionsgleichung beschreibt das gemeinsame Auskristallisieren der beiden Salze Eisensulfat und Ammoniumsulfat $(NH_4)_2SO_4$.

Reaktionsgleichung:

$$FeSO_4 + (NH_4)_2SO_4 + 6\,H_2O \longrightarrow (NH_4)_2Fe(SO_4)_2 \cdot 6\,H_2O$$

Apparatur

Rückflußapparatur (vgl. Abb 3-2)

Geräte

500-mL-Zweihals-Rundkolben, Hebebühne, elektr. Heizkorb, Intensivkühler, Becherglas, Vierfuß mit Ceranplatte, Teclubrenner

Benötigte Chemikalien

Eisen (Pulver) Fe	m = 11,2 g	w = 100 %
Schwefelsäure H_2SO_4	V = 200 mL	w = 10 %
Ammoniumsulfat $(NH_4)_2SO_4$	m = 26,4 g	w = 100 %

Sicherheitsdaten

Tab 4-4-1

Substanz	Gefahren-symbol	R-Sätze	S-Sätze	MAK-Wert mg/m^3
Ammoniumeisensulfat	–	–	–	–
Ammoniumsulfat	–	–	–	–
Eisen (Pulver)	–	–	–	–
Schwefelsäure	C	35	2-26-30	1 G

Hinweise zur Arbeitssicherheit

Schwefelsäure:
- Verursacht schwere Verätzungen
- Darf nicht in die Hände von Kindern gelangen
- Bei Berührung mit den Augen gründlich mit Wasser abspülen und Arzt konsultieren
- Niemals Wasser hinzugießen

Entsorgung

Ammoniumeisen(II)-sulfat: Beseitigungsmethode 3
- in Sammelgefäß S

Ammoniumsulfat: Beseitigungsmethode 3
- in Sammelgefäß S

Eisen: Beseitigungsmethode 3
- in Sammelgefäß S

Schwefelsäure: Beseitigungsmethode 1
- durch Einrühren in Wasser verdünnen
- mit Natronlauge neutralisieren, pH 6–8
- in Sammelgefäß A

Arbeitsvorschrift

In der Rückflußapparatur werden 200 mL Schwefelsäure mit w(H_2SO_4) = 10 % vorgelegt. Bei Raumtemperatur werden 11,2 g Eisenpulver zugegeben. Es wird solange erhitzt, bis alles Eisen umgesetzt ist.

Von eventuell zurückbleibenden Verunreinigungen wird abfiltriert. Das klare Filtrat wird eingeengt, bis sich auf der Flüssigkeitsoberfläche eine Kristallhaut von Eisensulfat bildet.

Aus 26,4 g Ammoniumsulfat wird mit Wasser eine heißgesättigte Lösung hergestellt. Diese wird vorsichtig zu der Eisensulfat-Lösung gegeben. Das Gemisch wird langsam auf Raumtemperatur abgekühlt. Dabei scheiden sich hellgrüne Kristalle von Ammoniumeisen(II)-sulfat-6-hydrat ab.

Es wird abgesaugt und mit sehr wenig eiskaltem Wasser gewaschen. Das Salz wird zwischen Filtrierpapier an der Luft bis zur Massenkonstanz getrocknet.

Aus der Mutterlauge kann durch vorsichtiges Eindampfen eine zweite Fraktion von meist geringerer Reinheit gewonnen werden.

Ausbeute

Die durchschnittlich erreichten Ausbeuten, bezogen auf eingesetztes Eisen, liegen bei etwa 70 %.

Reinheitsbestimmung

Zur Bestimmung der Reinheit des Ammoniumeisensulfates wird eine permanganometrische Bestimmung des Eisens empfohlen.

Anzugeben:

Trockenausbeute
Theoretische Ausbeute (bezogen auf Fe)
Massenanteil w $(NH_4)_2Fe(SO_4)_2$

Zeitaufwand:

Die vorraussichtliche Dauer zur Durchführung der Aufgabe (ohne Trocknungs-/Kristallisationszeiten) beträgt ca. 3 Stunden.

4.4.2 Darstellung von Kaliumbromid

Theoretische Grundlagen

Kaliumbromid (KBr) ist ein weißes, sehr gut wasserlösliches Salz, das in der Medizin als Zusatz zu nervenberuhigenden Mitteln sowie in der fotochemischen Industrie Verwendung findet. Für analytische Zwecke wird Kaliumbromid in speziellen Anreibungen zur Aufnahme von IR-Spektren eingesetzt, weil Kaliumbromid das Spektrum der zu untersuchenden Substanzen nicht beeinflußt.

Die Darstellung von Kaliumbromid im Labor erfolgt durch zwei Reaktionen:
Zunächst wird Eisen (Fe) mit Brom (Br_2) umgesetzt. Dabei handelt es sich um die Oxidation des Eisens unter gleichzeitiger Reduktion des Broms zu Bromid. Es entsteht Eisen-(II)-bromid.

Reaktionsgleichung:

$$Fe + Br_2 \longrightarrow FeBr_2$$

Beim weiterem Zusatz von Brom erfolgt die Aufoxidation des Fe^{2+} zu Fe^{3+}. Als Produkt entsteht Eisen(II/III)-bromid.

Reaktionsgleichung:

$$3\,FeBr_2 + Br_2 \longrightarrow FeBr_2 \cdot 2\,FeBr_3$$

In der zweiten Reaktion wird das entstandene Eisenbromid mit Kaliumcarbonat umgesetzt. Dabei entsteht neben gasförmigem Kohlenstoffdioxid (CO_2) und schwerlöslichem

Eisenhydroxid ($Fe(OH)_3$) das gewünschte Kaliumbromid. In wäßriger Lösung entsteht ein Gemisch aus den Eisenhydroxiden: Eisen(II)-hydroxid ($Fe(OH)_2$) und Eisen(III)-hydroxid ($Fe(OH)_3$).

Reaktionsgleichung:

$$FeBr_2 \cdot 2\,FeBr_3 + 4\,K_2CO_3 \xrightarrow[-4\,CO_2]{+4\,H_2O} 8\,KBr + Fe(OH)_2 + 2\,Fe(OH)_3$$

Eisen(II)-hydroxid wird mittels Wasserstoffperoxid-Lösung zu Eisen(III)-hydroxid aufoxidiert. Schwerlösliches Eisen(III)-hydroxid wird durch Filtration aus dem Produktgemisch abgetrennt; gasförmiges Kohlenstoffdioxid entweicht bei erhöhter Temperatur fast vollständig. Aus wäßriger Lösung kristallisiert somit beim Abkühlen reines Kaliumbromid.

Apparaturen

Standardrührapparatur (vgl. Abb 3-3)
Becherglasrührapparatur (vgl. Abb 3-5)

Geräte

500-mL-Vierhals-Rundkolben, Hebebühne, Kühlschale, Intensivkühler, Tropftrichter (mit Verlängerung, die bis unter die Flüssigkeitsoberfläche reicht), Thermometer, Schliffkappe (zur Gasableitung), Becherglas, Vierfuß mit Ceranplatte oder Drahtnetz, Teclu-Brenner, elektrisches Rührwerk, Rührer mit Rührerführung

Benötigte Chemikalien

Eisen (Pulver) Fe	m = 12,5 g	w = 100 %
Brom Br_2	V = 10,4 mL	w = 100 %
Kaliumcarbonat K_2CO_3	m = 27,6 g	w = 100 %
Wasserstoffperoxid H_2O_2 (wäßrige Lösung)	V = 4 mL	w = 3 %

Sicherheitsdaten

Tab 4-4-2

Substanz	Gefahrensymbol	R-Sätze	S-Sätze	MAK-Wert mg/m^3
Brom	T^+, C	26-35	7/9-26	0,7
Eisen (Pulver)	–	–	–	–
Eisenhydroxid	–	–	–	–
Kaliumbromid	–	–	–	–
Kaliumcarbonat	X_n	22	22	–
Wasserstoffperoxid 30%	C	34	28-39	1,4

Hinweise zur Arbeitssicherheit

Dieser Versuch ist im Abzug durchzuführen.

Brom:
- Sehr giftig
- Ätzend
- Sehr giftig beim Einatmen
- Verursacht schwere Verätzungen
- Behälter dicht geschlossen halten und an einem gut gelüfteten Ort aufbewahren
- Bei Berührung mit den Augen gründlich mit Wasser abspülen und Arzt konsultieren

Kaliumcarbonat:
- Mindergiftig
- Gesundheitsschädlich beim Verschlucken
- Staub nicht einatmen

Wasserstoffperoxid:
- Ätzend
- Verursacht Verätzungen
- Bei Berührung mit der Haut sofort abwaschen und mit viel Wasser spülen
- Schutzbrille/Gesichtsschutz tragen

Entsorgung

Brom: Beseitigungsmethode 8
- mit Natriumthiosulfat-Lösung reduzieren
- Sammelgefäß A

Eisen: Beseitigungsmethode 3
- in Sammelgefäß S

Eisenhydroxid: Beseitigungsmethode 3
- in Sammelgefäß S

Kaliumbromid: Beseitigungsmethode 3
- in Sammelgefäß S

Kaliumcarbonat: Beseitigungsmethode 3
- in Sammelgefäß S

Wasserstoffperoxid: Beseitigungsmethode 8
- mit Natriumthiosulfat reduzieren
- Sammelgefäß A

Arbeitsvorschrift

In der Rührapparatur werden 100 mL Wasser vorgelegt. Bei Raumtemperatur werden 12,5 g Eisenpulver zugegeben.

Innerhalb von 30 Minuten wird bei langsamem Rühren 7,8 mL Brom unter die Flüssigkeitsoberfläche getropft. Dabei ist durch Außenkühlung ein Ansteigen der Temperatur über 25 °C zu vermeiden. Nach beendetem Zutropfen wird 15 Minuten nachgerührt.

Das nicht umgesetzte Eisen-Pulver wird abfiltriert, dreimal mit je 15 mL Wasser gewaschen und dann verworfen.

Das Filtrat wird in die Rührapparatur zurückgegeben. Bei max. 25 °C werden weitere 2,6 mL Brom innerhalb von 15 Minuten unter die Flüssigkeitsoberfläche getropft. Anschließend wird 15 Minuten nachgerührt.

Die gesamte Lösung wird in eine Becherglasrührapparatur überführt und zum Sieden erhitzt. Zu dieser heißen Lösung wird langsam eine Lösung von 27,6 g Kaliumcarbonat in 150 mL Wasser zugetropft, bis ein pH-Wert von etwa 7 erreicht ist. – Dabei fällt braunes Eisenhydroxid aus.

Die entstandene Suspension wird heiß filtriert. Der braune Rückstand von Eisenhydroxid wird dreimal mit je 25 mL heißem Wasser gewaschen und anschließend verworfen.

Das Filtrat wird in der Becherglasrührapparatur bis zur Sättigung eingeengt. Sollte dabei eine Braunfärbung auftreten, werden 4 mL Wasserstoffperoxid-Lösung mit $w(H_2O_2) = 3\ \%$ zugegeben. Das erneut ausfallende, braune Eisenhydroxid wird abfiltriert und verworfen.

Die heißgesättigte, klare Lösung wird langsam abgekühlt. Dabei kristallisiert Kaliumbromid weiß aus. Es wird scharf abgesaugt und das Salz an der Luft zwischen Filterpapieren bis zur Massenkonstanz getrocknet.

Aus der Mutterlauge kann durch vorsichtiges Eindampfen eine zweite Fraktion von geringerer Reinheit gewonnen werden.

Ausbeute

Die durchschnittlich erreichten Ausbeuten, bezogen auf eingesetztes Eisen-Pulver, liegen bei etwa 60 %.

Reinheitsbestimmung

Zur Bestimmung der Reinheit des Kaliumbromids wird die Aufnahme eines IR-Spektrums empfohlen.

Anzugeben:

Trockenausbeute
Theoretische Ausbeute (bezogen auf Eisen)

Zeitaufwand:

Die vorraussichtliche Dauer zur Durchführung der Aufgabe (ohne Trocknungs-/Kristallisationszeiten) beträgt ca. 6 Stunden.

4.4.3 Darstellung von Kupfersulfat-5-hydrat

Theoretische Grundlagen

Kupfersulfat-5-hydrat ($CuSO_4 \cdot 5\ H_2O$) wurde früher auch als Kupfervitriol oder blauer Vitriol bezeichnet. Dieses Kupfersalz bildet blaue, durchsichtige Kristalle. Beim Erhitzen über 200 °C entsteht das wasserfreie, weiße Kupfersulfat ($CuSO_4$).

Kupfersulfat-5-hydrat wird im Labor durch Reaktion von metallischem Kupfer mit konzentrierter Schwefelsäure gewonnen. Dabei wird Kupfer oxidiert und das Sulfat der Schwefelsäure zu gasförmigem Schwefeldioxid reduziert. Eine geringe Menge Salpetersäure wird zugesetzt, um die Reaktion zu beschleunigen.

Reaktionsgleichung:

$$Cu + 2\ H_2SO_4 \longrightarrow CuSO_4 + 2\ H_2O + SO_2\uparrow$$

Verwendung findet Kupfersulfat-5-hydrat als Pflanzenschutzmittel sowie in der Galvanotechnik als Elektrolyt-Lösung. Wasserfreies Kupfersulfat wird zum Nachweis von Wasser in organischen Lösemitteln eingesetzt.

Apparaturen

Rückflußapparatur (vgl. Abb 3-2)

Geräte

500-mL-Zweihals-Rundkolben, Hebebühne, elektrischer Heizkorb, Intensivkühler; Becherglas, Vierfuß mit Ceranplatte oder Drahtnetz, Teclu-Brenner

Benötigte Chemikalien

Kupfer (Späne) Cu	m = 21,2 g	w = 100 %
Schwefelsäure H_2SO_4	m = 90 g	w = 98 %
Salpetersäure HNO_3	V = 2 mL	w = 65 %

Sicherheitsdaten

Tab 4-4-3

Substanz	Gefahren-symbol	R-Sätze	S-Sätze	MAK-Wert mg/m^3
Kupfer (Späne)	–	–	–	1 G
Kupfersulfat-5-hydrat	X_n	22	24	–
Salpetersäure	C	8-35	23-26-36	5
Schwefelsäure	C	35	2-26-30	1 G

Hinweise zur Arbeitssicherheit

Dieser Versuch ist im Abzug durchzuführen.

Kupfersulfat-5-hydrat:
- Mindergiftig
- Gesundheitsschädlich beim Verschlucken
- Berührung mit der Haut vermeiden

Salpetersäure:
- Brandfördernd
- Ätzend
- Feuergefahr bei Berührung mit brennbaren Stoffen
- Verursacht schwere Verätzungen
- Gas/Aerosol nicht einatmen
- Bei Berührung mit den Augen gründlich mit Wasser spülen und Arzt konsultieren
- Bei Arbeit geeignete Schutzkleidung tragen

Schwefelsäure:
- Ätzend
- Verursacht schwere Verätzungen
- Darf nicht in die Hände von Kindern gelangen
- Bei Berührung mit den Augen gründlich mit Wasser spülen und Arzt konsultieren
- Niemals Wasser hinzugießen

Entsorgung

Kupfer: Beseitigungsmethode 3
- in Sammelgefäß S

Schwefelsäure: Beseitigungsmethode 1
- durch Einrühren in Wasser verdünnen
- mit NaOH neutralisieren, pH 6–8
- Sammelgefäß A

Salpetersäure: Beseitigungsmethode 1
- durch Einrühren in Wasser verdünnen
- mit NaOH neutralisieren, pH 6–8
- Sammelgefäß A

Kupfersulfat-5-hydrat: Beseitigungsmethode 3
- in Sammelgefäß S

Arbeitsvorschrift

In der Rückflußapparatur werden 21,2 g Kupfer-Späne vorgelegt (d.h. möglichst am Boden des Kolbens leicht zusammengedrückt) und 90 g Schwefelsäure zugegeben. Anschließend werden 2 mL Salpertersäure vorsichtig zudosiert.

Es wird zum Sieden erhitzt und diese Temperatur mindestens 90 Minuten lang gehalten. Danach läßt man etwas abkühlen und gießt den Kolbeninhalt vorsichtig in ein mit 150 mL kaltem Wasser gefülltes Becherglas. Es wird zum Sieden erhitzt und heiß filtriert.

Das heiße Filtrat wird langsam abgekühlt, dabei kristallisiert blaues Kupfersulfat-5-hydrat aus. Dieses wird scharf abgesaugt. Das erhaltene Salz wird an der Luft zwischen Filterpapieren getrocknet.

Aus der Mutterlauge kann durch Eindampfen eine zweite Fraktion von geringerer Reinheit gewonnen werden.

Ausbeute

Die durchschnittlich erreichten Ausbeuten, bezogen auf eingesetztes Kupfer, liegen bei etwa 70 % der theoretischen Ausbeute.

Reinheitsbestimmung

Zur Bestimmung der Reinheit des Kupfersulfat-5-hydrats wird die iodometrische Titration des Kupfers empfohlen.

Anzugeben:

Trockenausbeute
Theoretische Ausbeute (bezogen auf Cu)
Massenanteil: w(Cu)

Zeitaufwand:

Die vorraussichtliche Dauer zur Durchführung der Aufgabe (ohne Trocknungs-/Kristallisationszeiten) beträgt ca. 5 Stunden.

4.4.4 Darstellung von Zementkupfer

Theoretische Grundlagen

Aus kupferarmen Erzen wie auch aus Rückständen der Schwefelsäureproduktion kann Kupfer als sogenanntes Zementkupfer gewonnen werden.

Die Darstellung des Zementkupfers beruht auf der Tatsache, daß mit einem unedlen Metall (z.B. Eisen) ein edleres Metall (z.B. Kupfer) aus seiner Lösung ausgeschieden werden kann. Wird einer Kupfersulfat-Lösung metallisches Eisen in Form eines Eisenbleches zugesetzt, so wird Kupfer ausgefällt.

Reaktionen:

$$CuSO_4 + Fe \xrightarrow{\text{Oxidation}} FeSO_4 + Cu$$

Großtechnisch verwendet man Eisenschrott zur Gewinnung des Rohkupfers (Zementkupfer), welches durch elektrolytische Raffination gereinigt wird.

Apparaturen

Becherglas

Geräte

400-mL-Becherglas, Saugflasche mit Glasfritte

Benötigte Chemikalien

Kupfersulfat-5-hydrat $CuSO_4 \cdot 5\ H_2O$	m = 39,3 g	w(x) = 100 %
Eisen (Blech)		

Sicherheitsdaten

Tab 4-4-4

Substanz	Gefahren-symbol	R-Sätze	S-Sätze	MAK-Wert mg/m³
Eisen (Blech)	–	–	–	–
Kupfersulfat-5-hydrat	X_n	22	24	–
Zementkupfer	–	–	–	–

Hinweise zur Arbeitssicherheit

Kupfersulfat-5-hydrat: – Mindergiftig
– Gesundheitsschädlich beim Verschlucken
– Berührung mit der Haut vermeiden

Entsorgung

Eisen: Beseitigungsmethode 3
– in Sammelgefäß S

Kupfer: Beseitigungsmethode 3
– in Sammelgefäß S

Kupfersulfat-5-hydrat: Beseitigungsmethode 3
– in Sammelgefäß S

Arbeitsvorschrift

In einem 400-mL-Becherglas werden 39,3 g Kupfersulfat-5-hydrat in 100 mL Wasser gelöst. In diese Kupfersalz-Lösung wird ein Stück Eisenblech komplett eingetaucht und 24 Stunden darin stehen gelassen.

Ausgefallenes, metallisches Kupfer wird über eine Glasfritte abgesaugt und mit heißem Wasser eisenionenfrei gewaschen. Bei 100 °C wird im Trockenschrank bis zur Massenkonstanz getrocknet.

Ausbeute

Die durchschnittlich erreichten Ausbeuten, bezogen auf eingesetztes Kupfersulfat-5-hydrat, liegen bei etwa 97 % der theoretischen Ausbeute.

Reinheitsbestimmung

Zur Bestimmung der Reinheit des Zementkupfers wird die iodometrische Titration des Kupfers empfohlen.

Anzugeben:

Trockenausbeute
Theoretische Ausbeute (bezogen auf $CuSO_4 \cdot 5\ H_2O$)
Massenanteil: w(Cu)

Zeitaufwand:

Die vorraussichtliche Dauer zur Durchführung der Aufgabe (ohne Trocknungs-/Kristallisationszeiten) beträgt ca. 1 Stunde.

4.5 Wiederholungsfragen

1. Wie lautet die Grundgleichung der Neutralisation ?
2. Welche Produkte entstehen bei der Neutralisation von Salzsäure mit Kalilauge ?
3. Formulieren Sie die Reaktionsgleichung zur Darstellung von Dinatriumhydrogenphosphat durch Neutralisation !
4. Warum ist bei der Herstellung von Natriumhydrogenphosphat aus Natronlauge und Phosphorsäure ein Indikator nötig, bei der Herstellung von Kaliumchlorid aus Salzsäure und Kalilauge hingegen nicht ?
5. Begründen Sie die basische Reaktion von Natriumhydrogencarbonat ($NaHCO_3$) in wäßriger Lösung !
6. Formulieren Sie (ggf. mit je einem Beispiel und einer Reaktionsgleichung) vier Methoden zur Darstellung anorganischer Salze !
7. Erläutern Sie mit Reaktionsgleichung die Herstellung von gebranntem Gips !
8. Nennen Sie jeweils zwei Beispiele für saure, neutrale und basische Salze !
9. Erklären Sie, warum bei der Reaktion von gelöstem Calciumchlorid mit gelöstem Soda Calciumcarbonat ausfällt !
10. Wie wird „Oxidation" definiert ?
11. Wie wird „Reduktion" definiert ?
12. Erklären Sie am Beispiel der Reaktion des Eisens mit Brom (z.B. bei der Kaliumbromidherstellung) den Begriff „Redoxprozeß" !
13. Nennen Sie im Labor gebräuchliche Oxidationsmittel !
14. Welche Reduktionsmittel werden häufig bei großtechnischen Verfahren verwendet ?
15. Bei der Herstellung von Kupfersulfat-5-hydrat aus Schwefelsäure und Kupfer wird Salpetersäure zugesetzt. Warum ist dies nötig ?
16. Wie unterscheiden sich Komplex- und Doppelsalze ? Nennen Sie je ein Beispiel mit Formel !
17. Wie werden schwermetallhaltige anorganische Verbindungen entsorgt ?
18. Warum ist der Gesamtlösevorgang bei wasserfreiem Calciumchlorid exotherm, der von wasserhaltigem Calciumchlorid hingegen endotherm ?
19. Zählen Sie einige allgemein-charakteristische Eigenschaften anorganischer Verbindungen auf !
20. Erläutern Sie den Begriff „Katalyse" !
21. Welche Methoden zur Identifizierung anorganischer Verbindungen sind Ihnen bekannt ?
22. Welche Bindungsart liegt bei Salzen vor ? Welche Eigenschaften resultieren daraus ?
23. Welche Eigenschaften eines Elementes kann aus seiner Stellung im PSE abgeleitet werden ?

5 Organische Präparate

Das fünfte Kapitel enthält über 35 Aufgaben zur Herstellung organischer Verbindungen. Es wird dabei eine Klassifizierung nach Reaktionstypen vorgenommen. Acetylierung, Alkylierung, Carboxylierung, Dehydratisierung, Diazotierung mit anschliessender Kupplung, Halogenierung, Kondensation an der Carbonyl-Gruppe, Nitrierung, Oxidation, Polymerisation, Reduktion, Sulfonierung, Umlagerung, Veresterung und Verseifung werden mit Arbeitsvorschriften für oft mehrere Präparate aufgeführt. Die Ordnung der einzelnen Reaktionstypen ist alphabetisch gewählt.

Jedem Unterkapitel (Acetylierung o.ä.) wird eine kurze theoretische Betrachtung vorangestellt. Diese enthält Ausführungen wie z.B. allgemeine Reaktionsgleichung, Reaktionsmechanismen oder spezielle Bedingungen des jeweiligen Reaktionsablaufes.

Der systematische Aufbau jeder präparativen Aufgabe (z.B.: „Darstellung von 1-Brombutan“) ist demjenigen aus Kapitel 4 sehr ähnlich und weist stets folgende Inhalte auf:

- **Theoretische Grundlagen** zur Reaktion
- **Apparatur**, die zur Herstellung empfohlen wird
- **Geräte**, die zum Aufbau der Apparatur benötigt werden
- **Benötigte Chemikalien**
- **Sicherheitsdaten**, tabellarisch
- **Hinweise zur Arbeitssicherheit**
- Angaben zur **Entsorgung** der Reststoffe
- **Arbeitsvorschrift** (Arbeitsanweisung)
- Angabe bzgl. der **zu erwartenden Ausbeute**
- Vorschläge zur **Identifizierung und Reinheitskontrolle** (IR-Spektren: siehe Anhang)
- Aufstellung der **abschließend anzugebenden Daten**
- Voraussichtlicher **Zeitaufwand**

Bevor einzelne präparative Arbeiten erledigt werden, sollte eine Beschäftigung mit Kapitel 6 „Mehrstufensynthesen“ erfolgen. Durch das Hintereinanderschalten verschiedener Aufgaben kann positiv im Sinne der Abfallminimierung (also des Umweltschutzes) und der Praxisorientierung gearbeitet werden.

5.1 Acylierung und Acetylierung

Unter *Acylierung* versteht man die Einführung einer Acyl-Gruppe. Eine Acyl-Gruppe ist formal gesehen eine Carbonsäure ohne OH-Gruppe.

Beispiele für Acyl-Gruppen:

$$CH_3-\underset{|}{C}=O \quad \text{(aus Essigsäure)}$$

$$C_6H_5-\underset{|}{C}=O \quad \text{(aus Benzoesäure)}$$

Allgemeine Reaktionsgleichung

$$Ar-H \;+\; R-\underset{\underset{O}{\|}}{C}-Cl \longrightarrow Ar-\underset{\underset{O}{\|}}{C}-R \;+\; HCl$$

Reaktionspartner sind die aromatische Verbindung Ar-H und ein Säurechlorid einer aliphatischen oder aromatischen Carbonsäure.

Als Edukte ergeben sich rein aromatische oder gemischt aromatisch-aliphatische Ketone (je nach eingesetztem Säurehalogenid).

Reaktionsmechanismen

Aus dem Acylhalogenid (z.B. Säurechlorid) entsteht in Gegenwart von Lewis-Säuren, wie z.B. Aluminiumchlorid, zunächst unter Bildung von komplexem $[AlCl_4]^-$ ein Acyl-Kation $[R\text{-}C{=}O]^+$.

$$R-\underset{\underset{Cl}{|}}{C}=O \;+\; AlCl_3 \longrightarrow \underset{\text{Acyl-Kation}}{[R-C=O]^+} \;+\; [AlCl_4]^-$$

Das Acyl-Kation greift als Elektrophil die aromatische, elektronenreiche Verbindung Ar-H an. Über π-Komplex und Phenonium-Ion entsteht schließlich die acylierte Verbindung.

$$[R-C=O]^+ \;+\; Ar-H \longrightarrow H^+ \;+\; R-\underset{\underset{O}{\|}}{C}-Ar$$

Das substituierte, aus der Verbindung Ar-H freigesetzte Proton reagiert mit $AlCl_4^-$. Dabei entstehen Chlorwasserstoff HCl und Aluminiumchlorid $AlCl_3$.

Aluminiumchlorid wirkt katalytisch und beschleunigt bzw. ermöglicht daher erst die Acylierung.

Wird eine Acylierung mit Hilfe von Aluminiumchlorid durchgeführt, so wird diese als FRIEDEL-CRAFTS-Acylierung bezeichnet.

Beispiel: Darstellung von Diphenylketon (Benzophenon) durch Benzoylierung von Benzol (nach FRIEDEL-CRAFTS)

$$\underset{\text{Benzol}}{C_6H_6} \;+\; \underset{\text{Benzoylchlorid}}{C_6H_5-\underset{\underset{O}{\|}}{C}-Cl} \xrightarrow{AlCl_3} \underset{\text{Diphenylketon}}{C_6H_5-\underset{\underset{O}{\|}}{C}-C_6H_5} \;+\; HCl$$

Die C(O)R-Gruppe am aromatischen System verhindert durch Desaktivierung des π-Elektronen-Systems eine weitere, zweite Acylierung am Aromaten.

Die *Acetylierung* ist ein Spezialfall der Acylierung. Von einer Acetylierung wird dann gesprochen, wenn eine Acetylgruppe eingeführt wird.

Acetylgruppe $CH_3{-}C(=O){-}$

Bei Acetylierungen erfolgt die Anbindung der Acetylgruppe häufig an einer funktionellen Gruppe des Reaktionspartners und nicht direkt am aromatischen System. Wird die Acetylgruppe z.B. am Stickstoff-Atom einer Aminogruppe gebunden, wird diese Reaktion als N-Acetylierung bezeichnet.

Beispiele für N-Acetylierung

Darstellung von Acetanilid

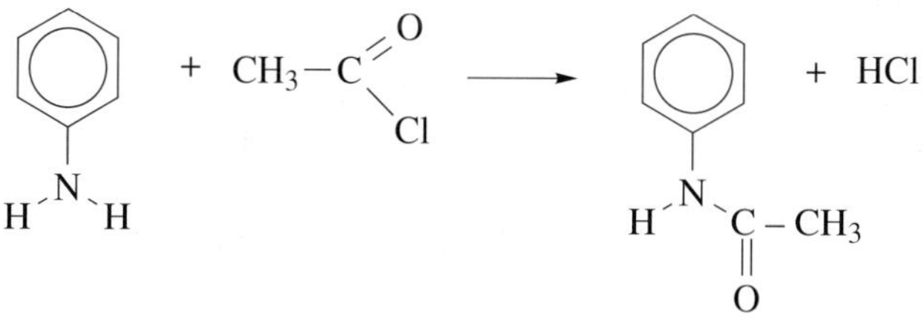

Greift die Acetylgruppe beispielsweise an einer Hydroxygruppe des Reaktionspartners an, so wird die Acetylgruppe am Sauerstoffatom gebunden. Diese Reaktion wird als O-Acetylierung bezeichnet.

Beispiel für O-Acetylierung

Darstellung von Acetylsalicylsäure

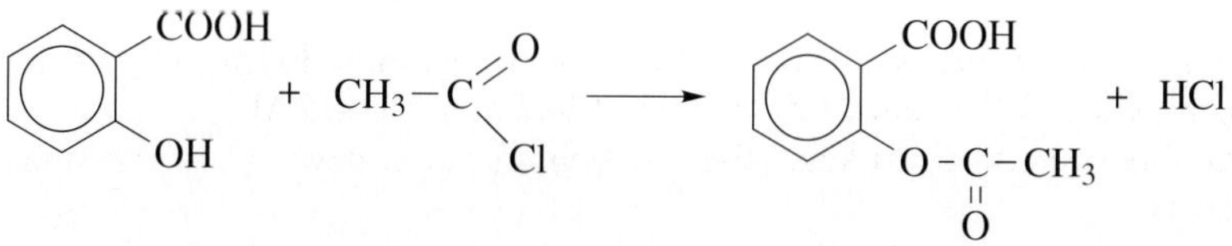

5.1.1 Darstellung von Acetanilid

Theoretische Grundlagen

Die vielseitige Reaktionsfähigkeit des Anilins zeigt sich bei dieser Umsetzung.

Die Acetylierung des Anilins erfolgt durch Erhitzen mit Acetylchlorid, Acetanhydrid und Eisessig zu Acetanilid.

Bei der hier aufgeführten Reaktion läßt man vorsichtig Acetylchlorid auf Anilin einwirken.

Die Acetylierung des Anilins verläuft nach folgender Reaktionsgleichung:

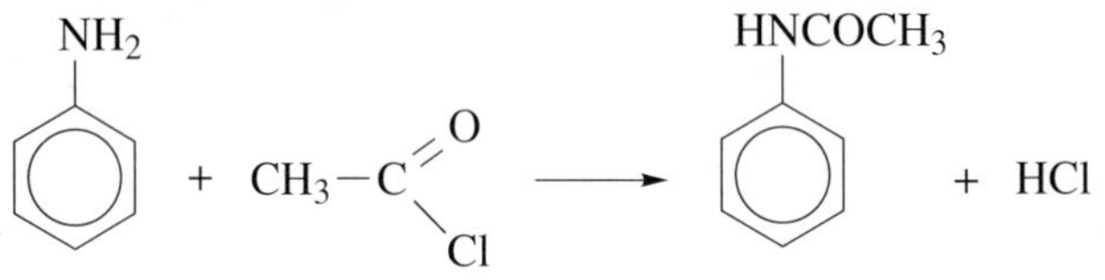

Acetanilid ist ein wichtiges Ausgangsprodukt zur Herstellung von Pharmaprodukten und Farbstoffen.

Apparatur

Standardrührapparatur (vgl. Abb 3-3)

Geräte

500-mL-Vierhals-Rundkolben, Thermometer, Tropftrichter, Rührer mit Rührführung, Intensivkühler, Heizkorb.

Benötigte Chemikalien

Anilin $C_6H_5\text{-}NH_2$	m = 18,6 g	w = 100 %
Essigsäure CH_3COOH	m = 100 mL	w = 99 %
Acetylchlorid CH_3COCl	V = 20 mL	w = 100 %

Sicherheitsdaten

Tab 5-1-1

Substanz	Gefahren-symbol	R-Sätze	S-Sätze	MAK-Wert mg/m³
Acetanilid	X_n	20/21/22	25-28-44	–
Acetylchlorid	F, C	11-14-34	9-16-26	–
Anilin*	T	20/21/22-33 23/24/25	28-36/37-44	8
Essigsäure	C	10-35	23-26-36	25

Hinweise zur Arbeitssicherheit

Acetanilid
- Gesundheitsschädlich beim Einatmen, Verschlucken und Berührung mit der Haut
- Berührung mit den Augen vermeiden
- Bei Berührung mit der Haut sofort abwaschen mit viel ... spülen (vom Hersteller anzugeben)
- Bei Unwohlsein ärztlichen Rat einholen (wenn möglich, dieses Etikett vorzeigen)

Acetylchlorid
- Leicht entzündlich
- Reagiert heftig mit Wasser
- Verursacht Verätzungen
- Behälter an einem gut belüfteten Ort aufbewahren
- Von Zündquellen fernhalten - Nicht rauchen
- Bei Berührung mit den Augen gründlich mit Wasser abspülen und Arzt konsultieren

Anilin
- Giftig beim Einatmen, Verschlucken und Berührung mit der Haut
- Gefahr kumulativer Wirkungen
- Bei Berührung mit der Haut sofort abwaschen mit viel ... spülen (vom Hersteller anzugeben)
- Bei der Arbeit geeignete Schutzkleidung tragen
- Bei Unwohlsein ärztlichen Rat einholen (wenn möglich, dieses Etikett vorzeigen)

Essigsäure:
- Entzündlich
- Verursacht schwere Verätzungen
- Gas/Rauch/Dampf/Aerosol nicht einatmen (geeignete Bezeichnung vom Hersteller anzugeben)
- Bei Berührung mit den Augen gründlich mit Wasser abspülen und Arzt konsultieren
- Bei der Arbeit geeignete Schutzkleidung tragen

Entsorgung

Acetanilid: Methode 16
Mäßig reaktive organische Verbindungen:
Sammelgefäß C

Acetylchlorid: Methode 23
Säurehalogenide werden zur Desaktivierung in Methanol eingetropft. Die Reaktion kann ggf. mit einigen Tropfen Salzsäure beschleunigt werden. Anschließend mit Natronlauge neutralisieren. Sammelgefäß: H

Anilin: Methode 22
Kanzerogene, sehr giftige, giftige und/oder brennbare Verbindungen:
Sammelgefäß F

Essigsäure: Methode 18
Organische Säuren werden vorsichtig mit Natriumhydrogencarbonat oder Natriumhydroxid in wäßriger Lösung neutralisiert. Anschließend:
Sammelgefäß A

Arbeitsvorschrift

In der Rührapparatur werden 18,6 g (0,2 mol) Anilin und 100 mL Essigsäure, w(CH_3COOH) = 98 – 100 %, vorgelegt. Unter Kühlung von außen durch ein Eisbad werden bei 20 °C 20 mL Acetylchlorid langsam unter Rühren zugetropft. Das Reaktionsgemisch wird dabei durch ausfallendes Acetanilid breiig.

Nach beendetem Zutropfen wird 20 Minuten am Rückfluß gekocht. Anschließend kühlt man auf 20 °C ab und tropft unter Außenkühlung 150 mL Wasser zu. Die Temperatur sollte dabei 20 °C nicht übersteigen.

Ist alles Acetanilid ausgefallen, rührt man noch 60 Minuten nach und saugt anschließend bei Raumtemperatur scharf ab. Nachdem dreimal mit je 5 mL kaltem Wasser gewaschen wurde, saugt man weitgehend trocken. Je nach Qualität (Schmelzpunkt, Aussehen) des Rohproduktes kann aus Wasser umkristallisiert werden.

Die Trocknung kann im Trockenschrank, besser im Vakuumtrockenschrank, bei 70 °C erfolgen.

Ausbeute

Die durchschnittlich erreichten Ausbeuten, bezogen auf Anilin, liegen bei etwa 65 % der theoretischen Endausbeute.

Identifizierung und Reinheitskontrolle

a) Aussehen: weiße Kristalle
b) Schmelzpunkt: 115 °C
c) Dünnschichtchromatogramm
DC-Mikrokarte SIF 5 x 10 (Riedel)
Probe: w(Acetanilid) = 1 % in Aceton
Fließmittel: Ethylacetat
d) IR-Spektrum

Anzugeben:

Feuchtausbeute
Trockenausbeute
Theoretische Ausbeute (bezogen auf Anilin)

Zeitaufwand:

Die voraussichtliche Dauer zur Durchführung der Aufgabe (ohne Trocknungs-/Kristallisationszeiten) beträgt ca. 4 Stunden.

5.1.2 Darstellung von Acetylsalicylsäure

Theoretische Grundlagen

Acetylsalicylsäure wird durch Acetylierung von Salicylsäure mit Essigsäureanhydrid in Gegenwart von Essigsäure hergestellt. Die Acetylierung erfolgt an der OH-Gruppe der Salicylsäure.

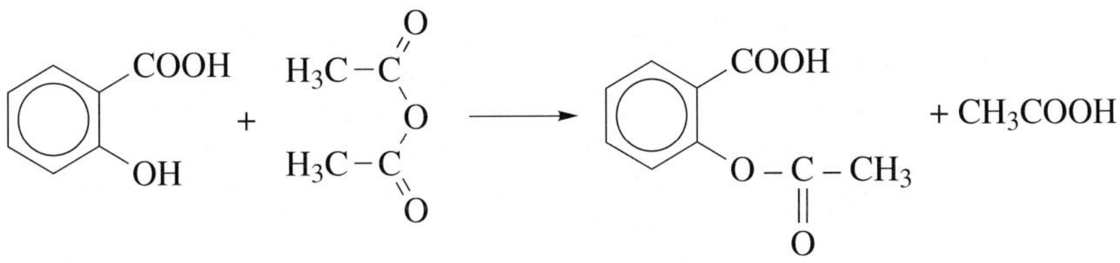

Die entstehende Verbindung bildet farblose, nadelförmige Kristalle.
Unter dem Namen Aspirin ist die Verbindung in der Medizin bekannt. Sie besitzt schmerzstillende und fiebersenkende Eigenschaften.

Apparatur

Standardrührapparatur (vgl. Abb 3-3)

Geräte

500-mL-Vierhals-Rundkolben, Thermometer, Tropftrichter, Rührer mit Rührführung, Intensivkühler, Heizkorb.

Benötigte Chemikalien

Essigsäureanhydrid $C_4H_6O_3$	V = 35 mL	w = 98 %
Essigsäure CH_3COOH	V = 30 mL	w = 99 %
Salicylsäure $C_7H_6O_3$	m = 41,4 g	w = 100 %
Methanol CH_3OH		w = 99 %

Sicherheitsdaten

Tab 5-1-2

Substanz	Gefahren-symbol	R-Sätze	S-Sätze	MAK-Wert mg/m^3
Acetylsalicylsäure	X_n	22	–	–
Essigsäure	C	10-35	23-26-36	25
Essigsäureanhydrid	C	10-34	26	20
Methanol	F, T	11-23/25	2-7-16-24	260
Salicylsäure	X_n	22-36/38	22	–

Hinweise zur Arbeitssicherheit

Acetylsalicylsäure: – Gesundheitsschädlich beim Verschlucken

Essigsäure:
- Entzündlich
- Verursacht schwere Verätzungen
- Gas/Rauch/Dampf/Aerosol nicht einatmen (geeignete Bezeichnungen vom Hersteller anzugeben)
- Bei Berührung mit den Augen gründlich mit Wasser abspülen und Arzt konsultieren
- Bei der Arbeit geeignete Schutzkleidung tragen

Essigsäureanhydrid:
- Entzündlich
- Verursacht Verätzungen
- Bei Berührung mit den Augen grundsätzlich mit Wasser abspülen und Arzt konsultieren

Methanol:
- Leicht entzündlich
- Giftig beim Einatmen und Verschlucken

Salicylsäure
- Gesundheitsschädlich beim Verschlucken
- Reizt die Augen und die Haut
- Staub nicht einatmen

Entsorgung

Acetylsalicylsäure: Methode 18
Organische Säuren werden vorsichtig mit Natriumhydrogencarbonat oder Natriumhydroxid in wäßriger Lösung neutralisiert. Anschließend: Sammelgefäß A

Essigsäure: Methode 18
Organische Säuren werden vorsichtig mit Natriumhydrogencarbonat oder Natriumhydroxid in wäßriger Lösung neutralisiert. Anschließend: Sammelgefäß A

Essigsäureanhydrid: Methode 18
Organische Säuren werden vorsichtig mit Natriumhydrogencarbonat oder Natriumhydroxid in wäßriger Lösung neutralisiert. Anschließend: Sammelgefäß A

Methanol: Methode 14
Organische, halogenfreie Lösemittel: Sammelgefäß O

Salicylsäure: Methode 18
Organische Säuren werden vorsichtig mit Natriumhydrogencarbonat oder Natriumhydroxid in wäßriger Lösung neutralisiert. Anschließend: Sammelgefäß A

Arbeitsvorschrift

In der Rührapparatur werden 35 mL Essigsäureanhydrid und 30 mL Essigsäure, $w(CH_3COOH) = 98 - 100\ \%$, vorgelegt. Unter Rühren werden 41,4 g (0,3 mol) Salicylsäure zugegeben. Anschließend wird auf 95 °C erhitzt und diese Temperatur 2 Stunden gehalten. Danach werden zu dem heißen Gemisch innerhalb von 15 Minuten 150 mL Wasser getropft.

Durch Außenkühlung mit Eiswasser wird das Gemisch auf 20 °C abgekühlt und bei dieser Temperatur 30 Minuten nachgerührt.

Die ausgefallene Acetylsalicylsäure wird abgesaugt und dreimal mit je 15 mL kaltem Wasser gewaschen. Je nach Qualität (Aussehen, Schmelzpunkt) kann das Rohprodukt aus 2 Volumenteilen Wasser und einem Volumenteil Methylalkohol umkristallisiert werden.

Die anschließende Trocknung erfolgt im Trockenschrank bei etwa 80 °C.

Ausbeute

Die durchschnittlich erreichten Ausbeuten, bezogen auf Salicylsäure, liegen bei etwa 75 % der theoretischen Endausbeute.

Identifizierung und Reinheitskontrolle

a) Aussehen: weiße Kristalle
b) Schmelzpunkt: 135 °C
c) Dünnschichtchromatogramm
DC-Mikrokarte S1F 5 x 10 (Riedel de Haen)
Probe: w(Acetylsalicylsäure) = 1 % in Aceton
Fließmittel: Ethanol, $w(C_2H_5OH) = 96\ \%$, 80 Volumenanteile
Wasser 16 Volumenanteile
Ammoniakwasser, $w(NH_3) = 25\ \%$, 4 Volumenanteile
d) IR-Spektrum

Anzugeben:

Feuchtausbeute
Trockenausbeute
Theoretische Ausbeute (bezogen auf Salicylsäure)

Zeitaufwand:

Die voraussichtliche Dauer zur Durchführung der Aufgabe (ohne Trocknungs-/Kristallisationszeiten) beträgt ca. 5 Stunden.

5.1.3 Darstellung von 4-Methylacetanilid

Theoretische Grundlagen

4-Methylacetanilid wird durch Acetylierung von p-Toluidin (4-Aminotoluol) hergestellt.

Die Einführung der Acetylgruppe erfolgt zum Schutze der Aminogruppe bei eventuellen weiteren Substitutionsreaktionen. Nach erfolgter Substitution (z.B. Bromierung) wird das Anilid zum Amin hydrolysiert.

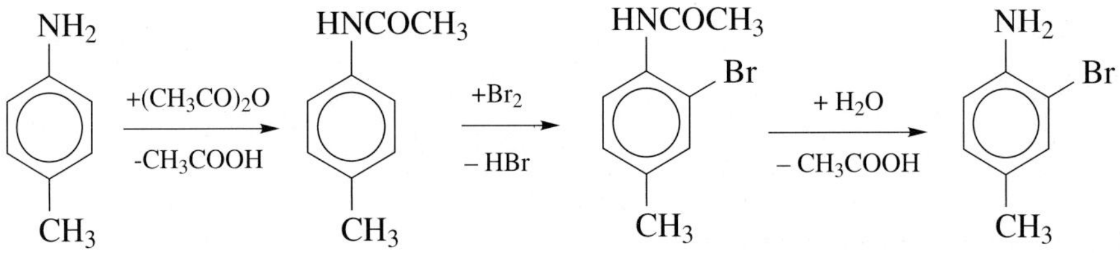

Die Darstellung von 4-Methylacetanilid verläuft nach folgenden Reaktionsgleichungen:

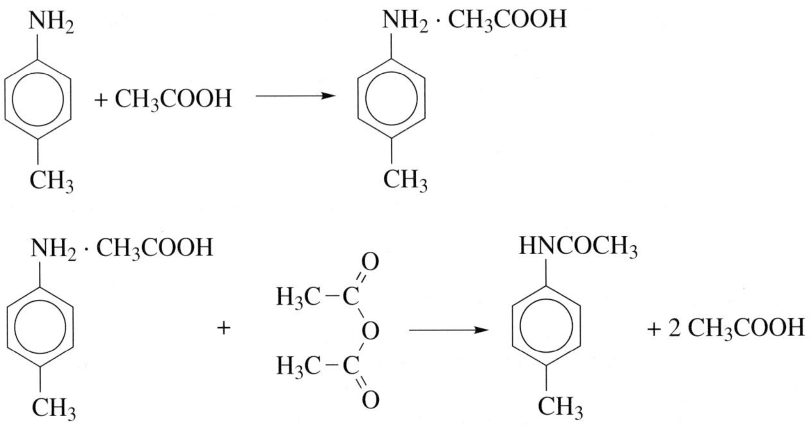

Apparatur

Standardrührapparatur mit Rücklaufteiler nach Dr. Junge (vgl. Abb 3-4)

Geräte

500-mL-Vierhals-Rundkolben, Thermometer, Tropftrichter, Rührer mit Rührführung, Rücklaufteiler nach Dr. Junge, Heizkorb.

Benötigte Chemikalien

Essigsäure CH_3COOH	V = 250 mL	w = 99 %
p-Toluidin CH_3-C_6H_4-NH_2	m = 26,8 g	w = 98 %
Essigsäureanhydrid $C_4H_6O_3$	m = 30 g	w = 100 %

Sicherheitsdaten

Tab 5-1-3

Substanz	Gefahren-symbol	R-Sätze	S-Sätze	MAK-Wert mg/m³
Essigsäure	X_i	10-35	23-26-36	25
Essigsäureanhydrid	C	10-34	26	20
4-Methylacetanilid	X_i	22-36/37/38	26-36	–
p-Toluidin	T	23/24/25-33	28-36/37-44	–

Hinweise zur Arbeitssicherheit

Essigsäure
- Entzündlich
- Verursacht schwere Verätzungen
- Gas/Rauch/Dampf/Aerosol nicht einatmen (geeignete Bezeichnungen vom Hersteller anzugeben)
- Bei Berührung mit den Augen gründlich mit Wasser abspülen und Arzt konsultieren
- Bei der Arbeit geeignete Schutzkleidung tragen

Essigsäureanhydrid
- Entzündlich
- Verursacht Verätzungen
- Bei Berührung mit den Augen gründlich mit Wasser abspülen und Arzt konsultieren

4-Methylacetanilid
- Gesundheitsschädlich beim Verschlucken
- Reizt die Augen, Atmungsorgane und die Haut
- Bei Berührung mit den Augen gründlich mit Wasser abspülen und Arzt konsultieren
- Bei der Arbeit geeignete Schutzkleidung tragen

p-Toluidin
- Giftig beim Einatmen, Verschlucken und Berührung mit der Haut
- Gefahr kumulativer Wirkung
- Bei Berührung mit der Haut sofort abwaschen mit viel ... spülen (vom Hersteller anzugeben)
- Bei Unwohlsein ärztlichen Rat einholen (wenn möglich, dieses Etikett vorzeigen)
- Bei der Arbeit geeignete Schutzhandschuhe und Schutzkleidung tragen

Entsorgung

Essigsäure: Methode 18
Organische Säuren werden vorsichtig mit Natriumhydrogencarbonat oder Natriumhydroxid in wäßriger Lösung neutralisiert. Anschließend: Sammelgefäß A

Essigsäureanhydrid: Methode 18
Organische Säuren werden vorsichtig mit Natriumhydrogencarbonat oder Natriumhydroxid in wäßriger Lösung neutralisiert. Anschließend: Sammelgefäß A

4-Methylacetanilid: Methode 16
Mäßig reaktive organische Verbindungen: Sammelgefäß C

p-Toluidin: Methode 22
Kanzerogene, sehr giftige, giftige und/oder brennbare Verbindungen: Sammelgefäß F

Arbeitsvorschrift

In der Rührapparatur werden 26,8 g (0,25 mol) p-Toluidin und 250 mL Essigsäure, w(CH_3COOH = 98 – 100 %, zum Sieden erhitzt. Bei Siedetemperatur werden innerhalb von 15 Minuten 30 g Essigsäureanhydrid zugetropft und danach noch 10 Minuten nachgerührt. Anschließend läßt man auf ca. 95 °C abkühlen und destilliert 100 mL Essigsäure ab.

Nachdem das Reaktionsgemisch auf 30 – 40 °C abgekühlt wurde, läßt man es vorsichtig zu den in der Becherglas-Rührapparatur vorgelegten 600 mL Wasser zulaufen.

Es wird 30 Minuten nachgerührt, dann scharf abgesaugt, mit wenig kaltem Wasser neutral gewaschen und weitgehend trockengesaugt. Je nach Qualität (Schmelzpunkt, Aussehen) des Rohproduktes kann aus Wasser oder Ethanol umkristallisiert werden.

Die Trocknung erfolgt im Trockenschrank, besser im Vakuumtrockenschrank bei 70 °C

Ausbeute

Die durchschnittlich erreichten Ausbeuten, bezogen auf p-Toluidin, liegen bei etwa 85 % der theoretischen Endausbeute.

Identifizierung und Reinheitskontrolle

a) Aussehen: weiße Kristalle
b) Schmelzpunkt: 151 – 152 °C
c) Dünnschichtchromatogramm
DC-Mikrokarte SIF 5 x 10 (Riedel)
Probe: w(4-Methylacetanilid) = 1 % in Aceton
Fließmittel: Essigsäuremethylester
d) IR-Spektrum

Anzugeben:

Feuchtausbeute
Trockenausbeute
Theoretische Ausbeute (bezogen auf p-Toluidin)

Zeitaufwand:

Die voraussichtliche Dauer zur Durchführung der Aufgabe (ohne Trocknungs-/Kristallisationzeiten) beträgt ca. 6 Stunden.

5.2 Alkylierung

Unter Alkylierung versteht man die Einführung einer Alkyl-Gruppe. Eine Alkyl-Gruppe ist formal gesehen ein Alkan ohne endständiges Wasserstoffatom.

Beispiele für Alkyl-Gruppen:	CH_3-	Methyl-	(von Methan)
	C_2H_5-	Ethyl-	(von Ethan)
	C_3H_7-	Propyl-	(von Propan)

Allgemeine Reaktionsgleichung

$$Ar-H + R-X \longrightarrow Ar-R + H-X$$

Reaktionspartner sind die aromatische Verbindung Ar-H und ein Halogenalkan R-X. Als Produkte entstehen Halogenwasserstoff und eine alkylierte aromatische Verbindung Ar-R.

Beispiel:

$$C_6H_5-H + C(CH_3)_3-Cl \longrightarrow C_6H_5-C(CH_3)_3 + HCl$$

Reaktionsmechanismus

Aus einem Halogenalkan (z.B. Chlorethan) entsteht in Gegenwart von Lewis-Säuren, wie z.B. Aluminiumchlorid, unter Bildung von komplexem $[AlCl_4]^-$ ein Carbenium-Ion R^+.

$$R - Cl + AlCl_3 \longrightarrow R^+ + [AlCl_4]^-$$

Das Carbenium-Ion greift als Elektrophil die elektronenreiche, aromatische Verbindung Ar-H an. Über π-Komplex und Phenonium-Ion entsteht schließlich unter Abspaltung eines Protons die alkylierte Verbindung Ar-R.

Das aus der Verbindung Ar-H freigesetzte, substituierte Proton reagiert mit $AlCl_4^-$. Dabei entstehen Chlorwasserstoff HCl und freies Aluminiumchlorid $AlCl_3$.

Die Lewis-Säure Aluminiumchlorid wird am Ende der Reaktion wiedergewonnen, sie wirkt katalytisch und begünstigt die Alkylierung. Wird eine Alkylierung mit Hilfe von Aluminiumchlorid durchgeführt, so wird diese als FRIEDEL-CRAFTS-Alkylierung bezeichnet.

Die Alkyl-Gruppe am aromatischen System aktiviert das π-Elektronen-System und erleichtert daher eine weitere Alkylierung am Aromaten. Häufig treten deshalb Mehrfachalkylierungen ein.

5.2.1 Darstellung von 5-tert-Butyl-m-xylol

Theoretische Grundlagen

Die Darstellung von 5-tert-Butyl-m-xylol erfolgt mit einer Friedel-Crafts-Reaktion.

Die meisten Friedel-Crafts-Reaktionen beruhen auf der katalytischen Wirkung von wasserfreiem $AlCl_3$. Zu einem Gemenge aus Alkylchlorid und aromatischem Kohlenwasserstoff setzt man $AlCl_3$ zu, so erhält man eine kernalkylierte Verbindung. Es entweicht dabei HCl.

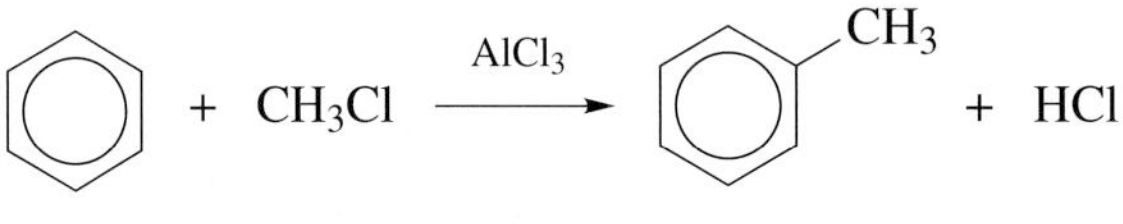

Es entsteht hierbei aber nicht nur das Monosubstitutionsprodukt. Die Reaktion läuft weiter zu höheren Homologen. Diese können durch fraktionierte Destillation abgetrennt werden.

Auf die gleiche Weise lassen sich auch Olefine und Alkohole an aromatische Kohlenwasserstoffe anlagern.

Die Darstellung von 5-tert-Butyl-m-xylol erfolgt nach der Gleichung

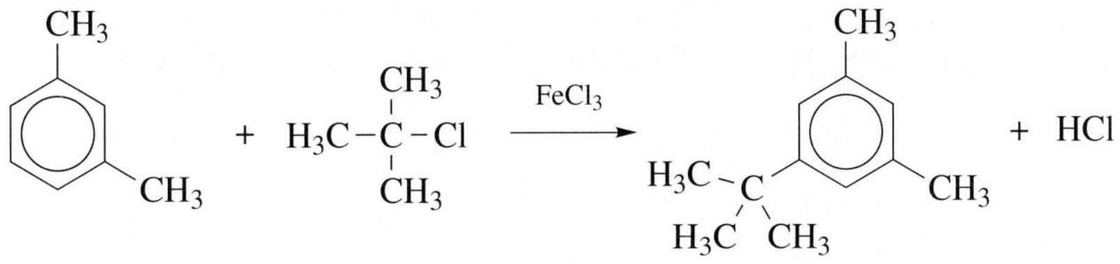

Apparatur

1. Standardrührapparatur (vgl. Abb 3-3)
2. Vakuum-Rektifikationsapparatur (vgl. Abb. 3-13)

Geräte

1. 500-mL-Vierhals-Rundkolben, Thermometer, Tropftrichter, Rührer mit Rührführung, Intensivkühler, Heizkorb.

2. 500-mL-Dreihals-Rundkolben, Heizkorb (elektrisch), Thermometer, Siedekapillare, Vigreux-Kolonne, Kolonnenkopf („Vakuumviereck") mit Thermometer, Kältefalle, Dewar-Gefäß, Vakuummeter, Vakuumpumpe, Belüftungsventil

Benötigte Chemikalien

m-Xylol C_8H_{10}	m = 53,1 g	w = 98 %
Eisen(III)-chlorid $FeCl_3$	m = 1 g	w = 100 %
tert-Butylchlorid C_4H_9Cl	m = 55,6 g	w = 100 %
Natriumhydrogencarbonat $NaHCO_3$		
Natriumchlorid NaCl		
Calciumchlorid $CaCl_2$		

Sicherheitsdaten

Tab 5-2-1

Substanz	Gefahren-symbol	R-Sätze	S-Sätze	MAK-Wert mg/m^3
tert-Butylchlorid	F	11	9-16-33	–
5-tert-Butyl-m-xylol	X_i	36/37/38	26-36/37/39	–
Calciumchlorid	X_i	36	22-24	–
Eisen(III)-chlorid	C	34	7/8-26-36	–
Natriumhydrogencarbonat	–	–	–	–
Natriumchlorid	–	–	–	–
m-Xylol	X_n	10-20/21-38	25	440

Hinweise zur Arbeitssicherheit

tert-Butylchlorid:
- Leicht entzündlich
- Behälter an einem gut belüfteten Ort aufbewahren
- Von Zündquellen fernhalten – Nicht rauchen
- Maßnahmen gegen elektrostatische Aufladung treffen

5-tert-Butyl-m-xylol:
- Reizt die Augen, Atmungsorgane und die Haut
- Bei Berührung mit den Augen gründlich mit Wasser abspülen und Arzt konsultieren
- Bei der Arbeit geeignete Schutzkleidung tragen

Calciumchlorid:
- Reizt die Augen
- Staub nicht einatmen
- Berührung mit der Haut vermeiden

Eisen(III)-chlorid:
- Verursacht Verätzungen
- Behälter trocken und dicht geschlossen halten
- Bei Berührung mit den Augen gründlich mit Wasser abspülen und Arzt konsultieren.
- Bei der Arbeit geeignete Schutzkleidung tragen

m-Xylol
- Entzündlich
- Gesundheitsschädlich beim Einatmen und bei Berührung mit der Haut
- Reizt die Haut
- Berührung mit den Augen vermeiden

Entsorgung

tert-Butylchlorid: Methode 15
Halogenhaltige, organische Lösemittel: Sammelgefäß H

tert-Butyl-m-xylol: Methode 14
Organische, halogenfreie Lösemittel: Sammelgefäß O

Calciumchlorid: Methode 3
Anorganische Salze: Sammelgefäß S
Lösungen dieser Salze: Sammelgefäß A
Falls Neutralisation notwendig, Behandlung nach Methode 1 und 2

Eisen(III)-chlorid: Methode 3
Anorganische Salze: Sammelgefäß S
Lösungen dieser Salze: Sammelgefäß A
Falls Neutralisation notwendig, Behandlung nach Methode 1 oder 2

Natriumhydrogencarbonat: Methode 3
Anorganische Salze: Sammelgefäß S
Lösungen dieser Salze: Sammelgefäß A
Falls Neutralisation notwendig, Behandlung nach Methode 1 oder 2

Natriumchlorid: Methode 3
Anorganische Salze: Sammelgefäß S
Lösungen dieser Salze: Sammelgefäß A

m-Xylol: Methode 14
Organische, halogenfreie Lösemittel: Sammelgefäß O

Arbeitsvorschrift

In der Rührapparatur werden 53,1 g (0,5 mol) m-Xylol sowie 1,0 g wasserfreies Eisen-(III)-chlorid vorgelegt. Unter Rühren läßt man innerhalb von etwa 20 Minuten bei 40 – 50 °C 55,6 g tert-Butylchlorid zutropfen.

Nachdem eine Stunde nachgerührt wurde, erhitzt man innerhalb von 15 Minuten zum Sieden (ca. 190 °C). Anschließend läßt man abkühlen und schüttelt dreimal mit je 50 mL gesättigter Natriumhydrogencarbonatlösung aus.

Die organische Phase wird danach noch zweimal mit gesättigter Natriumchloridlösung ausgeschüttelt und über wasserfreiem Calciumchlorid getrocknet.

Das Rohprodukt wird danach im Vakuum über eine Vigreux-Kolonne rektifiziert.

Ausbeute

Die durchschnittlich erreichten Ausbeuten, bezogen auf m-Xylol, liegen bei etwa 70 % der theoretischen Endausbeute.

Identifizierung und Reinheitskontrolle

a) Aussehen: farblose Flüssigkeit
b) Brechungsindex: $n_D^{20} = 1{,}435$
c) IR-Spektrum

Anzugeben:

Ausbeute
Theoretische Ausbeute (bezogen auf m-Xylol)

Zeitaufwand:

Die voraussichtliche Dauer zur Durchführung der Aufgabe (ohne Trocknungs-/Kristallisationszeiten) beträgt ca. 6 Stunden.

5.3 Carboxylierung

Unter Carboxylierung versteht man die Einführung einer Carboxyl-Gruppe. Die Carboxyl-Gruppe (-COOH) ist die funktionelle Gruppe der Carbonsäuren. Eine Carboxylierung ist demnach stets die Darstellung einer Carbonsäure.

Da Carboxylierungen auf verschiedenen Reaktionswegen ablaufen, ist die Angabe einer allgemeinen Reaktionsgleichung mit ihr typischen Edukten nicht möglich. Im folgenden Abschnitt werden zwei unterschiedliche Methoden der Carboxylierung dargestellt.

Carboxylierung mit Kohlenstoffdioxid (nach Grignard)

Als Grignard-Reaktionen werden Umsetzungen von organischen, meist halogenierten Verbindungen mit metallischem Magnesium (Späne oder Pulver) bezeichnet.

Bei dieser Reaktion, die gewöhnlich in wasserfreiem Ether durchgeführt wird, entsteht das sogenannte Grignard-Reagenz.

Bei der Carboxylierung nach Grignard wird zunächst eine aromatische Halogenverbindung (z.B.: Brombenzol) mit Magnesium in wasserfreiem Ether zur Reaktion gebracht.

$$C_6H_5-Br + Mg \xrightarrow{FeCl_3} C_6H_5-Mg-Br$$

Phenylmagnesiumbromid

Das entstandene Phenylmagnesiumbromid wird mit Kohlendioxid (CO_2) zur Reaktion gebracht, wobei Kohlendioxid an die Grignard-Verbindung addiert wird.

$$C_6H_5-Mg-Br + CO_2 \longrightarrow C_6H_5-COO-Mg-Br$$

Diese carboxylierte Grignard-Verbindung zeigt Instabilität gegenüber allen Substanzen, die aktive Wasserstoff-Atome besitzen. Bei Anwesenheit von Wasser (H-OH) zersetzt sich die Grignard-Verbindung zur gewünschten Carbonsäure und Magnesiumhydroxibromid.

$$C_6H_5-COO-Mg-Br + H_2O \longrightarrow C_6H_5-COOH + Mg(OH)Br$$

Carbonsäure

Wegen der Verwendung von Ether, welcher durch Peroxid-Bildung beim Erhitzen zu explosivem Verhalten neigt, sollen Grignard-Reaktionen immer im Abzug durchgeführt werden.

Der Ether muß unmittelbar vor Beginn der Reaktion (mit essigsaurer Kaliumjodid-Lösung) auf eventuell vorhandene Peroxide überprüft werden. Die Beseitigung von Peroxiden kann durch Reduktion mit Eisen-II-salzen erfolgen.

Weiterhin ist zu beachten, daß der verwendete Ether wasserfrei ist, sonst ist ein eindeutiger Reaktionsablauf nicht sichergestellt; Nebenreaktionen würden zu völlig anderen Produkten führen.

Carboxylierung mit Kaliumhydrogencarbonat

Die Carboxylierung einer organischen Verbindung mit Kaliumhydrogencarbonat ($KHCO_3$) in wäßriger Lösung verläuft in der Siedehitze. Dabei entsteht zunächst – in basischer Lösung – das Kaliumsalz der Carbonsäure.

$$C_6H_5-H + KHCO_3 \longrightarrow C_6H_5-COOK + H_2O$$

Kaliumbenzoat

Das gelöste Kaliumsalz der Benzoesäure (Kaliumbenzoat) wird durch Sauerstellen mit Salzsäure in die schwerlösliche Benzoesäure überführt.

$$C_6H_5-COOK + HCl \longrightarrow C_6H_5-COOH + KCl$$

Benzoesäure

Die ausgefallene Benzoesäure wird abgenutscht und wenn nötig durch Umkristallisation oder besser durch Umfällung gereinigt.

5.3.1 Darstellung von Benzoesäure

Theoretische Grundlagen

Arylbromide reagieren sehr gut mit Magnesium in etherischer Lösung zu Grignard-Verbindungen.

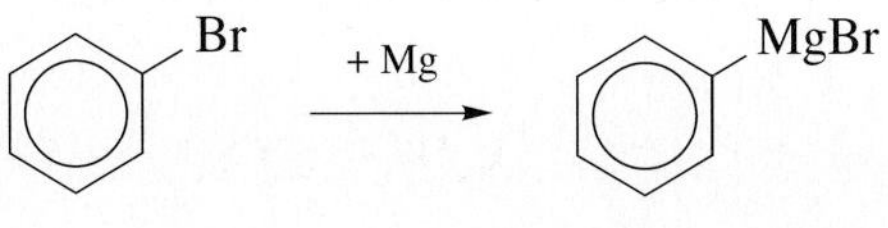

Phenylmagnesiumbromid

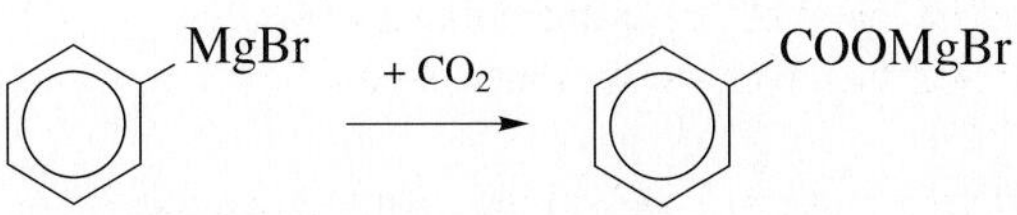

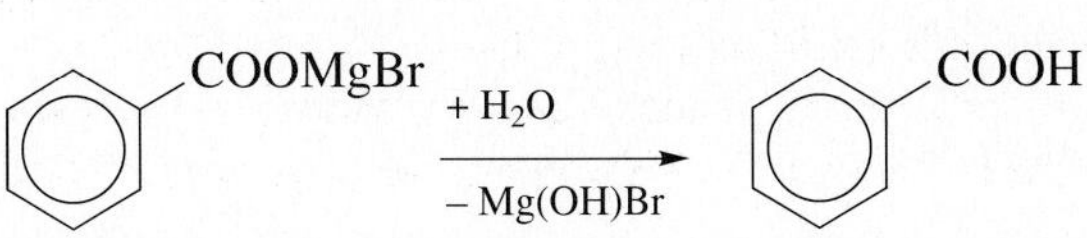

Zur Darstellung der Benzoesäure wird in die etherische Lösung entweder CO_2 eingeleitet oder mit Trockeneis gearbeitet. Trockeneis dient hierbei nicht als Kühlmittel.

Benzoesäure, das erste Glied der homologen Reihe der aromatischen Monocarbonsäuren, kristallisiert in glänzenden Blättchen aus und ist schlecht wasserlöslich, löst sich aber in Alkohol und Ethan. Mit Wasserdampf ist Benzoesäure flüchtig; die Dämpfe wirken stark hustenreizend.

Apparatur

Standardrührapparatur, mit Rücklaufteiler nach Dr. Junge (vgl. Abb 3-4)

Geräte

500-mL-Vierhals-Rundkolben, Thermometer, Tropftrichter, Rührer mit Rührführung, Rücklaufteiler nach Dr. Junge, Wasserbad (mit elektrischer Heizung)

Benötigte Chemikalien

Brombenzol C_6H_5Br	m = 39,3 g	w = 98 %
Magnesium-Späne Mg	m = 6,1 g	w = 100 %
Diethylether C_2H_5-O-C_2H_5	V = 365 mL	w = 100 %
Salzsäure HCl	V = 25 mL	w = 36 %
Trockeneis	m = 180 g	
Eis	m = 250 g	

Sicherheitsdaten

Tab 5-3-1

Substanz	Gefahren-symbol	R-Sätze	S-Sätze	MAK-Wert mg/m³
Benzoesäure	–	–	–	–
Brombenzol	X_i	10-38	–	–
Diethylether	F^+	12-19	9-16-29-33	1200
Mg-Späne	F	11-15	7/8-43	–
Salzsäure	C	34-37	2-26	7
Trockeneis	–	–	–	–

Hinweise zur Arbeitssicherheit

Dieser Versuch ist im Abzug durchzuführen.

Brombenzol: – Leicht entzündlich
– Reizt die Haut

Diethylether: – Hochentzündlich
– Kann explosionsfähige Peroxide bilden
– Behälter an einem gut belüfteten Ort aufbewahren
– Von Zündquellen fernhalten – Nicht rauchen
– Nicht in die Kanalisation gelangen lassen
– Maßnahmen gegen elektrostatische Aufladungen treffen

Mg-Späne – Leicht entzündlich
– Reagiert mit Wasser unter Bildung leicht entzündlicher Gase
– Behälter trocken und dicht geschlossen halten
– Zum löschen ... verwenden
(vom Hersteller anzugeben)

Salzsäure: – Verursacht Verätzungen
– Reizt die Atmungsorgane
– Darf nicht in die Hände von Kindern gelangen
– Bei Berührung mit den Augen gründlich mit Wasser abspülen und Arzt konsultieren

Entsorgung

Benzoesäure: Methode 16
Mäßig reaktive organische Verbindungen:
Sammelgefäß C

Brombenzol: Methode 15
Halogenhaltige, organische Lösemittel: Sammelgefäß H

Diethylether: Methode 14
Organische, halogenfreie Lösemittel: Sammelgefäß O

Mg-Späne: Methode 3
Anorganische Salze: Sammelgefäß S
Lösungen dieser Salze: Sammelgefäß A
Falls Neutralisation notwendig, Behandlung nach Methode 1 oder 2, d.h. Mg-Späne mit Salzsäure (verd.) umsetzen, dann in Sammelgefäß A

Salzsäure: Methode 1
Anorganische Säuren werden zunächst vorsichtig durch Einrühren in Wasser verdünnt, anschließend mit Natronlauge neutralisiert, pH 6–8; Sammelgefäß A

Arbeitsvorschrift

In der Rührapparatur werden 6,1 g Magnesiumspäne und 25 mL trockener, peroxidfreier Ether vorgelegt. Von den zur Reaktion kommenden 39,3 g (0,25 mol) Brombenzol läßt man zunächst etwa 8 g unter Rühren zulaufen. Eine leichte, milchige Trübung zeigt nach einiger Zeit das Anspringen der Reaktion an, was durch leichtes Erwärmen mit einem Wasserbad beschleunigt werden kann. Auch die Zugabe von ein paar Tropfen Brom oder Tetrachlorkohlenstoff beschleunigt das Anspringen der Reaktion.

Nach einsetzender Reaktion läßt man aus dem Tropftrichter das restliche Brombenzol, gelöst in 100 mL trockenem, peroxidfreiem Ether, so zutropfen, daß das Reaktionsgemisch leicht siedet. Bei zu heftig verlaufender Reaktion muß das Gemisch von außen mit einem Wasserbad gekühlt werden.

Gegen Ende der Reaktion wird über ein Wasserbad beheizt und das Reaktionsgemisch solange unter Rühren am Sieden gehalten, bis sich das Magnesium weitgehendst umgesetzt hat.

Zu der über ein Eisbad gekühlten Grignardverbindung gibt man nun portionsweise unter kräftigem Rühren 180 g fein zerkleinertes festes Trockeneis. Das Trockeneis wird dazu vorher kurz mit einem saugfähigen Tuch getrocknet und anschließend in einer Reibschale zerkleinert.

Nachdem das Reaktionsgemisch 0 °C erreicht hat, gießt man es vorsichtig auf etwa 250 g Eis und hydrolysiert die Mischung mit 25 mL Salzsäure, w(HCl) = 36 %.

Im Scheidetrichter wird die Etherphase abgetrennt und die wäßrige Phase noch dreimal mit je 80 mL Ether ausgeschüttelt. Die organischen Phasen werden vereint, mit 50 mL Wasser gewaschen und über Natriumsulfat getrocknet.

Nachdem man den Ether im Wasserbad abdestilliert hat, wird die zurückbleibende Benzoesäure umgefällt und im Trockenschrank bei 80 °C getrocknet.

Ausbeute

Die durchschnittlich erreichten Ausbeuten liegen, bezogen auf Brombenzol, bei etwa 90 % der theoretischen Endausbeute.

Identifizierung und Reinheitskontrolle

a) Aussehen: weiße Kristalle
b) Schmelzpunkt: 122 °C
c) Dünnschichtchromatogramm
   DC-Mikrokarten SIF 5 x 10 (Riedel de Haen)
   Probe: w(Benzoesäure) = 1 % in Aceton
   Fließmittel: Ethanol, $w(C_2H_5OH)$ = 96 %, 80 Volumenteile
   Wasser 16 Volumenteile
   Ammoniakwasser, $w(NH_3)$ = 25 %, 4 Volumenteile
d) IR-Spektrum

Anzugeben:

Feuchtausbeute
Trockenausbeute
Theoretische Ausbeute (bezogen auf Brombenzol)

Zeitaufwand:

Die voraussichtliche Dauer zur Durchführung der Aufgabe (ohne Trocknungs-/Kristallisationszeiten) beträgt ca. 10 Stunden.

5.3.2 Darstellung von 2,4-Dihydroxybenzoesäure

Theoretische Grundlagen

2,4-Dihydroxybenzoesäure (β-Resorcylsäure) wird durch Umsetzung von Resorcin mit Kaliumhydrogencarbonat hergestellt.

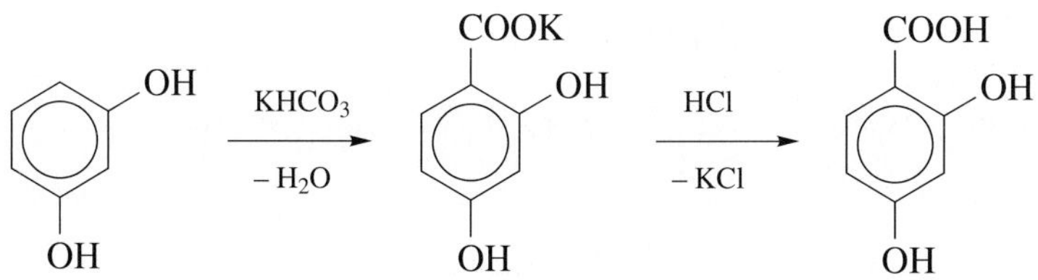

2,4-Dihydroxybenzoesäure dient als Vorprodukt zur Herstellung von Farbstoffen, Pharmazeutika, Photochemikalien und kosmetischen Aritkeln.

Apparatur

Standardrührapparatur (vgl. Abb 3-3)

Geräte

500-mL-Vierhals-Rundkolben, Thermometer, Tropftrichter, Rührer mit Rührführung, Intensivkühler, elektrischer Heizkorb

Benötigte Chemikalien

Resorcin $C_6H_6O_2$	m = 11 g	w = 99 %
Kaliumhydrogencarbonat $KHCO_3$	m = 63 g	w = 100 %
Salzsäure HCl		w = 36 %
Eis		

Sicherheitsdaten

Tab 5-3-2

Substanz	Gefahren-symbol	R-Sätze	S-Sätze	MAK-Wert mg/m^3
2,4-Dihydroxybenzoesäure	–	–	–	–
Kaliumhydrogencarbonat	–	–	–	–
Resorcin	X_n	22-36/38-43	26	–
Salzsäure	C	34-37	2-26	7

Hinweise zur Arbeitssicherheit

Resorcin:
- Gesundheitsschädlich beim Verschlucken
- Reizt die Augen und die Haut
- Sensibilisierung durch Hautkontakt vermeiden
- Bei Berührung mit den Augen gründlich mit Wasser abspülen und Arzt konsultieren

Salzsäure:
- Verursacht Verätzungen
- Reizt die Atmungsorgane
- Darf nicht in die Hände von Kindern gelangen
- Bei Berührung mit den Augen gründlich mit Wasser abspülen und Arzt konsultieren

Entsorgung

2,4-Dihydroxybenzoesäure: Methode 18
Organische Säuren werden vorsichtig mit Natriumhydrogencarbonat oder Natriumhydroxid in wäßriger Lösung neutralisiert. Anschließend: Sammelgefäß A

Kaliumhydrogencarbonat: Methode 3
Anorganische Salze: Sammelgefäß S
Lösungen dieser Salze: Sammelgefäß A
Falls Neutralisation notwendig, Behandlung nach Methode 1 oder 2

Resorcin: Methode 16
Mäßig reaktive organische Verbindungen:
Sammelgefäß C

Salzsäure: Methode 1
Anorganische Säuren werden zunächst vorsichtig durch Einrühren in Wasser verdünnt, anschließend mit Natronlauge neutralisiert, pH 6–8; Sammelgefäß A

Arbeitsvorschrift

In der Rührapparatur werden 150 mL Wasser, 63,0 g Kaliumhydrogencarbonat und 11,0 g (0,1 mol) Resorcin vorgelegt.

Unter Rühren wird langsam zum Sieden erhitzt. Man läßt das Gemisch 2 Stunden am Rückfluß kochen und kühlt danach auf Raumtemperatur ab.

Nachdem das Gemisch in eine 1-L-Becherglasrührapparatur überführt wurde, wird unter Rühren langsam mit Chlorwasserstoffsäure, w(HCl) = 36 %, die 2,4-Dihydroxybenzoesäure ausgefällt; dabei ist von außen mit einem Eisbad auf ca. 0 °C abzukühlen.

Das Rohprodukt wird über eine Nutsche abgesaugt und dreimal mit je 10 mL Eiswasser gewaschen. Nachdem weitgehend trockengesaugt wurde, wird die Rohausbeute bestimmt und das Produkt je nach Qualität (Schmelzpunkt, Aussehen) aus Wasser umkristallisiert.

Die Trocknung erfolgt im Trockenschrank, besser im Vakuumtrockenschrank, bei etwa 80 °C.

Ausbeute

Die durchschnittlich erreichte Ausbeute bezogen auf Resorcin, liegen bei etwa 75 % der theoretischen Endausbeute.

Identifizierung und Reinheitskontrolle

a) Aussehen: farbl. Nadeln
b) Schmelzpunkt: 208 – 211 °C
d) IR-Spektrum

Anzugeben:

Feuchtausbeute
Trockenausbeute
Theoretische Ausbeute (bezogen auf Resorcin)

Zeitaufwand:

Die voraussichtliche Dauer zur Durchführung der Aufgabe (ohne Trocknungs-/Kristallisationszeiten) beträgt ca. 6 Stunden.

5.4 Dehydratisierung

Eine intramolekulare Wasserabspaltung wird als Dehydratisierung bezeichnet. Wird beispielsweise einem Alkohol in Gegenwart einer starken Säure Wasser entzogen, wobei eine ungesättigte Verbindung entsteht, so wird diese Reaktion Dehydratisierung genannt.

Beispiel: Dehydratisierung eines Alkohols

$$CH_3-CH_2-\underset{\substack{|\\ OH}}{CH}-CH_3 \longrightarrow CH_3-CH=CH-CH_3 + H_2O$$

i-Butanol Buten-2

Bei primären Alkoholen, die weniger Bereitschaft zur Dehydratisierung zeigen als sekundäre oder tertiäre Alkohole, sind relativ hohe Temperature (ca. 190 °C) erforderlich. Cyclische Alkohole hingegen reagieren bereits bei ca. 150 °C.

Um eine ausreichende Reaktionsgeschwindigkeit zu erhalten, ist die Anwesenheit einer starken, hochkonzentrierten Säure nötig. Häufig werden Schwefelsäure oder Phosphorsäure verwendet.

Zur Bildung typischer Nebenprodukte bei der Dehydratisierung eines Alkohols kann es durch Polymerisation kommen. Um diese zu verhindern, wird das gewünschte Produkt (Alken) aus dem Reaktionsgemisch abdestilliert. Gleichzeitig verschiebt sich dabei das Gleichgewicht zugunsten der gewünschten ungesättigten Verbindung.

5.4.1 Darstellung von Cyclohexen

Theoretische Grundlagen

Die Wasserabspaltung aus chemischen Verbindungen bezeichnet man als Dehydratisierung.

Die Herstellung von Cyclohexen durch Dehydratisierung von Cyclohexanol ist eine charakteristische Eliminierungsreaktion. Bei erhöhter Temperatur wird mittels Phosphorsäure aus dem Alkohol (Cyclohexanol) Wasser abgespalten.

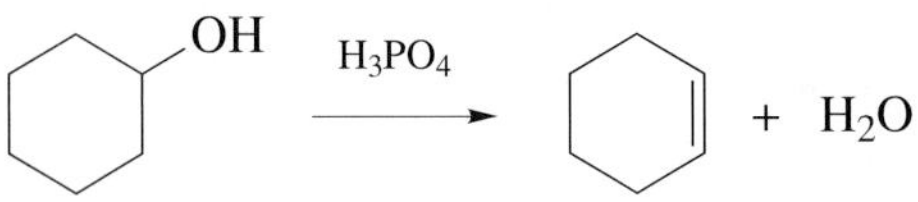

Um das Gleichgewicht dieser Reaktion in die gewünschte Richtung des Produktes zu verschieben, wird das entstehende Cyclohexen kontinuierlich abdestilliert. Somit werden gleichsam mögliche Folgereaktionen verhütet.

Apparatur

1. Standardrührapparatur mit Rücklaufteiler nach Dr. Junge (vgl. Abb. 3-4)
2. Rektifikationsapparatur (mit Claisenbrücke) (vgl. Abb. 3-9)

Geräte

1. 500-mL-Vierhals-Rundkolben, Thermometer, Tropftrichter, Rührer mit Rührführung, Rücklaufteiler nach Dr. Junge, elektrischer Heizkorb

2. 500-mL-Zweihals-Rundkolben, Vigreux-Kolonne, Claisenbrücke, Thermometer, elektrischer Heizkorb mit Spannungsteiler

Benötigte Chemikalien

Cyclohexanol $C_6H_{11}OH$	m = 50,1 g	w = 98 %
Phosphorsäure H_3PO_4	m = 25 g	w = 85 %
Natriumchlorid NaCl		w = 98 %
Calciumchlorid $CaCl_2$		w = 98 %
Eis		

Sicherheitsdaten

Tab 5-4-1

Substanz	Gefahren-symbol	R-Sätze	S-Sätze	MAK-Wert mg/m³
Calciumchlorid	X_i	36	22-24	–
Cyclohexanol	X_n	20/22-37/38	24/25	200
Cyclohexen	F, X_n	11-22	16-23-24/25-33	1015
Natriumchlorid	–	–	–	–
Phosphorsäure	C	34	26	–

Hinweise zur Arbeitssicherheit

Dieser Versuch ist im Abzug durchzuführen.

Calciumchlorid:
- Reizt die Augen
- Staub nicht einatmen
- Berührung mit der Haut vermeiden

Cyclohexanol:
- Gesundheitsschädlich beim Einatmen und Verschlucken
- Reizt die Atmungsorgane und die Haut
- Berührung mit den Augen und der Haut vermeiden

Cyclohexen:
- Leicht entzündlich
- Gesundheitsschädlich beim Verschlucken
- Von Zündquellen fernhalten – Nicht rauchen
- Gas/Rauch/Dampf/Aerosol nicht einatmen (geeignete Bezeichnungen vom Hersteller anzugeben)
- Berührung mit den Augen und der Haut vermeiden
- Maßnahmen gegen elektrostatische Aufladung treffen

Phosphorsäure: – Verursacht Verätzungen
– Bei Berührung mit den Augen mit Wasser abspülen und Arzt konsultieren

Entsorgung

Calciumchlorid: Methode 3
Anorganische Salze: Sammelgefäß S
Lösungen dieser Salze: Sammelgefäß A
Falls Neutralisation notwendig, Behandlung nach Methode 1 und 2

Cyclohexanol: Methode 14
Organische, halogenfreie Lösemittel: Sammelgefäß O

Cyclohexen: Methode 14
Organische, halogenfreie Lösemittel: Sammelgefäß O

Phosphorsäure: Methode 1
Anorganische Säuren werden zunächst vorsichtig durch Einrühren in Wasser verdünnt, anschließend mit Natronlauge neutralisiert, pH 6–8; Sammelgefäß A

Natriumchlorid: Methode 3
Anorganische Salze: Sammelgefäß S
Lösungen dieser Salze: Sammelgefäß A

Arbeitsvorschrift

In der Rührapparatur werden 50,1 g Cyclohexanol (n = 0,5 mol) und 25 g Phosphorsäure, $w(H_3PO_4) = 85\%$, vorgelegt und unter permanentem Rühren auf 150 – 160 °C erwärmt.

Dabei wird über den Dr. Junge-Aufsatz ein Cyclohexen-Wasser-Gemisch abdestilliert, welches in einer eisgekühlten Vorlage aufgefangen wird. Geht kein Destillat mehr über, ist die Reaktion beendet.

Das Cyclohexen-Wasser-Gemisch wird in der Vorlage bis zur Sättigung mit Natriumchlorid versetzt. Anschließend wird im Scheidetrichter getrennt; dabei bildet Cyclohexen wegen der geringeren Dichte die obenliegende Phase.

Nach der Trocknung über wasserfreiem Calciumchlorid wird Cyclohexen rektifiziert, wobei die Vorlage mit Eis zu kühlen ist.

Ausbeute

Die durchschnittlich erreichten Ausbeuten an Cyclohexen (bezogen auf eingesetztes Cyclohexanol) liegen bei etwa 70 % der theoretischen Ausbeute.

Identifizierung und Reinheitskontrolle

a) Siedepunkt: 83 °C
b) Dichte: $\rho = 0{,}81$ g/mL
c) Brechungsindex: $n_D^{20} = 1{,}4460$
d) IR-Spektrum

Anzugeben:

Ausbeute
Theoretische Ausbeute (bezogen auf Cyclohexanol)

Zeitaufwand:

Die voraussichtliche Dauer zur Durchführung der Aufgabe (ohne Trocknungs-/Kristallisationszeiten) beträgt ca. 6 Stunden.

5.5 Diazotierung und Kupplung

Aryldiazonium-Salze reagieren mit aktivierten aromatischen Systemen (wie z.B. Phenol oder Naphthol) zu (Aryl-)Azoverbindungen, die in die Stoffklasse der Farbstoffe gehören.

Im folgenden wird auch auf die Diazotierung eingegangen, die ebenso wie die Diazo-Kupplung nach dem Mechanismus der elektrophilen Substitution abläuft.

Aliphatische Diazonium-Salze sind nicht stabil, sie zerfallen häufig schon weit unter Raumtemperatur. Eine Diazotierung aliphatischer Amine ist daher kaum möglich und nicht sinnvoll.

Allgemeine Reaktionsgleichungen

Diazotierung:

$$\underset{\text{Amin}}{Ar-NH_2} + NaNO_2 + 2\,HCl \xrightarrow[-2\,H_2O]{H^+} \underset{\text{Aryldiazonium-Salz}}{[Ar-N\equiv N\!:]^+\,Cl^-} + NaCl$$

Reaktionspartner sind primäre aromatische Amine Ar-NH_2 und salpetrige Säure (HNO_2), die aus Natriumnitrit und Mineralsäure dargestellt wird. Am günstigsten ist die Verwendung von Salzsäure, da Aryldiazoniumchloride eine relativ große Stabilität besitzen.

Als Produkte entstehen aromatische Diazonium-Salze $[Ar\text{-}N{\equiv}N{:}]^+\ Cl^-$, Natriumchlorid NaCl und Wasser H_2O.

Diazo-Kupplung:

$$[Ar - N \equiv N{:}]^+ \quad + \quad Ar' - H \xrightarrow{OH^-} Ar - N = N - Ar' \quad + \quad H^+$$

Diazonium-Ion — Kupplungskomponente — Aromat. Azoverbindung

Das elektrophile Diazonium-Ion greift das π-Elektronen-System der Kupplungskomponente an. Als Produkt wird eine aromatische Azo-Verbindung erhalten.

Reaktionsmechanismen

Diazotierung:

Zunächst wird aus Natriumnitrit $NaNO_2$ und Salzsäure HCl salpetrige Säure HNO_2 freigesetzt:

$$NaNO_2 + HCl \longrightarrow HNO_2 + NaCl$$

Salpetrige Säure wird durch Salzsäure, die im Überschuß vorliegt, protonisiert:

$$HNO_2 + HCl \longrightarrow [H_2NO_2]^+ + Cl^-$$

Nitrosoacidium-Ion

Das elektrophile Nitrosoacidium-Ion greift das freie Elektronenpaar des Stickstoffs im aromatischen Amin an:

$$Ar - \overset{\displaystyle H}{\underset{\displaystyle H}{N{:}}} \quad + \quad [H_2NO_2]^+ \longrightarrow [Ar - N \equiv N\ ]^+ \quad + \quad 2\,H_2O$$

Diazonium-Ion

Diazo-Kupplung:

Das Aryldiazonium-Ion greift als Elektrophil die elektronenreiche, aromatische Kupplungskomponente Ar'-H an. Insbesondere, wenn elektronenschiebende Substituenten das π-Elektronen-System noch aktivieren (z.B. bei Phenolen), wird ein elektrophiler Angriff um so leichter erfolgen.

Über π-Komplex und Phenonium-Ion entsteht schließlich unter Abspaltung eines Protons eine aromatische Azoverbindung der Struktur Ar-N=N-Ar'.
Aus sterischen Gründen geht das Diazonium-Ion meist in para-Stellung zum Erstsubstituenten an der Kupplungskomponente.

Reaktionsbedingungen

Aromatische Diazonium-Salze sind zwar stabiler als aliphatische, doch auch die meisten Aryldiazonium-Salze zersetzen sich bei Temperaturen um +10 °C.
Bei höheren Temperaturen zerfallen viele feste Aryldiazonium-Ionen, besonders die Nitrate oder Perchlorate, unter explosionsartigen Erscheinungen.
Daher ist es stets günstig, in wäßriger Lösung frisch hergestellte Diazonium-Salze unmittelbar weiterzuverarbeiten, d.h. zu kuppeln.

pH-Wert

Bei der **Diazotierung** aromatischer Amine wird aus mehreren Gründen im sauren Medium (pH ≈ 2) gearbeitet: Zum einen wird eine Mineralsäure benötigt, um aus Natriumnitrit ($NaNO_2$) salpetrige Säure (HNO_2) freizusetzen. Zum anderen wird an überschüssigem Amin das freie Elektronenpaar durch Protonen „blockiert“, an dem sonst das elektrophile Diazonium-Salz angreifen könnte.

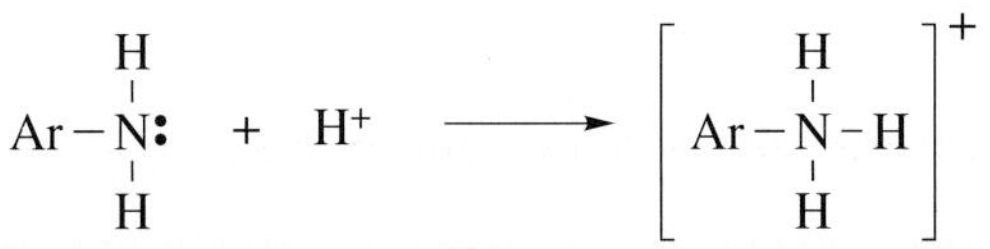

Bei der **Kupplung** reagieren die Diazonium-Salze mit Phenolen (oder Naphtholen) in alkalischer Lösung bedeutend schneller als in neutralem oder saurem Medium.
Dies liegt an der im alkalischen Bereich stärkeren Aktivierung des aromatischen Systems der Kupplungskomponente. Bei Phenolat ist die elektronenverschiebende Wirkung in den Ring (Aktivierung) wesentlich stärker als bei Phenol. Die höhere Elektronendichte bietet dem elektrophilen Diazonium-Salz einen besseren Reaktionspartner.

5.5.1 Darstellung von Hansagelb G®

Theoretische Grundlagen

Einige organische Farbstoffe eignen sich auch als Pigmente für Anstrichsmittel und Lacke sowie als öllösliche Farbstoffe. Einer dieser wasserunlöslichen Pigmentfarbstoffe ist Hansagelb G.

Bei der Herstellung von Hansagelb G wird zunächst durch Diazotierung aus 4-Methyl-2-nitroanilin das Diazoniumsalz hergestellt und danach die Kupplung mit Acetessiganilid durchgeführt.

Diazotierung:

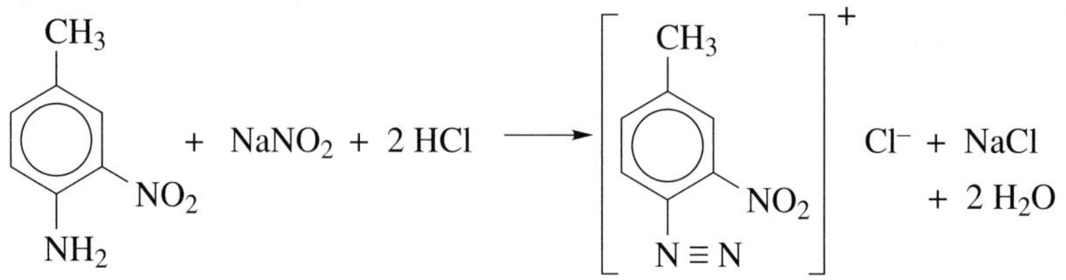

Kupplung:

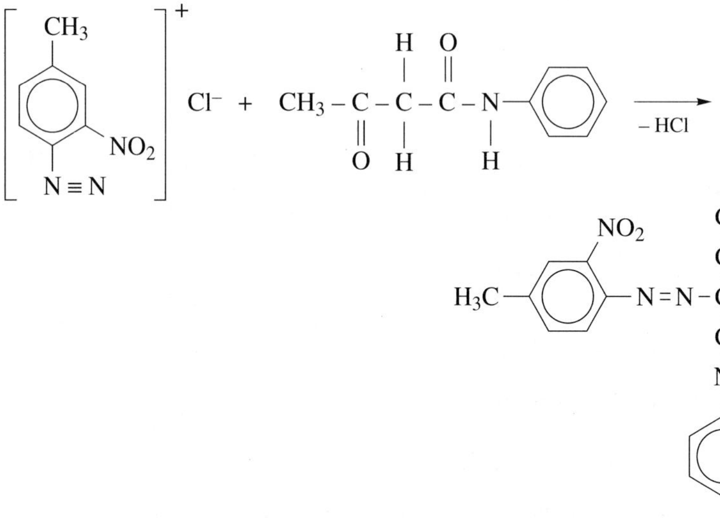

Pigmente werden häufig mit flüchtigen, nichtwäßrigen Lösungsmitteln und Bindemitteln verarbeitet. Wird der Lack aufgetragen, verdunstet das Lösungsmittel und das Pigment liegt als fester Lackfilm vor.

Apparatur

Becherglasrührapparatur, offen (vgl. Abb. 3-5)

Geräte

600-mL-Becherglas, Thermometer, Tropftrichter, Rührer mit Rührführung, Wasserbad, Becherglas, Vierfuß mit Ceranplatte, Brenner, Reibschale (mit Pistill)

Benötigte Chemikalien

4-Methyl-2-nitroanilin $C_7H_8N_2O_2$	m = 3,8 g	w = 98 %
Salzsäure HCl	V = 15 mL	w = 36 %
Natriumnitrit $NaNO_2$	m = 1,8 g	w = 99 %
Natriumacetat CH_3COONa		w = 99 %
Acetessiganilid $C_{10}H_{11}NO_2$	m = 4,4 g	w = 98 %
Natronlauge NaOH		w = 10 %
Essigsäure CH_3COOH		w = 10 %
Eis		

Sicherheitsdaten

Tab 5-5-1

Substanz	Gefahren-symbol	R-Sätze	S-Sätze	MAK-Wert mg/m³
Acetessiganilid	X_n	20/21/22 48/22	36/37/39-44	–
Essigsäure	C	10-35	23-26-36	25
Hansagelb G	–	–	–	–
4-Methyl-2-nitroanilin	T	23/24/25-33	28-36/37-44	–
Natriumacetat	–	–	–	–
Natriumnitrit	O, T	8-25	44	–
Natronlauge	C	35	26-36	–
Salzsäure	C	34-37	2-26	7

Hinweise zur Arbeitssicherheit

Dieser Versuch ist im Abzug durchzuführen.

Acetessiganilid:
- Gesundheitsschädlich beim Einatmen, Verschlucken und bei Berührung mit der Haut
- Gesundheitsschädlich: Gefahr ernster Gesundheitsschäden bei längerer Exposition durch Verschlucken
- Bei der Arbeit geeignete Schutzkleidung, Schutzhandschuhe und Schutzbrille/Gesichtsschutz tragen
- Bei Unwohlsein ärztlichen Rat einholen (wenn möglich, dieses Etikett vorzeigen)

Essigsäure:
- Entzündlich
- Verursacht schwere Verätzungen
- Gas/Rauch/Dampf/Aerosol nicht einatmen (geeignete Bezeichnungen vom Hersteller anzugeben)
- Bei Berührung mit den Augen gründlich mit Wasser abspülen und Arzt konsultieren
- Bei der Arbeit geeignete Schutzkleidung tragen

4-Methyl-2-nitroanilin: – Giftig beim Einatmen, Verschlucken und Berührung mit der Haut
– Gefahr kumulativer Wirkung
– Bei Berührung mit der Haut sofort abwaschen, mit viel ... spülen (vom Hersteller anzugeben)
– Bei der Arbeit geeignete Schutzkleidung und Schutzhandschuhe tragen
– Bei Unwohlsein ärztlichen Rat einholen (wenn möglich, dieses Etikett vorzeigen)

Natriumnitrit: – Feuergefahr bei Berührung mit brennbaren Stoffen
– Giftig beim Verschlucken
– Bei Unwohlsein ärztlichen Rat einholen (wenn möglich, dieses Etikett vorzeigen)

Natronlauge: – Verursacht schwere Verätzungen
– Bei Berührung mit den Augen gründlich mit Wasser abspülen und Arzt konsultieren
– Bei der Arbeit geeignete Schutzkleidung tragen

Salzsäure: – Verursacht Verätzungen
– Reizt die Atmungsorgane
– Darf nicht in die Hände von Kindern gelangen
– Bei Berührung mit den Augen gründlich mit Wasser abspülen und Arzt konsultieren

Entsorgung

Acetessiganilid: Methode 19
Organische Peroxide, oxidierende oder brandfördernd wirkende Stoffe werden in Natriumsulfit-Lösung reduziert. Sammelgefäß O/H

Essigsäure: Methode 18
Organische Säuren werden vorsichtig mit Natriumhydrogencarbonat oder Natriumhydroxid in wäßriger Lösung neutralisiert. Anschließend: Sammelgefäß A

Hansagelb: Methode 16
Mäßig reaktive organische Verbindungen: Sammelgefäß C

4-Methyl-2-nitroanilin: Methode 22
Kanzerogene, sehr giftige, giftige und/oder brennbare Verbindungen: Sammelgefäß F

Natriumnitrit: Methode 22
Kanzerogene, sehr giftige, giftige und/oder brennbare Verbindungen: Sammelgefäß F

Natronlauge: Methode 2
Anorganische Basen werden durch Einrühren in Wasser verdünnt und anschließend mit verdünnter Schwefelsäure langsam neutralisiert, pH 6–8; Sammelgefäß A

Salzsäure: Methode 1
Anorganische Säuren werden zunächst vorsichtig durch Einrühren in Wasser verdünnt, anschließend mit Natronlauge neutralisiert, pH 6–8; Sammelgefäß A

Arbeitsvorschrift

In einer Reibschale werden 3,8 g (0,025 mol) 4-Methyl-2-nitroanilin mit etwa 15 mL Chlorwasserstoffsäure, w(HCl) = 36 %, solange verrührt, bis sich das fast farblose Chlorhydrat gebildet hat.

Man überführt das Produkt in die von außen gekühlte Becherglasrührapparatur. Nachdem man das Chlorhydrat mit ca. 30 g zerkleinertem Eis versetzt hat, wird bei +2 °C bis +5 °C eine Lösung von 1,8 g Natriumnitrit in 10 mL Wasser langsam unter die Oberfläche der Lösung getropft. Es wird 15 Minuten bei Zutropftemperatur nachgerührt und dann mit Iodkalistärkepapier auf Nitritüberschuß geprüft. Sollte keine Blaufärbung des Reagenzpapiers eintreten, ist noch Nitritlösung nachzugeben.

Durch Zugabe von Natriumacetat wird die stark saure Lösung des Diazoniumsalzes auf einen pH-Wert von etwa 3–4 eingestellt und danach bei einer Temperatur von maximal +4 °C aufbewahrt.

Zur Herstellung der Kupplungskomponenten werden 4,4 g Acetessigsäureanilid im Becherglas mit 80 mL Wasser versetzt und vorsichtig auf 50 °C erwärmt. Bei dieser Temperatur wird solange Natronlauge, w(NaOH) = 10 %, zugetropft, bis eine klare Lösung entsteht. Die erkaltete Lösung wird mit 6,2 g Natriumacetat und soviel Essigsäure, w(CH_3COOH) = 10 %, versetzt, bis ein pH-Wert von etwa 5 erreicht wird, wobei meist eine Suspension von Acetessigsäureanilid entsteht. Diese Suspension wird in der von außen gekühlten Rührapparatur vorgelegt und auf etwa +5 °C abgekühlt.

Innerhalb von 20 – 30 Minuten wird nun die gut gekühlte Diazoniumsalzlösung zugetropft.

Die hellgelbe Farbstoffsuspension wird etwa 6 Stunden bei ca. +5 °C nachgerührt, scharf abgesaugt und mit Wasser neutral gewaschen.

Nach dem Bestimmen der Rohausbeute wird der Farbstoff im Trockenschrank bei etwa 80 °C getrocknet.

Ausbeute

Die durchschnittlich erreichten Ausbeuten, bezogen auf 4-Methyl-2-nitroanilin, liegen bei etwa 75 % der theoretischen Endausbeute.

Identifizierung und Reinheitskontrolle

a) Aussehen: gelbes Pulver
b) Dünnschichtchromatogramm

DC-Mikrokarten SIF 5 x 10 (Riedel de Haen)
Probe: w(Hansagelb) = 1 % in Toluol
Fließmittel: Toluol 6 Volumenteile
Essigsäureethylester 1 Volumenteil

c) IR-Spektrum

Anzugeben:

Feuchtausbeute
Trockenausbeute
Theoretische Ausbeute (bezogen auf 4-Methyl-2-nitroanilin)

Zeitaufwand:

Die voraussichtliche Dauer zur Durchführung der Aufgabe (ohne Trocknungs-/Kristallisationszeiten) beträgt ca. 4 Stunden.

5.5.2 Darstellung von β-Naphtholorange (Orange II)

Theoretische Grundlagen

Das Natriumsalz der β-Naphthol-azobenzolsulfonsäure ist in Wasser löslich und bildet in Lösung eine orangerote Farbe.

β-Naphtholorange wird durch Diazotierung von 4-Aminobenzolsulfonsäure (Sulfanilsäure) und anschließende Kupplung mit β-Naphthol hergestellt:

Diazotierung:

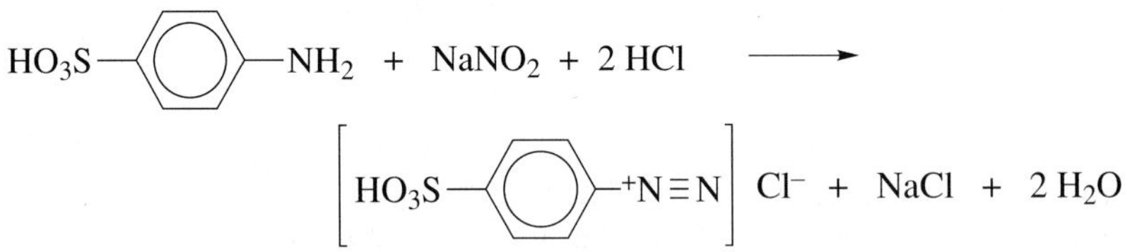

Kupplung:

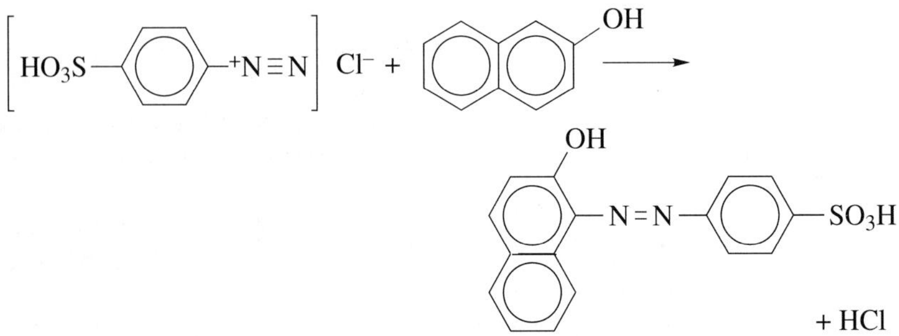

β-Naphtholorange wird in der Druckfarbenindustrie und Buntpapierherstellung verwendet. Früher wurde es auch zum Färben von Wolle und Seide benutzt.

Apparatur

Becherglasrührapparatur, offen (vgl. Abb. 3-5)

Geräte

600-mL-Becherglas, Thermometer, Tropftrichter, Rührer mit Rührführung, Wasserbad

Benötigte Chemikalien

Sulfanilsäure $C_6H_7NO_3S$	m = 8,6 g	w = 98 %
Natriumnitritlösung $NaNO_2$	V = 35 mL	w = 10 %
β-Naphthol $C_{10}H_8O$	m = 7,5 g	w = 98 %
Salzsäure HCl		w = 20 %
Natronlauge NaOH		w = 10 %, w = 45 %
Natriumchlorid NaCl		w = 99 %
Eis		

Sicherheitsdaten

Tab 5-5-2

Substanz	Gefahren-symbol	R-Sätze	S-Sätze	MAK-Wert mg/m³
β-Naphthol	X_n	20/22-41-43	24/25	–
β-Naphtholorange	X_i	36/37/38	26-36	–
Natriumchlorid	–	–	–	–
Natriumnitrit	O, T	8-25	44	–
Natronlauge	C	35	26-36	–
Salzsäure	C	34-37	2-26	7
Sulfanilsäure	X_n	20/22	25-28	–

Hinweise zur Arbeitssicherheit

β-Naphthol:
- Gesundheitsschädlich beim Einatmen und Verschlucken
- Gefahr ernster Augenschäden
- Sensibilisierung durch Hautkontakt möglich
- Berührung mit der Haut und den Augen vermeiden

β-Naphtholorange:
- Reizt die Augen, Atmungsorgane und die Haut
- Bei Berührung mit den Augen gründlich mit Wasser abspülen und Arzt konsultieren
- Bei der Arbeit geeignete Schutzkleidung tragen

Natriumnitrit:
- Feuergefahr bei Berührung mit brennbaren Stoffen
- Giftig beim Verschlucken
- Bei Unwohlsein ärztlichen Rat einholen (wenn möglich, dieses Etikett vorzeigen)

Natronlauge:
- Verursacht schwere Verätzungen
- Bei Berührung mit den Augen gründlich mit Wasser abspülen und Arzt konsultieren
- Bei der Arbeit geeignete Schutzkleidung tragen

Salzsäure:
- Verursacht Verätzungen
- Reizt die Atmungsorgane
- Darf nicht in die Hände von Kindern gelangen
- Bei Berührung mit den Augen gründlich mit Wasser abspülen und Arzt konsultieren

Sulfanilsäure:
- Gesundheitsschädlich beim Einatmen und Verschlucken
- Berührung mit den Augen vermeiden
- Bei Berührung mit den Augen sofort abwaschen mit viel ... spülen (vom Hersteller anzugeben)

Entsorgung

β-Naphthol: Methode 16
Mäßig reaktive organische Verbindungen:
Sammelgefäß C

β-Naphtholorange: Methode 16
Mäßig reaktive organische Verbindungen:
Sammelgefäß C

Natriumchlorid: Methode 3
Anorganische Salze: Sammelgefäß S
Lösungen dieser Salze: Sammelgefäß A

Natriumnitrit: Methode 22
Kanzerogene, sehr giftige, giftige und/oder brennbare Verbindungen:
Sammelgefäß F

Natronlauge: Methode 2
Anorganische Basen werden durch Einrühren in Wasser verdünnt und anschließend mit verdünnter Schwefelsäure langsam neutralisiert, pH 6–8; Sammelgefäß A

Salzsäure: Methode 1
Anorganische Säuren werden zunächst vorsichtig durch Einrühren in Wasser verdünnt, anschließend mit Natronlauge neutralisiert, pH 6–8; Sammelgefäß A

Sulfanilsäure: Methode 16
Mäßig reaktive organische Verbindungen:
Sammelgefäß C

Arbeitsvorschrift

In einem Becherglas werden 8,6 g (0,05 mol) Sulfanilsäure in 100 mL Wasser und 20 mL Natronlauge, w(NaOH) = 10 %, unter leichtem Erwärmen gelöst. Diese Lösung wird zusammen mit etwa 50 g fein zerstoßenem Eis und 12,5 mL Chlorwasserstoffsäure, w(HCl) = 20 %, in der Becherglasrührapparatur vorgelegt.

Durch Außenkühlung mit einem Eisbad werden bei etwa 0 – 5 °C innerhalb von 20 Minuten 35 mL Natriumnitritlösung, w($NaNO_2$) = 10 %, unter die Oberfläche der Lösung getropft. Man läßt ca. 10 Minuten bei 0 – 5 °C nachrühren und überprüft dann, ob die Suspension einen pH-Wert um 4 besitzt und ob eine Probe auf Nitritüberschuß das Iodkalistärkepapier blau färbt.

Zur Kupplung werden in einer zweiten Becherglasrührapparatur 7,5 g 2-Naphthol in 100 mL Wasser und 10 mL Natronlauge, w(NaOH) = 45 %, gelöst. Durch Kühlung von außen mit einem Eisbad wird bei 5 – 10 °C innerhalb von etwa 30 Minuten die Diazoniumverbindung zugetropft. Der pH-Wert der Farbstoffsuspension muß dabei im Alkalischen liegen (pH = 10–11).

Nachdem der Farbstoff ca. 3 Stunden bei maximal 10 °C nachgerührt wurde, wird er über eine Nutsche scharf abgesaugt und im Trockenschrank bei etwa 70 °C getrocknet.

Bei geringen Ausbeuten kann der Farbstoff mit Natriumchlorid vor dem Absaugen ausgesalzt werden.

Ausbeute

Die durchschnittlich erreichten Ausbeuten liegen bei ca. 80 % des theoretischen Wertes.

Identifizierung und Reinheitskontrolle

a) Aussehen: orangerotes Pulver
b) Dünnschichtchromatogramm
   DC-Mikrokarten SIF 5 x 10 (Riedel de Haen)
   Probe: w(β-Naphtholorange) = 1 % in Wasser
   Fließmittel: Ethanol, w(C_2H_5OH) = 96 – 98 %
c) IR-Spektrum

Anzugeben:

Feuchtausbeute
Trockenausbeute

Zeitaufwand:

Die voraussichtliche Dauer zur Durchführung der Aufgabe (ohne Trocknungs-/Kristallisationszeiten) beträgt ca. 4 Stunden.

5.5.3 Darstellung von Sudanrot B®

Theoretische Grundlagen

Der wasserunlösliche Azofarbstoff wird durch Diazotierung von Anilin zum Benzoldiazoniumchlorid und anschließender Kupplung mit β-Naphthol hergestellt:

Diazotierung:

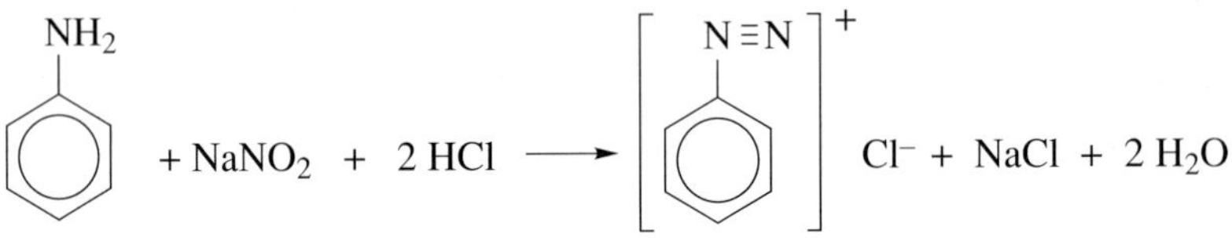

Kupplung:

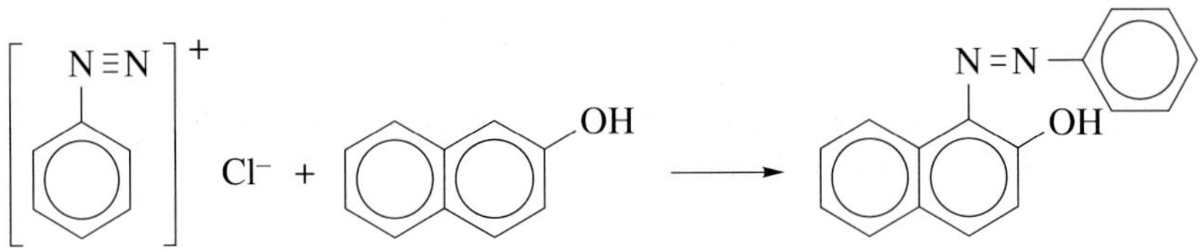

Sudanrot B wird als Pigment und zum Färben von Wachsen, Fetten, Ölen und Harzen verwendet.

Apparatur

Becherglasrührapparatur, offen (vgl. Abb. 3-5)

Geräte

1.000-mL-Becherglas oder 2-L-Stutzen, Thermometer, Tropftrichter, Rührer mit Rührführung, Wasserbad

Benötigte Chemikalien

Anilin $C_6H_5NH_2$	m = 9,3 g	w = 98 %
Natriumnitrit $NaNO_2$	m = 7,0 g	w = 99 %
β-Naphthol $C_{10}H_8O$	m = 14,4 g	w = 98 %
Salzsäure HCl		w = 36 %
Natronlauge NaOH		w = 10 %

Natriumacetat CH_3COONa	m = 40 g	w = 99 %
Essigsäure		w = 100 %
Eis		

Sicherheitsdaten

Tab 5-5-3

Substanz	Gefahrensymbol	R-Sätze	S-Sätze	MAK-Wert mg/m^3
Anilin*	T	20/21/22-33 23/24/25	28-36/37-44	8
Essigsäure	C	10-35	23-26-36	25
β-Naphthol	X_n	20/22-41-43	24/25	–
Natriumacetat	–	–	–	–
Natriumnitrit	O, T	8-25	44	–
Natronlauge	C	35	26-36	2G
Salzsäure	C	34-37	2-26	7
Sudanrot B	–	–	–	–

Hinweise zur Arbeitsssicherheit

Dieser Versuch ist im Abzug durchzuführen

Anilin:
- Giftig beim Einatmen, Verschlucken und Berührung mit der Haut
- Gefahr kumulativer Wirkungen
- Bei Berührung mit der Haut sofort abwaschen mit viel ... spülen (vom Hersteller anzugeben)
- Bei der Arbeit geeignete Schutzhandschuhe und Schutzkleidung tragen
- Bei Unwohlsein ärztlichen Rat einholen (wenn möglich, dieses Etikett vorzeigen)

Essigsäure:
- Entzündlich
- Verursacht schwere Verätzungen
- Gas/Rauch/Dampf/Aerosol nicht einatmen (geeignete Bezeichnungen vom Hersteller anzugeben)
- Bei Berührung mit den Augen gründlich mit Wasser ausspülen und Arzt konsultieren
- Bei der Arbeit geeignete Schutzkleidung tragen

β-Naphthol:
- Gesundheitsschädlich beim Einatmen und Verschlucken
- Gefahr ernster Augenschäden
- Sensibilisierung durch Hautkontakt möglich
- Berührung mit den Augen und der Haut vermeiden

Natriumnitrit:
- Feuergefahr bei Berührung mit brennbaren Stoffen
- Giftig beim Verschlucken
- Bei Unwohlsein ärztlichen Rat einholen (wenn möglich dieses Etikett vorzeigen)

Natronlauge:
- Verursacht schwere Verätzungen
- Bei Berührung mit den Augen gründlich mit Wasser abspülen und Arzt konsultieren
- Bei der Arbeit geeignete Schutzkleidung tragen

Salzsäure:
- Verursacht Verätzungen
- Reizt die Atmungsorgane
- Darf nicht in die Hände von Kindern gelangen
- Bei Berührung mit den Augen gründlich mit Wasser abspülen und Arzt konsultieren

Entsorgung

Anilin: Methode 22
Kanzerogene, sehr giftige, giftige und/oder brennbare Verbindungen: Sammelgefäß F

Essigsäure: Methode 18
Organische Säuren werden vorsichtig mit Natriumhydrogencarbonat oder Natriumhydroxid in wäßriger Lösung neutralisiert.
Anschließend: Sammelgefäß A

β-Naphthol: Methode 16
Mäßig reaktive organische Verbindungen:
Sammelgefäß C

Natriumacetat: Methode 16
Mäßig reaktive organische Verbindungen:
Sammelgefäß C

Natriumnitrit: Methode 22
Kanzerogene, sehr giftige, giftige und/oder brennbare Verbindungen: Sammelgefäß F

Natronlauge: Methode 2
Anorganische Basen werden durch Einrühren in Wasser verdünnt und anschließend mit verdünnter Schwefelsäure langsam neutralisiert, pH 6–8; Sammelgefäß A

Salzsäure: Methode 1
Anorganische Säuren werden zunächst vorsichtig durch Einrühren in Wasser verdünnt, anschließend mit Natronlauge neutralisiert, pH 6–8; Sammelgefäß A

Sudanrot B: Methode 16
Mäßig reaktive organische Verbindungen:
Sammelgefäß C

Arbeitsvorschrift

In der Becherglasrührapparatur werden 9,3 g (0,1 mol) Anilin, 20 g Chlorwasserstoffsäure, w(HCl) = 36 %, und 100 mL Wasser vorgelegt.

Durch Kühlung von außen mit einem Eisbad wird bei 5 °C eine Lösung von 7,0 g Natriumnitrit in 150 mL Wasser unter Rühren zugetropft. Das Ende des Tropftrichters sollte in die Anilinlösung eintauchen.

Nach beendetem Zutropfen muß ein pH-Wert von 3–4 und durch Blaufärbung von Iodkalistärkepapier ein geringer Nitritüberschuß feststellbar sein. Die Diazoniumsalzlösung wird nun in ein anderes Gefäß überführt und kaltgestellt (max. 5 °C).

Zur Kupplung werden in der gesäuberten Rührapparatur nun 14,4 g β-Naphthol in wenigen mL Natronlauge, w(NaOH) = 10 %, gelöst, auf 250 mL mit Wasser verdünnt und das β-Naphthol unter Rühren mit Essigsäure, w(CH_3COOH) = 100 %, ausgefällt. Es sollte ein nicht zu dicker Brei entstehen. Das Gesamtvolumen soll 500 mL nicht überschreiten.

Um die bei der Kupplungsreaktion entstehende Chlorwasserstoffsäure abzupuffern, werden noch 40,0 g Natriumacetat zugegeben.

Zur Suspension der Kupplungskomponenten läßt man nun unter Rühren bei etwa 5 °C die kalte Diazoniumlösung innerhalb von 30 Minuten zutropfen. Nachdem man 2 Stunden nachgerührt hat, wird über eine Nutsche scharf abgesaugt und dreimal mit je 50 mL kaltem Wasser nachgewaschen, scharf abgesaugt, abgepreßt und nach Feststellung der Rohausbeute im Trockenschrank bei etwa 70 °C getrocknet.

Ausbeute

Die durchschnittlich erreichten Ausbeuten liegen, bezogen auf Anilin, bei etwa 98 % der theoretischen Endausbeute.

Identifizierung und Reinheitskontrolle

a) Aussehen: rotes Pulver
b) Dünnschichtchromatogramm
   DC-Mikrokarten SIF 5 x 10 (Riedel de Haen)
   Probe: w(Sudanrot) = 1% in Ethanol, w(C_2H_5OH) = 96 %
   Fließmittel: Toluol
c) IR-Spektrum

Anzugeben:

Feuchtausbeute
Trockenausbeute
Theoretische Ausbeute (bezogen auf Anilin)

Zeitaufwand:

Die voraussichtliche Dauer zur Durchführung der Aufgabe (ohne Trocknungs-/Kristallisationszeiten) beträgt ca. 4 Stunden.

5.6 Halogenierung

Unter Halogenierung versteht man die Einführung eines Halogens. Als direkte Halogenierung sind nur Chlorierung und Bromierung möglich. Jod- und Fluor-Aromaten werden meist über aromatische Amine und deren Diazonium-Salze hergestellt.

Reaktionsgleichungen

$$Ar-H + Cl-Cl \xrightarrow{FeCl_3} Ar-Cl + HCl$$

$$Ar-H + Br-Br \xrightarrow{FeBr_3} Ar-Br + HBr$$

Reaktionspartner sind die aromatische Verbindung Ar-H und elementares Chlor bzw. Brom. Die Halogenierungen werden durch Lewis-Säuren wie Aluminiumchlorid ($AlCl_3$) oder Eisen(III)-chlorid ($FeCl_3$) bzw. die entsprechenden Bromide oder aber auch metallisches Eisen katalysiert. Als Produkte ergeben sich chlorierte bzw. bromierte Aromate.

Halogenierung von alkylierten Aromaten

Liegen als Ausgangsstoffe alkylierte Aromaten vor, so erfolgt die Halogenierung mit Katalysator und bei relativ niedrigen Temperaturen direkt am aromatischen System und nicht an der aliphatischen Alkyl-Kette.

Hier wird von der **KKK-Regel** gesprochen: Bei **K**älte und **K**atalysator erfolgt die Halogenierung am **K**ern des alkylierten Aromaten.

Wird unter energiereicher **S**trahlung (**S**onnenlicht) und in der (**S**iede-)Hitze halogeniert, so tritt radikalische Substitution an der (**S**eiten-)Kette der Alkyl-Gruppe ein: Halogenierung nach der **SSS-Regel**.

Reaktionsmechanismus

Der Mechanismus der Halogenierung wird am Beispiel der Chlorierung aufgezeigt. In Analogie verlaufen Bromierungen.

Aus dem elementaren Chlor (Cl_2) entsteht in Gegenwart von Lewis-Säuren, wie z.B. Aluminiumchlorid, zunächst unter Bildung von komplexem $[AlCl_4]^-$ ein Halogen-Kation Cl^+.

$$Cl-Cl + AlCl_3 \longrightarrow \underset{\text{Halogenkation}}{Cl^+} + [AlCl_4]^-$$

Das Halogen-Kation greift als Elektrophil die aromatische, elektronenreiche Verbindung Ar-H an. Über π-Komplex und Phenonium-Ion entsteht schließlich die chlorierte Verbindung Ar-Cl.

Das substituierte, aus der Verbindung Ar-H freigesetzte Proton reagiert mit $AlCl_4^-$. Dabei entstehen Chlorwasserstoff HCl und Aluminiumchlorid $AlCl_3$.

Aluminiumchlorid wirkt katalytisch und beschleunigt bzw. ermöglicht daher erst die Halogenierung.

Einfluß auf Zweitsubstitution

Die Halogene üben auf Grund ihrer hohen Elektronegativität auf das π-Elektronensextett des Aromaten einen –I-Effekt aus, der dem System Elektronen entzieht. Dadurch wird die Zweitsubstitution am halogenierten Aromaten erschwert.

Andererseits werden freie Elektronenpaare der Halogene dem aromatischen System zur Verfügung gestellt. Die Halogene erhöhen durch ihren +M-Effekt, der im Phenonium-Ion den –I-Effekt überwiegt, die Elektronendichte in ortho- und para-Stellung. Befinden sich Halogene als Erstsubstituenten am Aromaten, so werden Zweitsubstituenten daher in ortho- bzw. para-Stellung dirigiert.

Bedeutung halogenierter Aromaten

Halogenierte Aromaten finden insbesondere Verwendung als Ausgangsstoffe für Grignard-Reaktionen (nach Umsetzung mit Magnesium), zur Wurtz-Fittig-Synthese (Umsetzung von Ar-Cl mit Na und R-Cl führt zu alkylierten Aromaten Ar-R) oder zur Herstellung von Farbstoffen.

5.6.1 Darstellung von Acetylchlorid

Theoretische Grundlagen

Acetylchlorid, das Säurechlorid der Essigsäure, ist eine farblose, erstickend riechende und an der Luft rauchende Flüssigkeit.

Die Darstellung erfolgt durch Reaktion von Essigsäure mit Säurehalogeniden des Phosphors oder Schwefels.

$$3\,CH_3COOH + PCl_3 \longrightarrow 3\,CH_3COCl + H_3PO_3$$

Acetylchlorid wird als Acetylierungsmittel in der organsichen Synthese verwendet, außerdem zur Bestimmung von Hydroxylgruppen und zur Unterscheidung tertiärer Amine von primären und sekundären.

Apparatur

Apparatur zur Gleichstromdestillation (vgl. Abb. 3-7)

Geräte

500-mL-Zweihals-Rundkolben, Claisenbrücke, Vorlage: 250-mL-Einhals-Rundkolben, Tropftrichter mit Druckausgleich, Thermometer, Wasserbad (elektrisch)

Benötigte Chemikalien

Essigsäure CH_3COOH	m = 45 g	w = 99%
Phosphortrichlorid PCl_3	m = 36 g	w = 100%

Sicherheitsdaten

Tab 5-6-1

Substanz	Gefahren-symbol	R-Sätze	S-Sätze	MAK-Wert mg/m^3
Acetylchlorid	F, C	11-14-34	9-16-26	–
Essigsäure	C	10-35	23-26-36	25
Phosphortrichlorid	C	34-37	7/8-26	3

Hinweise zur Arbeitssicherheit

Dieser Versuch ist im Abzug durchzuführen.

Acetylchlorid:
- Leicht entzündlich
- Reagiert heftig mit Wasser
- Verursacht Verätzungen
- Behälter an einem gut belüfteten Ort aufbewahren
- Von Zündquellen fernhalten – Nicht rauchen
- Bei Berührung mit den Augen gründlich spülen und Arzt konsultieren

Essigsäure:
- Entzündlich
- Verursacht schwere Verätzungen
- Gas/Rauch/Dampf/Aerosol nicht einatmen (geeignete Bezeichnungen vom Hersteller anzugeben)
- Bei Berührung mit den Augen gründlich mit Wasser abspülen und Arzt konsultieren
- Bei der Arbeit geeignete Schutzkleidung tragen

Phosphortrichlorid:
- Verursacht Verätzungen
- Reizt die Atmungsorgane

– Behälter trocken und dicht geschlossen halten
– Bei Berührung mit den Augen gründlich mit Wasser abspülen und Arzt konsultieren

Entsorgung

Acetylchlorid: Methode 23
Säurehalogenide werden zur Desaktivierung in Methanol eingetropft. Die Reaktion kann ggf. mit einigen Tropfen Salzsäure beschleunigt werden. Anschließend mit Natronlauge neutralisieren. Sammelgefäß H

Essigsäure: Methode 18
Organische Säuren werden vorsichtig mit Natriumhydrogencarbonat oder Natriumhydroxid in wäßriger Lösung neutralisiert.
Anschließend: Sammelgefäß A

Phosphortrichlorid: Methode 10
Hydrolyseempfindliche, anorganische Halogenide und ähnliche Verbindungen werden vorsichtig in Eiswasser eingerührt, nach Neutralisation: Sammelgefäß A

Arbeitsvorschrift

In dem Destillationskolben werden 45,0 g (0,75 mol) Essigsäure, w(CH_3COOH) = 99 – 100 %, vorgelegt. Über ein Wasserbad wird auf 30 °C erwärmt und innerhalb von 15 Minuten 36,0 g Phosphortrichlorid zugetropft. Die Temperatur im Reaktionskolben darf dabei nicht über 45 °C ansteigen.

Nach beendetem Zutropfen wird die Temperatur noch solange bei 45 °C gehalten, bis sich im Kolben deutlich zwei Phasen ausgebildet haben.

Nachdem man die Vorlage ausgetauscht hat, wird das Rohacetylchlorid abdestilliert. Den im Reaktionskolben verbleibenden Rückstand vernichtet man durch Eingießen in Eis.

Zur weiteren Reinigung des Acetylchlorids führt man eine erneute Destillation in einer Claisenapparatur durch. Das reine Acetylchlorid wird bei einer Kopftemperatur von 48 – 52 °C abgenommen.

Das gereinigte Präparat muß gut verschlossen aufbewahrt werden.

Ausbeute

Die durchschnittlich erreichten Ausbeuten liegen, bezogen auf Essigsäure, bei etwa 80 % der theoretischen Endausbeute.

Identifizierung und Reinheitskontrolle

a) Aussehen: farblose Flüssigkeit
b) Siedepunkt: 51 °C
c) Brechnungsindex: $n_D^{20} = 1,389$

Anzugeben:

Ausbeute
Theoretische Ausbeute (bezogen auf Essigsäure)

Zeitaufwand:

Die voraussichtliche Dauer zur Durchführung der Aufgabe beträgt ca. 4 Stunden.

5.6.2 Darstellung von 4-Bromacetanilid

Theoretische Grundlagen

Die Darstellung erfolgt durch direktes Einwirken von Brom auf Acetanilid. Die Bromierung erfolgt bei Raumtemperatur ohne Katalysator.

Da Halogenierungen mit elementaren Halogenen sehr ähnlich verlaufen und hierbei auch Produkte mit ähnlichen Eigenschaften entstehen, wird in der Technik meist chloriert und im Labor bromiert.

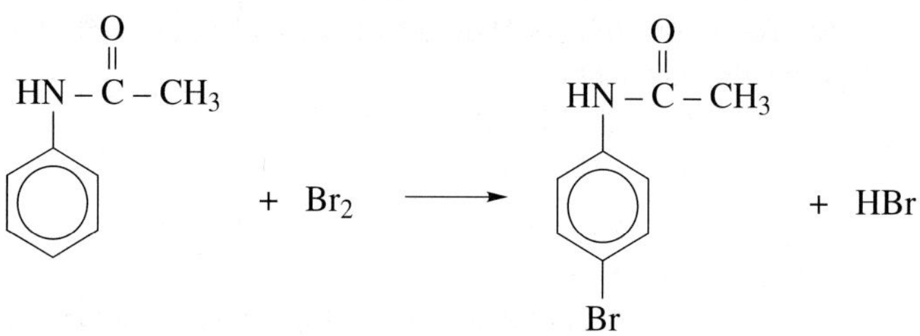

Apparatur

1. Standardrührapparatur (vgl. Abb. 3-3)
2. Rückflußapparatur (vgl. Abb. 3-2)

Geräte

1. 500-mL-Vierhals-Rundkolben, Rührer mit Rührführung, Tropftrichter mit Druckausgleich, Thermometer, Abgang zur Tischabsaugung (Abluft)
2. 500-mL-Zweihals-Rundkolben, Intensivkühler, Thermometer, elektrischer Heizkorb mit Spannungsteiler

Benötigte Chemikalien

Acetanilid C_8H_9NO	m = 13,5 g	w = 99 %
Essigsäure CH_3COOH	V = 40 mL	w = 99 %
Brom Br_2	V = 5 mL	w = 98 %
Methanol CH_3OH		w = 95 %

Sicherheitsdaten

Tab 5-6-2

Substanz	Gefahren-symbol	R-Sätze	S-Sätze	MAK-Wert mg/m^3
Acetanilid	X_n	20/21/22	25-28-44	–
Brom	T^+, C	26-35	7/9-26	0,7
4-Bromacetanilid	X_n	22	22-24/25	–
Essigsäure	C	10-35	23-26-36	25
Methanol	F, T	11-23/25	2-7-16-24	260

Hinweise zur Arbeitssicherheit

Dieser Versuch ist im Abzug durchzuführen.

Acetanilid:
- Gesundheitsschädlich beim Verschlucken, Einatmen und Berührung mit der Haut
- Berührung mit den Augen vermeiden
- Bei Berührung mit der Haut sofort abwaschen mit viel ... spülen (vom Hersteller anzugeben)
- Bei Unwohlsein ärztlichen Rat einholen (wenn möglich, dieses Etikett vorzeigen)

Brom:
- Sehr giftig beim Einatmen
- Verursacht schwere Verätzungen
- Behälter dicht verschlossen an einem gut gelüfteten Ort aufbewahren
- Bei Berührung mit den Augen gründlich mit Wasser abspülen und Arzt konsultieren

4-Bromacetanilid:
- Gesundheitsschädlich beim Verschlucken
- Staub nicht einatmen
- Berührung mit der Haut und den Augen vermeiden

Essigsäure:
- Entzündlich
- Verursacht schwere Verätzungen
- Gas/Dampf/Rauch/Aerosol nicht einatmen (geeignete Bezeichnungen vom Hersteller anzugeben)
- Bei Berührung mit den Augen gründlich mit Wasser abspülen und Arzt konsultieren
- Bei der Arbeit geeignete Schutzkleidung tragen

Methanol: – Leicht entzündlich
– Giftig beim Einatmen und Verschlucken
– Darf nicht in die Hände von Kindern gelangen
– Behälter dicht verschlossen halten
– Von Zündquellen fernhalten – Nicht rauchen
– Berührung mit der Haut vermeiden

Entsorgung

Acetanilid: Methode 16
Mäßig reaktive organische Verbindungen:
Sammelgefäß C

Brom: Methode 8
Anorganische Peroxide und Oxidationsmittel werden mit Natriumthiosulfat-Lösung zu gefahrlosen Folgeprodukten reduziert. Reaktionslösung: Sammelgefäß A

4-Bromacetanilid: Methode 16
Mäßig reaktive organische Verbindungen:
Sammelgefäß C

Essigsäure: Methode 18
Organische Säuren werden vorsichtig mit Natriumhydrogencarbonat oder Natriumhydroxid in wäßriger Lösung neutralisiert.
Anschließend: Sammelgefäß A

Methanol: Methode 14
Organische, halogenfreie Lösemittel:
Sammelgefäß O

Arbeitsvorschrift

In der Rührapparatur werden 13,5 g (0,1 mol) Acetanilid in 40 mL Essigsäure, w(CH_3COOH) = 98 – 100 %, unter Rühren gelöst. Bei 20 – 25 °C werden langsam 5 mL Brom zugetropft und 30 Minuten nachgerührt.

Anschließend tropft man innerhalb von 5 Minuten 100 mL Wasser zu, wobei das Rohprodukt ausfällt.

Es wird über eine Nutsche scharf abgesaugt, mit Wasser neutral gewaschen und die Rohausbeute bestimmt.

Je nach Qualität des Rohproduktes (Aussehen, Schmelzpunkt) muß aus Methanol umkristallisiert oder umgelöst werden.

Das weitgehend trockengesaugte Produkt kann im Trockenschrank, besser im Vakuumtrockenschrank, bei etwa 60 °C getrocknet werden.

Ausbeute

Die durchschnittlich erreichten Ausbeuten, bezogen auf Acetanilid, liegen bei etwa 70 % der theoretischen Endausbeute.

Identifizierung und Reinheitskontrolle

a) Aussehen: weiße Kristalle
b) Schmelzbereich: 167 – 169 °C
c) Dünnschichtchromatogramm
   DC-Mikrokarten SIF 5 x 10 (Riedel de Haen)
   Probe: w(Bromacetanilid) = 1 % in Aceton
   Fließmittel: Ethanol, w(C_2H_5OH) = 96 %
d) IR-Spektrum

Anzugeben:

Feuchtausbeute
Trockenausbeute
Theoretische Ausbeute (bezogen auf Acetanilid)

Zeitaufwand:

Die voraussichtliche Dauer zur Durchführung der Aufgabe (ohne Trocknungs-/Kristallisationszeiten) beträgt ca. 4 Stunden.

5.6.3 Darstellung von 1-Brombutan

Theoretische Grundlagen

Alkohole setzen sich mit Halogenwasserstoff zu Alkylhalogeniden um. Dabei wird entweder trockener Halogenwasserstoff durch den Alkohol geleitet, oder der Alkohol wird mit konzentrierter Säure erhitzt.

Bei der Darstellung von 1-Brombutan wird Bromwasserstoff aus Natriumbromid und Schwefelsäure in Anwesenheit von 1-Butanol hergestellt.

$$2\,NaBr + H_2SO_4 \longrightarrow Na_2SO_4 + 2\,HBr$$

$$\underset{\text{1-Butanol}}{CH_3-CH_2-CH_2-CH_2-OH} + HBr \xrightarrow[-H_2O]{} \underset{\text{1-Brombutan}}{CH_3-CH_2-CH_2-CH_2-Br}$$

Apparatur

1. Standardrührapparatur (vgl. Abb. 3-3)
2. (Mikro-)Rektifikationsapparatur (vgl. Abb. 3-9)

Geräte

1. 500-mL-Vierhals-Rundkolben, Rührer mit Rührführung, Tropftrichter mit Druckausgleich, Thermometer, Abgang zur Tischabsaugung (Abluft), elektrischer Heizkorb mit Spannungsteiler
2. 100-mL-Zweihals-Rundkolben, Vigreux-Kolonne, Claisenbrücke, Thermometer, elektrischer Heizkorb mit Spannungsteiler

Benötigte Chemikalien

1-Butanol C_4H_9OH	m = 37 g	w = 95 %
Natriumbromid NaBr	m = 63 g	w = 99 %
Schwefelsäure H_2SO_4	V = 52 mL	w = 98 %
Natriumsulfat Na_2SO_4		w = 99 %

Sicherheitsdaten

Tab 5-6-3

Substanz	Gefahren-symbol	R-Sätze	S-Sätze	MAK-Wert mg/m^3
1-Brombutan	X_n	10-22	23-24/25	–
1-Butanol	X_n	10-20	16	300
Natriumbromid	–	–	–	–
Natriumsulfat	–	–	–	–
Schwefelsäure	C	35	2-26-30	1 G

Hinweise zur Arbeitssicherheit

Dieser Versuch ist im Abzug durchzuführen.

1-Brombutan:
- Entzündlich
- Gesundheitsschädlich beim Verschlucken
- Dampf nicht einatmen
- Berührung mit den Augen und der Haut vermeiden

1-Butanol:
- Entzündlich
- Gesundheitsschädlich beim Einatmen
- Von Zündquellen fernhalten – Nicht rauchen

Schwefelsäure: – Verursacht schwere Verätzungen
– Darf nicht in die Hände von Kindern gelangen
– Bei Berührung mit den Augen gründlich mit Wasser abspülen und Arzt konsultieren
– Niemals Wasser hinzugießen

Entsorgung

1-Brombutan: Methode 15
Hologenhaltige, organische Lösemittel:
Sammelgefäß H

1-Butanol: Methode 14
Organische, halogenfreie Lösemittel:
Sammelgefäß O

Natriumbromid: Methode 3
Anorganische Salze: Sammelgefäß S
Lösungen dieser Salze: Sammelgefäß A
Falls Neutralisation notwendig, Behandlung nach Methode 1 oder 2

Natriumsulfat: Methode 3
Anorganische Salze: Sammelgefäß S
Lösungen dieser Salze: Sammelgefäß A
Falls Neutralisation notwendig, Behandlung nach Methode 1 oder 2

Schwefelsäure: Methode 1
Anorganische Säuren werden zunächst vorsichtig durch Einrühren in Wasser verdünnt, anschließend mit Natronlauge neutralisiert, pH 6–8;
Sammelgefäß A

Arbeitsvorschrift

In der Rührapparatur werden 58 mL Wasser, 63 g Natriumbromid und 37 g (0,5 mol) 1-Butanol vorgelegt.

Zu dieser Mischung werden innerhalb von 20 Minuten 44 mL Schwefelsäure, $w(H_2SO_4) = 98\ \%$, unter Rühren zugetropft, wobei sich die Reaktionstemperatur langsam erhöht. Nach beendeter Zugabe wird das Gemisch 1 Stunde am Rückfluß erhitzt.

Anschließend wird der Rückflußkühler gegen eine Claisendestillationsbrücke ausgetauscht und das Brombutan-/Wassergemisch bis zu einer Siedetemperatur von 130 °C abdestilliert.

Das Destillat wird in einen Scheidetrichter gefüllt und die untere Phase, das Brombutan, in einem Kolben abgetrennt. Man gibt vorsichtig unter Kühlung von außen mit einem Eisbad 8 mL Schwefelsäure, $w(H_2SO_4) = 98\ \%$, zu und schüttelt gut durch.

Das Gemisch wird erneut im Scheidetrichter getrennt und die untere Phase, die Schwefelsäure, verworfen.

Das Rohbrombutan wird nun viermal mit je 30 mL Wasser geschüttelt und anschließend 30 Minuten über wasserfreiem Natriumsulfat getrocknet.

Es wird in einen Destillierkolben entsprechender Größe filtriert und das 1-Brombutan über eine Claisenbrücke abdestilliert.

Ausbeute

Die durchschnittlich erreichten Ausbeuten, bezogen auf 1-Butanol, liegen bei etwa 60 % der theoretischen Endausbeute.

Identifizierung und Reinheitskontrolle

a) Aussehen: farblose Flüssigkeit
b) Siedepunkt: 101,6°C
c) Brechungsindex: $n_D^{15} = 1{,}44225$
d) IR-Spektrum

Anzugeben:

Feuchtausbeute
Trockenausbeute
Theoretische Ausbeute (bezogen auf 1-Butanol)

Zeitaufwand:

Die voraussichtliche Dauer zur Durchführung der Aufgabe (ohne Trocknungs-/Kristallisationszeiten) beträgt ca. 5 Stunden.

5.6.4 Darstellung von 10-Bromundecansäure

Theoretische Grundlagen

Die Darstellung der 10-Bromundecansäure erfolgt durch Bromierung von 10-Undecylensäure mit Bromwasserstoff in der Kälte.

Die Reaktion verläuft nach folgender Gleichung:

$$CH_2 = CH - (CH_2)_8 - COOH \;+\; HBr \longrightarrow H_3C - \underset{\displaystyle Br}{\underset{|}{CH}} - (CH_2)_8 - COOH$$

Diese Reaktion ist eine charakteristische Halogenierung nach Markownikow. Danach tritt das Halogenatom an das Kohlenstoffatom mit den wenigsten Wasserstoffatomen.

Apparatur

1. Gasentwicklungsapparatur mit einer Sicherheitsflasche (vgl. Abb. 3-6)
2. Standardrührapparatur (vgl. Abb. 3-3)

Geräte

1. 250-mL-Dreihals-Rundkolben, Tropftrichter mit Druckausgleich, Thermometer, Gasableitungsrohr zur Standardrührapparatur, Heizkorb mit Spannungsteiler
2. 500-mL-Vierhals-Rundkolben, Rührer mit Rührführung, Thermometer, Intensivkühler, Wasserbad (Eisbad), Hebebühne
3. Dewargefäß

Benötigte Chemikalien

10-Undecylensäure $C_{11}H_{20}O_2$	m = 18,4 g	w = 99 %
Tetralin $C_{10}H_{12}$	m = 25 g	w = 98 %
Brom Br_2	V = 10 mL	w = 98 %
Essigsäure CH_3COOH	V = 9,5 mL	w = 99 %
Schwefelsäure H_2SO_4		w = 98 %
Petrolether		
Aceton C_3H_6O		
Eis		
Trockeneis		

Sicherheitsdaten

Tab 5-6-4

Substanz	Gefahren-symbol	R-Sätze	S-Sätze	MAK-Wert mg/m³
Brom	T^+, C	26-35	7/9-26	0,7
10-Bromundecansäure	–	–	–	–
Bromwasserstoff	C	34-37	7/9-26-36	17
Aceton	F	11	9-16-23-33	2400
Essigsäure	C	10-35	23-26-36	25
Petrolether	F	11	9-16-29-33	–
Schwefelsäure	C	35	2-26-30	1 G
Tetralin	X_i	36-38	23-26	–
10-Undecylensäure	X_i	38	25-26	–

Hinweise zur Arbeitssicherheit

Dieser Versuch ist im Abzug durchzuführen.

Aceton:
- Leicht entzündlich
- Behälter an einem gut gelüfteten Ort aufbewahren
- Von Zündquellen fernhalten – Nicht rauchen
- Gas/Rauch/Dampf/Aerosol nicht einatmen (geeignete Bezeichnungen vom Hersteller anzugeben)
- Maßnahmen gegen elektrostatische Aufladung treffen

Brom:
- Sehr giftig beim Einatmen
- Verursacht schwere Verätzungen
- Behälter dicht geschlossen an einem gut gelüfteten Ort aufbewahren
- Bei Berührung mit den Augen gründlich mit Wasser abspülen und Arzt konsultieren

Bromwasserstoff:
- Verursacht Verätzungen
- Reizt die Atmungsorgane
- Behälter dicht geschlossen an einem gut gelüfteten Ort aufbewahren
- Bei Berührung mit den Augen gründlich mit Wasser abspülen und Arzt konsultieren
- Bei der Arbeit geeignete Schutzkleidung tragen

Essigsäure:
- Entzündlich
- Verursacht schwere Verätzungen
- Gas/Rauch/Dampf/Aerosol nicht einatmen (geeignete Bezeichnungen vom Hersteller anzugeben)
- Bei Berührung mit den Augen gründlich mit Wasser abspülen und Arzt konsultieren
- Bei der Arbeit geeignete Schutzkleidung tragen

Petrolether:
- Leicht entzündlich
- Behälter an einem gut gelüfteten Ort aufbewahren
- Von Zündquellen fernhalten – Nicht rauchen
- Nicht in die Kanalisation gelangen lassen
- Maßnahmen gegen elektrostatische Aufladung treffen

Schwefelsäure:
- Verursacht schwere Verätzungen
- Darf nicht in die Hände von Kindern gelangen
- Bei Berührung mit den Augen gründlich mit Wasser abspülen und Arzt konsultieren
- Niemals Wasser hinzugießen

Tetralin:
- Reizt die Augen
- Reizt die Haut

– Gas/Rauch/Dampf/Aerosol nicht einatmen
(geeignete Bezeichnungen vom Hersteller anzugeben)
– Bei Berührung mit den Augen gründlich mit Wasser abspülen und Arzt konsultieren

10-Undecylensäure: – Reizt die Haut
– Berührung mit den Augen vermeiden
– Bei Berührung mit den Augen gründlich mit Wasser abspülen und Arzt konsultieren

Entsorgung

Aceton: Methode 14
Organische, halogenfreie Lösemittel:
Sammelgefäß O

Brom: Methode 8
Anorganische Peroxide und Oxidationsmittel werden mit Natriumthiosulfat-Lösung zu gefahrlosen Folgeprodukten reduziert. Reaktionslösung: Sammelgefäß A

10-Bromundecansäure: Methode 18
Organische Säuren werden vorsichtig mit Natriumhydrogencarbonat oder Natriumhydroxid in wäßriger Lösung neutralisiert.
Anschließend: Sammelgefäß A

Bromwasserstoff: Methode 1
Anorganische Säuren werden zunächst vorsichtig durch Einrühren in Wasser verdünnt, anschließend mit Natronlauge neutralisiert, pH 6–8; Sammelgefäß A

Essigsäure: Methode 18
Organische Säuren werden vorsichtig mit Natriumhydrogencarbonat oder Natriumhydroxid in wäßriger Lösung neutralisiert.
Anschließend: Sammelgefäß A

Petrolether: Methode 14
Organische, halogenfreie Lösemittel:
Sammelgefäß O

Schwefelsäure: Methode 1
Anorganische Säuren werden zunächst vorsichtig durch Einrühren in Wasser verdünnt, anschließend mit Natronlauge neutralisiert, pH 6–8; Sammelgefäß A

Tetralin: Methode 14
Organische, halogenfreie Lösemittel:
Sammelgefäß O

10-Undecylsäure: Methode 18
Organische Säuren werden vorsichtig mit Natriumhydrogencarbonat oder Natriumhydroxid in wäßriger Lösung neutralisiert.
Anschließend: Sammelgefäß A

Arbeitsvorschrift

In der Apparatur zur Entwicklung des Bromwasserstoffs werden 25 g Tetralin vorgelegt und bei 180 – 190 °C 10 mL Brom innerhalb von etwa 30 Minuten zugetropft. Das Zutropfen sollte möglichst kontinuierlich erfolgen, um einen gleichmäßigen Gasstrom zu erzielen.

Der Bromwasserstoff wird unter Rühren in eine Mischung von 18,4 g (0,1 mol) 10-Undecylensäure und 9,5 mL Essigsäure, $w(CH_3COOH) = 99\ \%$, eingeleitet. Durch Kühlung mit einem Eisbad wird die Temperatur auf etwa 15 °C gehalten.

Die anfänglich weiße Suspension geht dabei in eine leicht bräunlich gefärbte Lösung über. Die Reaktion ist weitgehend beendet, wenn keine Bromwasserstoffaufnahme und keine Temperaturerhöhung mehr erfolgt.

Man läßt anschließend mehrere Stunden (über Nacht!) im Eisbad stehen und gießt danach auf das doppelte Volumen eines Wasser-/Eisgemisches.

Sobald das gesamte Eis geschmolzen ist, saugt man scharf ab. Das Rohprodukt wird anschließend 4 – 5 Stunden im Vakuum über Schwefelsäure, $w(H_2SO_4) = 98\ \%$, getrocknet.

Zur Reinigung wird die rohe 10-Bromundecansäure aus etwa 40 mL Petrolether (Siedebereich 40 – 60 °C) umgelöst. Nach Abkühlen der Lösung auf etwa –40 °C (Trockeneis/Aceton!) kristallisiert die Säure aus. Man saugt über eine vorgekühlte Nutsche ab und wäscht kurz mit wenig tiefgekühltem Petrolether.

Die Trocknung der reinen Säure erfolgt im Vakuum.

Ausbeute

Die durchschnittlich erreichten Ausbeuten liegen, bezogen auf 10-Undecylensäure, bei etwa 80 % der theoretischen Endausbeute.

Identifizierung und Reinheitskontrolle

a) Aussehen: farblose Kristalle
b) Dünnschichtchromatogramm
   DC-Mikrokarte SIF 5x10 (Riedel de Haen)
   Probe: w (10-Bromundecansäure) = 1% in Aceton
   Fließmittel: Ethanol, $w(C_2H_5OH) = 96\%$, 1 Volumenanteil
   Methanol, $w(CH_3OH) = 99\%$, 1 Volumenanteil
   Trichlormethan, $w(Cl_3CH) = 99\%$, 1 Volumenanteil
c) IR-Spektrum

Anzugeben:

Feuchtausbeute
Trockenausbeute
Theoretische Ausbeute (bezogen auf 10-Undecylensäure)

Zeitaufwand:

Die voraussichtliche Dauer zur Durchführung der Aufgabe (ohne Trocknungs-/Kristallisationszeiten) beträgt ca. 6 Stunden.

5.6.5 Darstellung von 2-Chlorbenzoesäure

Theoretische Grundlagen

Läßt man eine wäßrige Benzoldiazoniumchloridlösung in eine salzsaure Kupfer(I)-chlorid-Lösung fließen, entsteht Chlorbenzol. Dieser Reaktionstyp wurde von Sandmeyer (1884) entdeckt.

Bei der Darstellung von 2-Chlorbenzoesäure wird zunächst die entsprechende Diazoniumverbindung aus 2-Aminobenzoesäure hergestellt:

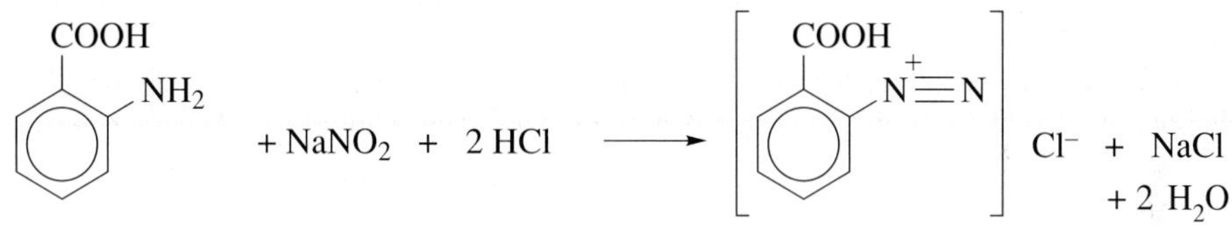

Der für die Sandmeyer-Reaktion benötigte Katalysator wird aus Kupfer(II)-chlorid, Kupferspänen und Salzsäure frisch hergestellt.

$$Cu + CuCl_2 \longrightarrow 2\ CuCl$$

Mit diesem Katalysator kann nun die 2-Chlorbenzoesäure hergestellt werden.

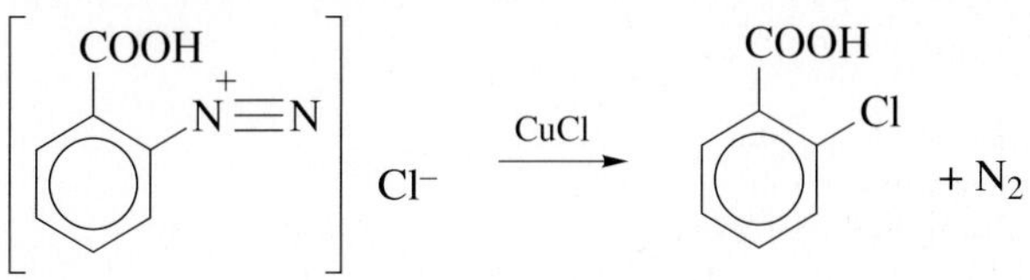

Apparatur

1. Rückflußapparatur (vgl. Abb 3-2)
2. Offene Rührapparatur (vgl. Abb. 3-5)

Geräte

1. 100-mL-Einhals-Rundkolben, Intensivkühler, Heizkorb mit Spannungsteiler
2. 1.000-mL-Becherglas, Rührer mit Rührführung, Thermometer, Tropftrichter, Wasserbad (Eisbad), Hebebühne

Benötigte Chemikalien

Kupfer (Späne o.ä.) Cu	m = 1,3 g	w = 100 %
Kupfer(II)-chlorid $CuCl_2$	m = 2,5 g	w = 99 %
2-Aminobenzoesäure $C_7H_7NO_2$	m = 6,9 g	w = 99 %
Natriumnitrit $NaNO_2$	m = 3,5 g	w = 99 %
Salzsäure HCl	V = 35 mL	w = 36 %
Eis		

Sicherheitsdaten

Tab 5-6-5

Substanz	Gefahren-symbol	R-Sätze	S-Sätze	MAK-Wert mg/m^3
2-Aminobenzoesäure	X_i	36	22/24	–
2-Chlorbenzoesäure	X_i	36	22-24	–
Kupfer-II-chlorid	X_n	20/22-36/38	26	–
Kupferspäne	–	–	–	1 G
Natriumnitrit	O, T	8-25	44	–
Salzsäure	C	34-37	2-26	7

Hinweise zur Arbeitssicherheit

Dieser Versuch ist im Abzug durchzuführen.

2-Aminobenzoesäure: – Reizt die Augen
– Staub nicht einatmen
– Berührung mit der Haut vermeiden

2-Chlorbenzoesäure: – Reizt die Augen
– Staub nicht einatmen
– Berührung mit der Haut vermeiden

Kupfer(II)-chlorid: – Gesundheitsschädlich beim Einatmen und Verschlucken
– Reizt die Augen und die Haut
– Bei Berührung mit den Augen gründlich mit Wasser abspülen und Arzt konsultieren

Natriumnitrit: – Feuergefahr bei Berührung mit brennbaren Stoffen
– Giftig beim Verschlucken
– Bei Unwohlsein ärztlichen Rat einholen (wenn möglich dieses Etikett vorzeigen)

Salzsäure: – Verursacht Verätzungen
– Reizt die Atmungsorgane
– Darf nicht in die Hände von Kindern gelangen
– Bei Berührung mit den Augen gründlich mit Wasser abspülen und Arzt konsultieren

Entsorgung

2-Aminobenzoesäure: Methode 16
Mäßig reaktive organische Verbindungen:
Sammelgefäß C

2-Chlorbenzoesäure: Methode 18
Organische Säuren werden vorsichtig mit Natriumhydrogencarbonat oder Natriumhydroxid in wäßriger Lösung neutralisiert.
Anschließend: Sammelgefäß A

Kupfer(II)-chlorid: Methode 22
Kanzerogene, sehr giftige, giftige und/oder brennbare Verbindungen:
Sammelgefäß F

Kupferspäne: Methode 3
Sammelgefäß S
Falls Neutralisation notwendig, Behandlung nach Methode 1 oder 2

Natriumnitrit: Methode 22
Kanzerogene, sehr giftige, giftige und/oder brennbare Verbindungen:
Sammelgefäß F

Salzsäure: Methode 1
Anorganische Säuren werden zunächst vorsichtig durch Einrühren in Wasser verdünnt, anschließend mit Natronlauge neutralisiert, pH 6–8;
Sammelgefäß A

Arbeitsvorschrift

Zur Herstellung des Katalysators werden in der Rückflußapparatur 2,5 g Kupfer(II)-chlorid, 1,3 g Kupferspäne, 4,5 mL Wasser und 20 mL Chlorwasserstoffsäure, w(HCl) = 36 %, solange erhitzt, bis die Lösung klar und farblos ist. Man dekantiert sofort von den verbliebenen Kupferspänen auf ca. 50 g Eis. Das ausgefallene weiße Kupfer-I-chlorid wird bis zur weiteren Verwendung kalt gestellt.

Zur Diazotierung werden in der von außen gekühlten Becherglasrührapparatur 6,9 g (0,1 mol) 2-Aminobenzoesäure, 32 mL Wasser und 15 mL Chlorwasserstoffsäure, w(HCl) = 36 %, vorgelegt. Bei max. 5 °C wird unter Rühren eine Lösung von 3,5 g Natriumnitrit in 40 mL Wasser unter die Oberfläche getropft. Nachdem 15 Minuten nachgerührt wurde, ist mit Iodkalistärkepapier auf Nitritüberschuß zu prüfen. Bleibt die Blaufärbung des Papiers aus, muß noch eine geringe Menge Natriumnitrit nachgegeben werden.

In der 1-L-Becherglasrührapparatur wird nun die Katalysatorsuspension vorgelegt und unter schnellem Rühren die Diazoniumsalzlösung zugegeben. Unter starkem Schäumen wird Stickstoff freigesetzt und die 2-Chlorbenzoesäure scheidet sich ab.

Man läßt 2 Stunden nachrühren, saugt dann über eine Nutsche scharf ab und wäscht viermal mit je 10 mL kaltem Wasser. Nach Feststellung der Rohausbeute wird aus Wasser umkristallisiert und im Trockenschrank, besser im Vakuumtrockenschrank, bei etwa 80 °C getrocknet.

Ausbeute

Die durchschnittlich erreichten Ausbeuten, bezogen auf 2-Aminobenzoesäure, liegen bei 70 % der theoretischen Endausbeute.

Identifizierung und Reinheitskontrolle

a) Aussehen: weiße Kristalle
b) Schmelzpunkt: 140,3°C
c) Dünnschichtchromatogramm
DC-Mikrokarten SIF 5 x 10 (Riedel de Haen)
Probe: w(2-Chlorbenzoesäure) = 1% in Aceton

Fließmittel: Ethanol, $w(C_2H_5OH)$ = 96%,	80 Volumenanteile
Wasser	16 Volumenanteile
Ammoniakwasser, $w(NH_3)$ = 25%,	4 Volumenanteile

d) IR-Spektrum

Anzugeben:

Feuchtausbeute
Trockenausbeute
Theoretische Ausbeute (bezogen auf 2-Aminobenzoesäure)

Zeitaufwand:

Die voraussichtliche Dauer zur Durchführung der Aufgabe (ohne Trocknungs-/Kristallisationszeiten) beträgt ca. 5 Stunden.

5.6.6 Darstellung von 1,2-Dibromcyclohexan

Theoretische Grundlagen

Die Herstellung von 1,2-Dibromcyclohexan aus Cyclohexen ist ein typisches Beispiel für eine Additionsreaktion.
Bei einer Addition wird eine Mehrfachbindung (Doppel- oder Dreifachbindung) in einem organischen Molekül aufgespalten und ein anderes Molekül dort angelagert.

Beispiel:

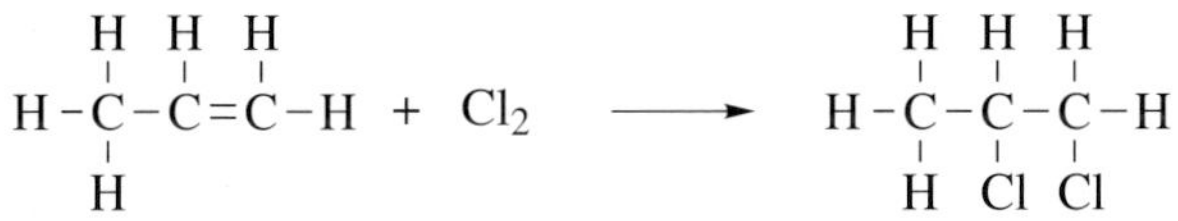

Propen 1,2-Dichlorpropan

Aus energiereichen Doppelbindungen werden so Einfachbindungen, die nicht mehr so reaktionsfreudig und damit stabiler sind.

Reaktionsgleichung:

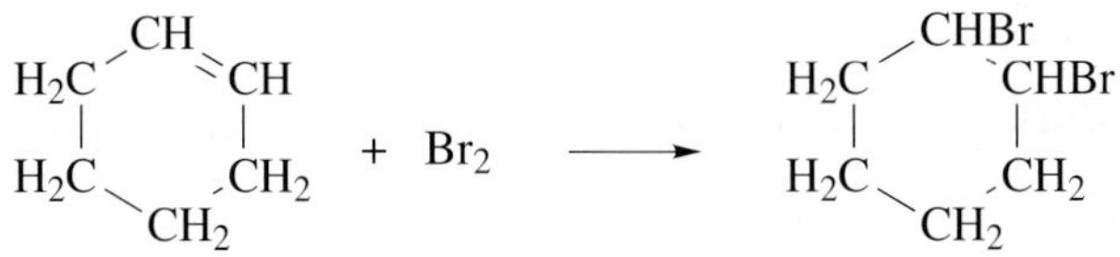

Cyclohexen + Brom 1,2-Dibromcyclohexan

Apparatur

1. Standardrührapparatur (später: mit Claisenbrücke) (vgl. Abb. 3-3)
2. Vakuum-Rektifikationsapparatur (vgl. Abb. 3-12)

Geräte

1. 500-mL-Vierhals-Rundkolben, Rührer mit Rührführung, Tropftrichter mit Druckausgleich, Thermometer, Intensivkühler, Claisenbrücke, elektrischer Heizkorb mit Spannungsteiler
2. 250-mL-Dreihals-Rundkolben, Vigreux-Kolonne, Thermometer, elektrischer Heizkorb mit Spannungsteiler, Claisenbrücke mit Spinne, Kältefalle, Dewar-Gefäß, Vakuummeter, Vakuumpumpe, Belüftungsventil

Benötigte Chemikalien

Cyclohexen C_6H_{10}	m = 41 g	w = 99 %
Brom Br_2	V = 25 mL	w = 98 %
Dichlormethan CH_2Cl_2	V = 200 mL	w = 99 %

Sicherheitsdaten

Tab 5-6-6

Substanz	Gefahren-symbol	R-Sätze	S-Sätze	MAK-Wert mg/m³
Brom	T^+, C	26-35	7/9-26	0,7
Cyclohexen	F, X_n	11-22	16-23-24/25-33	1015
1,2 Dibromcyclohexan	–	–	–	–
Dichlormethan	X_n	40	23-24/25-36/37	360

Hinweise zur Arbeitssicherheit

Dieser Versuch ist im Abzug durchzuführen.

Brom:
- Sehr giftig beim Einatmen
- Verursacht schwere Verätzungen
- Behälter dicht geschlossen an einem gut gelüfteten Ort aufbewahren
- Bei Berührung mit den Augen gründlich mit Wasser abspülen und Arzt konsultieren

Cyclohexen:
- Leicht entzündlich
- Gesundheitsschädlich beim Verschlucken
- Von Zündquellen fernhalten – Nicht rauchen
- Gas/Rauch/Dampf/Aerosol nicht einatmen (geeignete Bezeichnung vom Hersteller anzugeben)
- Berührung mit den Augen und der Haut vermeiden
- Maßnahmen gegen elektrostatische Aufladung treffen

Dichlormethan:
- Irreversibler Schaden möglich
- Gas/Rauch/Dampf/Aerosol nicht einatmen (geeignete Bezeichnung vom Hersteller anzugeben)
- Berührung mit der Haut und den Augen vermeiden
- Bei der Arbeit geeignete Schutzkleidung und Schutzhandschuhe tragen

Entsorgung

Brom: Methode 8
Anorganische Peroxide und Oxidationsmittel werden mit Natriumthio-

sulfat-Lösung zu gefahrlosen Folgeprodukten reduziert. Reaktionslösung: Sammelgefäß A

Cyclohexen: Methode 14
Organische, halogenfreie Lösemittel:
Sammelgefäß O

1,2-Dibromcyclohexan: Methode 15
Halogenhaltige, organische Lösemittel:
Sammelgefäß H

Dichlormethan: Methode 15
Halogenhaltige, organische Lösemittel:
Sammelgefäß H

Arbeitsvorschrift

In der Rührapparatur werden 150 mL Dichlormethan und 41 g (0,5 mol) Cyclohexen vorgelegt. Unter Rühren und Kühlung von außen mit einem Eisbad wird das Gemisch auf 0 °C abgekühlt.

Innerhalb von etwa 90 Minuten wird ein Gemisch von 25 mL Brom in 50 mL Dichlormethan unter Rühren zugetropft. Die Reaktionstemperatur von 5 °C darf dabei nicht überschritten werden. Die Zutropfgeschwindigkeit sollte so reguliert werden, daß kein größerer Überschuß an Brom entsteht, was an einer deutlichen Braunfärbung des Gemisches erkennbar ist.

Nach beendeter Reaktion destilliert man das Dichlormethan direkt aus der Apparatur ab. Anschließend rektifiziert man das rohe 1,2-Dibromcyclohexan im Vakuum.

Identifizierung und Reinheitskontrolle

a) Aussehen: farblose Flüssigkeit, die sich im Laufe der Zeit dunkel färbt
b) Siedepunkt: 111°C bei 33 mbar
c) Brechungsindex: $n_D^{16} = 1,5520$
d) IR-Spektrum

Ausbeute

Die durchschnittlich erreichten Ausbeuten, bezogen auf Cyclohexen, liegen bei etwa 70 % der theoretischen Endausbeute.

Anzugeben:

Feuchtausbeute
Trockenausbeute
Theoretische Ausbeute (bezogen auf Cyclohexen)

Zeitaufwand:

Die voraussichtliche Dauer zur Durchführung der Aufgabe beträgt ca. 6 Stunden.

5.7 Kondensation an der Carbonyl-Gruppe

Unter Kondensationsreaktionen versteht man Substitutionsreaktionen, bei welchen kleine Moleküle wie z.B. Wasser, Ammoniak (NH_3) oder Chlorwasserstoff (HCl) entstehen.

Eine typische Kondensationsreaktion ist beispielsweise die Veresterung, bei der stets Wasser entsteht.

$$\underset{\text{Benzoesäure}}{C_6H_5COOH} + \underset{\text{Methanol}}{CH_3OH} \longrightarrow \underset{\text{Benzoesäure-methylester}}{C_6H_5COO-CH_3} + \underset{\text{Wasser}}{H_2O}$$

Die Carbonyl-Gruppe (–C=O), die in Aldehyden oder Ketonen enthalten ist, weist eine besonders hohe Reaktionsfreudigkeit auf. Dies beruht auf der Polarität der C=O-Bindung.

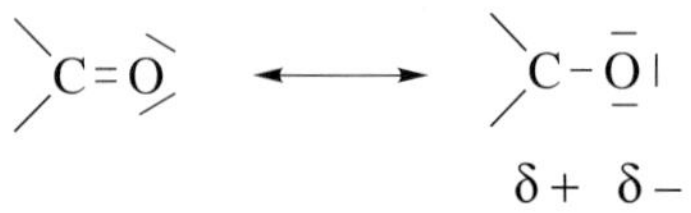

Kondensationen an der Carbonylgruppe sind leicht möglich, wenn ein Reaktionspartner mit aktiviertem Wasserstoff zur Verfügung steht. Unter der Bildung („Kondensation“) von Wasser kann das Sauerstoff-Atom die Carbonylgruppe verlassen. Das angreifende Molekül des Reaktionspartners wird am Kohlenstoff-Atom der Carbonyl-Gruppe gebunden.

Als Beispiel für die Kondensation an einer Carbonyl-Gruppe sei hier die Darstellung von Diacetyldioxim aufgeführt:

$$\begin{array}{l} H_3C-C=O \\ \qquad\ | \\ H_3C-C=O \end{array} + 2\,NH_2-OH \longrightarrow \begin{array}{l} H_3C-C=N-OH \\ \qquad\ | \\ H_3C-C=N-OH \end{array} + 2\,H_2O$$

5.7.1 Darstellung von Diacetyldioxim

Theoretische Grundlagen

Die Darstellung erfolgt in einer Kondensationsreaktion durch Einwirkung von Hydroxylaminsalzen auf Diacetyl. Man kann allerdings auch Methylethylketon verwenden:

Diacetyl Diacetyldioxim

Das Diacetyldioxim bildet farblose Kristaslle und wird hauptsächlich in der Analytik als Reagens für Nickel verwendet.

Apparatur

1. Standardrührapparatur (vgl. Abb. 3-3)
2. Rückflußapparatur (vgl. Abb. 3-2)

Geräte

1. 500-mL-Vierhals-Rundkolben, Rührer mit Rührführung, Tropftrichter mit Druckausgleich, Thermometer, Intensivkühler, elektrischer Heizkorb mit Spannungsteiler
2. 500-mL-Zweihals-Rundkolben, Thermometer, Intensivkühler, elektrischer Heizkorb mit Spannungsteiler

Benötigte Chemikalien

Diacetyl $C_4H_6O_2$	m = 10,8 g	w = 99 %
Natriumacetat-3-hydrat $CH_3COONa{\cdot}3H_2O$	m = 103 g	w = 98 %
Hydroxylammoniumchlorid NH_3OHCl	m = 26 g	w = 99 %
Ethanol C_2H_5OH	V = 350 mL	w = 96 %

Sicherheitsdaten

Tab 5-7-1

Substanz	Gefahren-symbol	R-Sätze	S-Sätze	MAK-Wert mg/m³
Diacetyl	F, X_n	11-22	9-16-23-33	–
Diacetyldioxim	X_n	22	24/25	–
Ethanol	F	11	7-16	1900
Hydroxylammoniumchlorid	X_n	20/22-36/38	2-13	–
Natriumacetat·$3H_2O$	–	–	–	–

Hinweise zur Arbeitssicherheit

Diacetyl:
- Leicht entzündlich
- Gesundheitsschädlich beim Verschlucken
- Behälter an einem gut belüfteten Ort aufbewahren

– Von Zündquellen fernhalten – Nicht rauchen
– Gas/Rauch/Dampf/Aerosol nicht einatmen
(geeignete Bezeichnungen vom Hersteller anzugeben)
– Maßnahmen gegen elektrostatische Aufladung treffen

Diacetyldioxim: – Gesundheitsschädlich beim Verschlucken
– Berührung mit den Augen und der Haut vermeiden

Ethanol: – Leicht entzündlich
– Behälter dicht geschlossen halten
– Von Zündquellen fernhalten – Nicht rauchen

Hydroxylammoniumchlorid: – Gesundheitsschädlich beim Einatmen und Verschlucken
– Reizt die Augen und die Haut

Entsorgung

Diacetyl: Methode 14
Organische, halogenfreie Lösemittel:
Sammelgefäß O

Diacetyldioxim: Methode 16
Mäßig reaktive organische Verbindungen:
Sammelgefäß C

Ethanol: Methode 14
Organische, halogenfreie Lösemittel:
Sammelgefäß O

Hydroxylammoniumchlorid: Methode 22
Kanzerogene, sehr giftige, giftige und/oder brennbare Verbindungen:
Sammelgefäß F

Natriumacetat: Methode 16
Mäßig reaktive organische Verbindungen:
Sammelgefäß C

Arbeitsvorschrift

In der Rührapparatur werden 10,8 g (0,125 mol) Diacetyl in 150 mL Ethanol, $w(C_2H_5OH) = 96\ \%$, unter Rühren gelöst. Zu der Lösung werden 103 g Natriumacetat-3-hydrat sowie eine Lösung von 26 g Hydroxylammoniumchlorid in 75 mL Wasser zugegeben.

Die Suspension wird 2 Stunden am Rückfluß gekocht, anschließend auf 20 °C abgekühlt und in 500 mL Wasser eingerührt. Das ausgefallene Diacetyldioxim wird noch etwa 20 Minuten nachgerührt und dann über ein Papierfilter scharf abgesaugt.

Es wird portionsweise mit etwa 50 mL Wasser nachgewaschen und erneut scharf abgepreßt. Zur Reinigung wird das Rohprodukt aus 200 mL Ethanol, w(C_2H_5OH) = 96 %, heiß umgelöst.

Das auskristallisierte reine Diacetyldioxim wird über eine Nutsche scharf abgesaugt und an der Luft zwischen Filterpapier getrocknet.

Ausbeute

Die durchschnittlich erreichten Ausbeuten liegen, bezogen auf Diacetyl, bei ca. 60 % der theoretischen Endausbeute.

Identifizierung und Reinheitskontrolle

a) Aussehen: weiße Kristalle
b) Schmelzpunkt: 240 °C
c) Dünnschichtchromatogramm
   DC-Mikrokarten SIF 5 x 10 (Riedel de Haen)
   Probe: w(Diacetyldioxim) = 1% (in Aceton)
   Fließmittel: Ethanol
d) IR-Spektrum

Anzugeben:

Feuchtausbeute
Trockenausbeute
Theoretische Ausbeute (bezogen auf Diacetyl)

Zeitaufwand:

Die voraussichtliche Dauer zur Durchführung der Aufgabe (ohne Trocknungs-/Kristallisationszeiten) beträgt ca. 5 Stunden.

5.7.2 Darstellung von Indanthrengelb GK®

Theoretische Grundlagen

Indanthrengelb GK zählt zu den Anthrachinonfarbstoffen. Diese Farbstoffe zeichnen sich durch hohe Licht- und Waschechtheit sowie große Leuchtkraft aus. Man unterteilt die Gesamtgruppe in:

Anthrachinonsäurefarbstoffe, die den Anthrachinonkern mit Arylido- und Alkylidogruppen, sowie SO_3H-Gruppen zur Wasserlöslichkeit enthalten.

Anthrachinonküpenfarbstoffe: Zu ihnen gehören Verbindungen, denen das einfache Anthrachinongerüst zugrunde liegt, wie auch mehrere Anthrachinonmoleküle, die durch Verkettung verbunden sind.

Indanthrengelb GK wird durch Kondensation von 1,5-Diaminoanthrachinon mit Benzoylchlorid hergestellt:

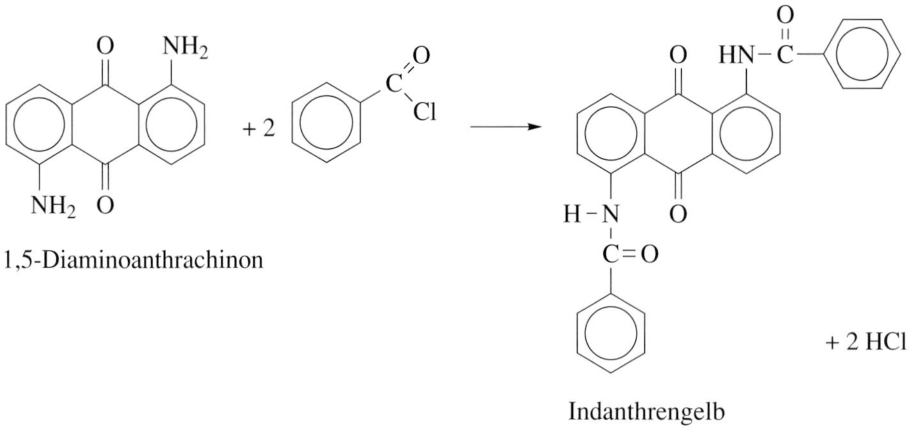

Um Stoffe mit dieser Farbstoffgruppe zu färben, findet eine besondere Methode Anwendung: die Küpenfärbung. Bei dieser Färbung wird der wasserunlösliche Farbstoff durch Reduktion wasserlöslich gemacht und auf die Faser gebracht. Bei der Reoxidation der bei der Verküpung entstandenen Dihydroxyverbindung entsteht der Farbstoff direkt auf der Faser in feinster Verteilung. Dadurch wird eine hohe Wasch- und Lichtechtheit erreicht.

Apparatur

Standardrührapparatur (vgl. Abb. 3-3)

Geräte

250-mL-Vierhals-Rundkolben, Rührer mit Rührführung, Tropftrichter mit Druckausgleich, Thermometer, Intensivkühler, elektrischer Heizkorb mit Spannungsteiler

Benötigte Chemikalien

1,5-Diaminoanthrachinon $C_{14}H_{10}N_2O_2$	m = 2,4 g	w = 92 %
1,2-Dichlorbenzol $C_6H_4Cl_2$	m = 48 g	w = 98 %
Benzoylchlorid C_6H_5COCl	m = 3,5 g	w = 97 %
Ethanol C_2H_5OH		w = 96 %

Sicherheitsdaten

Tab 5-7-2

Substanz	Gefahren-symbol	R-Sätze	S-Sätze	MAK-Wert mg/m^3
Benzoylchlorid	T	23-34	26-36/37/39	–
1,5-Diaminoanthrachinon	X_n	22	24/25	–
1,2-Dichlorbenzol	X_n	20	24/25	300
Ethanol	F	11	7-16	1900
Indanthrengelb GK	–	–	–	–

Hinweise zur Arbeitssicherheit

Dieser Versuch ist im Abzug durchzuführen.

Benzoylchlorid:
- Giftig beim Einatmen
- Verursacht Verätzungen
- Bei Berührung mit den Augen gründlich mit Wasser abspülen und Arzt konsultieren
- Bei der Arbeit geeignete Schutzkleidung, Schutzhandschuhe und Schutzbrille/Gesichtsschutz tragen

1,5-Diaminoanthrachinon:
- Gesundheitsschädlich beim Verschlucken
- Berührung mit den Augen und der Haut vermeiden

1,2-Dichlorbenzol:
- Gesundheitsschädlich beim Einatmen
- Berührung mit den Augen und der Haut vermeiden

Ethanol:
- Leicht entzündlich
- Behälter dicht geschlossen halten
- Von Zündquellen fernhalten – Nicht rauchen

Entsorgung

Benzoylchlorid: Methode 23
Säurehalogenide werden zur Desaktivierung in Methanol eingetropft. Die Reaktion kann ggf. mit einigen Tropfen Salzsäure beschleunigt werden. Anschließend mit Natronlauge neutralisieren. Sammelgefäß H

1,5-Diaminoanthrachinon: Methode 17
Organische Basen und Amine nach Neutralisation mit verdünnter Salz- oder Schwefelsäure in Sammelgefäß O oder H

1,2-Dichlorbenzol: Methode 15
Halogenhaltige, organische Lösemittel:
Sammelgefäß H

Ethanol: Methode 14
Organische, halogenfreie Lösemittel:
Sammelgefäß O

Indanthrengelb GK: Methode 16
Mäßig reaktive organische Verbindungen:
Sammelgefäß C

Arbeitsvorschrift

In der Rührapparatur werden 2,4 g (0,01 mol) 1,5-Diaminoanthrachinon und 48 g 1,2-Dichlorbenzol vorgelegt und langsam auf 140 °C erhitzt. Ist eine klare Lösung entstanden, werden bei dieser Temperatur langsam 3,5 g Benzoylchlorid zugetropft.

Im Anschluß wird eine Stunde bei 140 °C nachgerührt.

Die erkaltete Suspension des Farbstoffs wird über eine Glasfrittennutsche D2 abgesaugt und mit Ethanol bis zum Klarwerden des Filtrats gewaschen.

Nach dem Trockensaugen wird das Endprodukt an der Luft zwischen Filterpapier getrocknet.

Ausbeute

Die durchschnittlich erreichten Ausbeuten, bezogen auf 1,5-Diaminoanthrachinon, liegen bei etwa 80% der theoretischen Endausbeute.

Identifizierung und Reinheitskontrolle

a) Aussehen: gelbbraunes Pulver
d) IR-Spektrum

Anzugeben:

Feuchtausbeute
Trockenausbeute
Theoretische Ausbeute (bezogen auf 1,5-Diaminoanthrachinon)

Zeitaufwand:

Die voraussichtliche Dauer zur Durchführung der Aufgabe (ohne Trocknungs-/Kristallisationszeiten) beträgt ca. 4 Stunden.

5.7.3 Darstellung von 1-Phenyl-3-methylpyrazolon-5

Theoretische Grundlagen

Man gewinnt das 1-Phenyl-3-methylpyrazolon-5 durch Kondensation von Acetessigester mit Phenylhydrazin. Die entstehende Verbindung kann in 3 tautomeren Formen auftreten.

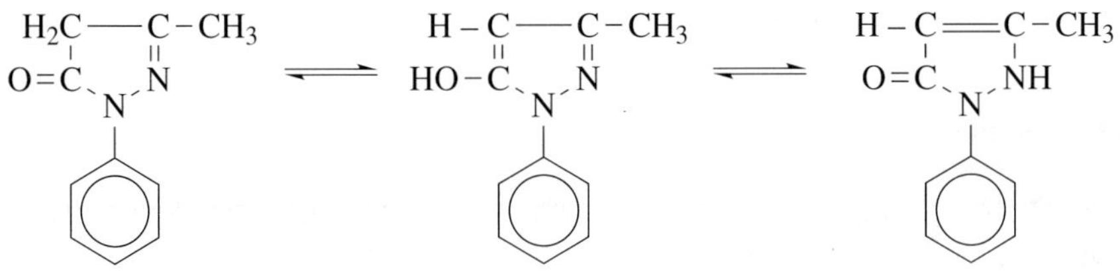

Die Darstellung erfolgt nach folgender Reaktionsgleichung:

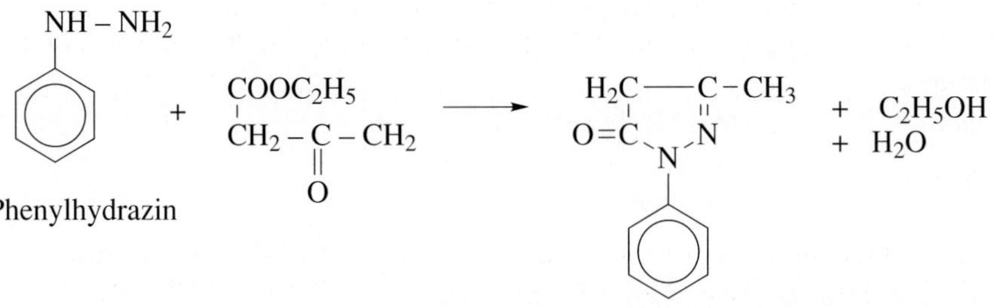

1-Phenyl-3-methylpyrazolon-5

Das 1-Phenyl-3-methylpyrazolon-5 ist ein Ausgangsstoff zur Herstellung von fiebersenkenden Pharmapräparaten sowie technisch wichtiger Pyrazolonfarbstoffe.

Apparatur

1. Standardrührapparatur (vgl. Abb. 3-3)
2. Rückflußapparatur (vgl. Abb. 3-2)

Geräte

1. 500-mL-Vierhals-Rundkolben, Rührer mit Rührführung, Tropftrichter mit Druckausgleich, Thermometer, Intensivkühler, Wasserbad (elektrisch)
2. 500-mL-Zweihals-Rundkolben, Intensivkühler, Wasserbad (elektrisch)

Benötigte Chemikalien

Phenylhydrazin $C_6H_8N_2$	m = 29 g	w = 98 %
Acetessigsäureethylester $C_6H_{10}O_3$	m = 26 g	w = 98 %
Ethanol C_2H_5OH		w = 96 %

Sicherheitsdaten

Tab 5-7-3

Substanz	Gefahren-symbol	R-Sätze	S-Sätze	MAK-Wert mg/m^3
Acetessigsäure-ethylester	X_i	36	26	–
Ethanol	F	11	7-16	1900
Phenylhydrazin	T	23/24/25-36-40	28-44	22
1-Phenyl-3-methyl-pyrazolon-5	–	–	–	–

Hinweise zur Arbeitssicherheit

Acetessigsäureethylester:
- Reizt die Augen
- Bei Berührung mit den Augen gründlich mit Wasser abspülen und Arzt konsultieren

Ethanol:
- Leicht entzündlich
- Behälter dicht geschlossen halten
- Von Zündquellen fernhalten – Nicht rauchen

Phenylhydrazin:
- Giftig beim Einatmen, Verschlucken und Berührung mit der Haut
- Reizt die Augen
- Irreversibler Schaden möglich
- Bei Berührung mit der Haut sofort abwaschen mit viel ... spülen (vom Hersteller anzugeben)
- Bei Unwohlsein ärztlichen Rat einholen (wenn möglich, dieses Etikett vorzeigen)

Entsorgung

Acetessigsäureethylester: Methode 14
Organische, halogenfreie Lösemittel:
Sammelgefäß O

Ethanol: Methode 14
Organische, halogenfreie Lösemittel:
Sammelgefäß O

Phenylhydrazin: Methode 22
Kanzerogene, sehr giftige, giftige und/oder brennbare Verbindungen:
Sammelgefäß F

1-Phenyl-3-methylpyrazolon-5: Methode 16
Mäßig reaktive organische Verbindungen:
Sammelgefäß C

Arbeitsvorschrift

In der Rührapparatur werden 29,0 g Phenylhydrazin vorgelegt. Unter intensivem Rühren wird bei etwa 25 °C ein Gemisch von 26,0 g (0,20 mol) Acetessigsäureethylester und 2,5 mL Ethanol, $w(C_2H_5OH) = 96 - 98$ %, zugetropft.

Nach beendetem Zutropfen wird das Gemisch 30 Minuten bei 30 °C und anschließend 2 – 3 Stunden bei 80 °C im Wasserbad nachgerührt.

Nach 2 Stunden wird überprüft, ob eine kleine Probe des Gemisches im Reagenzglas zur Kristallisation zu bringen ist. Ist dies nicht der Fall, muß weiter erwärmt werden. Verläuft die Probe dagegen positiv, überführt man das Gemisch in ein Becherglas und läßt es auskristallisieren.

Bei Raumtemperatur wird das Rohprodukt scharf abgesaugt. Anschließend verrührt man das Rohprodukt in einer Porzellanschale mit 10 mL Ethanol, $w(C_2H_5OH) = 96$ %, läßt etwa 10 Minuten stehen und saugt danach erneut scharf ab.

Das Produkt wird aus Ethanol, $w(C_2H_5OH) = 96$ %, umkristallisiert oder umgelöst.

Die Trocknung sollte im Vakuumtrockenschrank oder der Trockenpistole bei etwa 80 °C erfolgen.

Ausbeute

Die durchschnittlich erreichten Ausbeuten, bezogen auf Acetessigsäureethylester, liegen bei etwa 60 % der theoretischen Endausbeute.

Identifizierung und Reinheitskontrolle

a) Aussehen: hellbeige Kristalle
b) Schmelzpunkt: 127 °C
c) Dünnschichtchromatogramm

DC-Mikrokarten SIF 5 x 10 (Riedel de Haen)
Probe: w(1-Phenyl-3-methylpyrazolon-5) 1 % in Aceton
Fließmittel: Ethanol, $w(C_2H_5OH) = 96\ \%$, 80 Volumenanteile
Wasser 16 Volumenanteile
Ammoniakwasser, $w(NH_3) = 25\ \%$, 4 Volumenanteile

d) IR-Spektrum

Anzugeben:

Feuchtausbeute
Trockenausbeute
Theoretische Ausbeute (bezogen auf Acetessigsäureethylester)

Zeitaufwand:

Die voraussichtliche Dauer zur Durchführung der Aufgabe (ohne Trocknungs-/Kristallisationszeiten) beträgt ca. 6 Stunden.

5.8 Nitrierung

Das Einführen einer Nitro-Gruppe ($–NO_2$) wird als Nitrierung bezeichnet. Die allgemeine Reaktionsgleichung lautet:

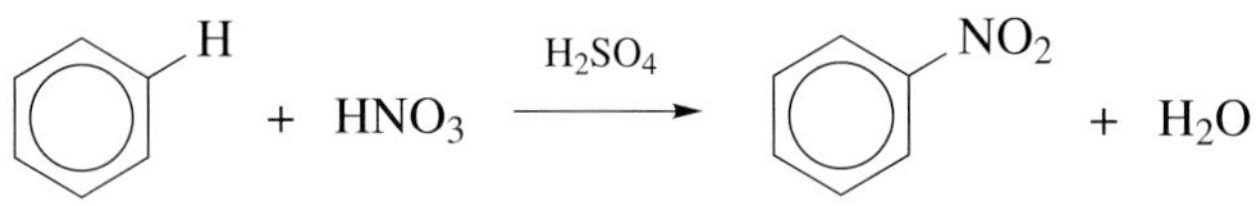

Reaktionspartner sind die aromatischen Verbindungen Ar-H und Salpetersäure HNO_3. Als Produkte entstehen die nitrierte aromatische Verbindung Ar-NO_2 und Wasser.

Reaktionsmechanismus

Als elektrophiler Angreifer fungiert das Nitronium-Ion NO_2^+. Dieses entsteht durch Protonierung der Salpetersäure bei Eliminierung von Wasser.

Bei der Verwendung von Nitriersäure, einem Gemisch aus konzentrierter Salpetersäure und konzentrierter Schwefelsäure, dient die Schwefelsäure (H_2SO_4) als Protonendonator:

$$2\,H_2SO_4 + HNO_3 \longrightarrow 2\,HSO_4^- + H_3O^+ + NO_2^+$$

Nitronium-Ion

Wird mit Salpetersäure nitriert, so tritt Autoprotonierung ein, die nach Abspaltung von Wasser ebenso zum Nitronium-Ion führt:

$$2\,HNO_3 \longrightarrow NO_3^- + H_2O + NO_2^+$$

Nitronium-Ion

Das Nitronium-Ion (NO_2^+) greift als Elektrophil die elektronenreiche, aromatische Verbindung Ar-H an. Über π-Komplex und Phenonium-Ion entsteht schließlich unter Abspaltung eines Protons die nitrierte Verbindung Ar-NO_2.

Reaktionsbedingungen

Bei Nitrierungen reicht die Raumtemperatur in den meisten Fällen aus, um die anfänglich notwendige Aktivierungsenergie zu liefern. Nitrierungen verlaufen meist exotherm. Daher muß während der Reaktion von außen (z.B. mittels Wasserbad) gekühlt werden.

Einfluß der Nitro-Gruppe

Die Nitro-Gruppe am aromatischen System desaktiviert das π-Elektronen-System des Aromaten und erschwert damit eine weitere Reaktion am Aromaten.

Lediglich bei höheren Temperaturen und im Überschuß von Nitriersäure entstehen Dinitroverbindungen. Da eine Nitro-Gruppe, die sich als Erstsubstituent am aromatischen System befindet, die Elektronendichte im Phenonium-Ion in der meta-Stellung verringert, werden Zweitsubstituenten in meta-Stellung dirigiert:

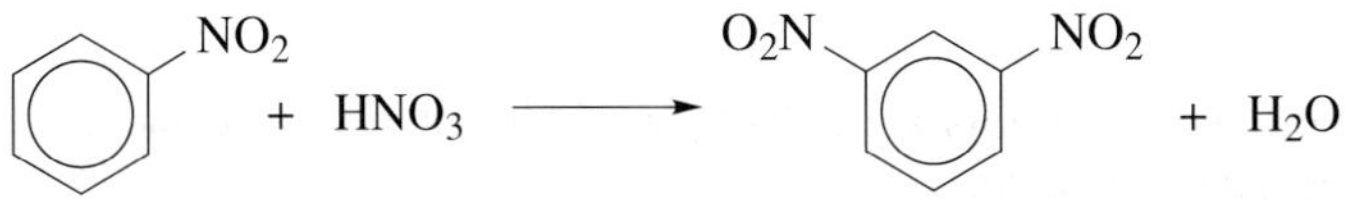

m-Dinitrobenzol

Die Darstellung von Nitrobenzol durch Nitrierung von Benzol ist ein typisches Beispiel für eine Nitrierungsreaktion:

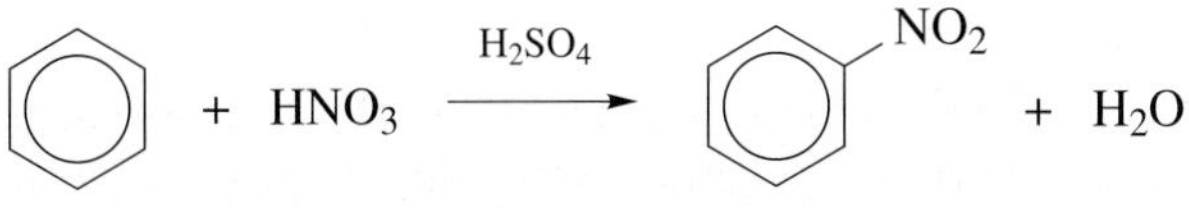

Nitrobenzol

5.8.1 Darstellung von 4-Methyl-2-nitroacetanilid

Theoretische Grundlagen

Bei der Einwirkung von konzentrierter Salpetersäure auf aromatische Amine treten neben der Nitrierung meist auch Oxidationen auf. Durch Einführung von Schutzgruppen kann das verhindert werden.

Die Aminogruppe kann durch Acetylierung in die Acetamidogruppe überführt und so geschützt werden. Nach erfolgter Nitrierung in ortho-Stellung kann durch Verseifung die Schutzgruppe wieder abgespalten werden.

Nitroverbindungen werden als Zwischenprodukte, als Lösemittel, Farb- und Explosivstoffe verwendet.

Reaktionsgleichung

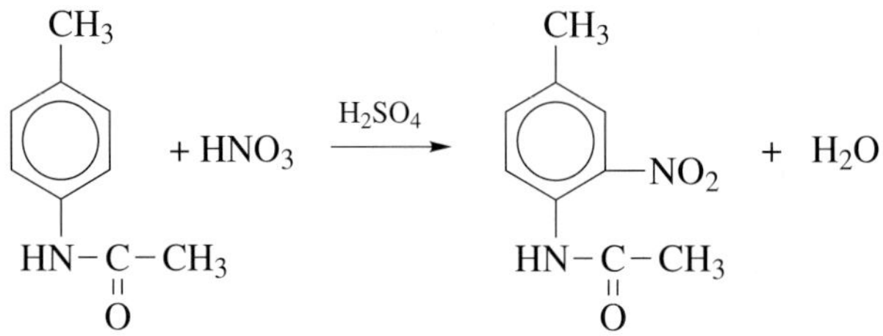

Apparatur

1. Standardrührapparatur (vgl. Abb. 3-3)
2. Rückflußapparatur (vgl. Abb. 3-2)

Geräte

1. 500-mL-Vierhals-Rundkolben, Rührer mit Rührführung, Tropftrichter mit Druckausgleich, Thermometer, Intensivkühler, elektrischer Heizkorb
2. 500-mL-Zweihals-Rundkolben, Intensivkühler, elektrischer Heizkorb

Benötigte Chemikalien

4-Methylacetanilid $C_9H_{11}NO$	m = 24,8 g	w = 97 %
Schwefelsäure H_2SO_4	V = 35 mL	w = 97 %
Salpetersäure HNO_3	V = 84 mL	w = 65 %
Ethanol C_2H_5OH		w = 96 %
Eis		

Sicherheitsdaten

Tab 5-8-1

Substanz	Gefahren-symbol	R-Sätze	S-Sätze	MAK-Wert mg/m^3
Ethanol	F	11	7-16	1900
4-Methylacetanilid	–	22-36/37/38	26-36	–
4-Methyl-2-nitroacetanilid	–	–	–	–
Salpetersäure	C	8-35	23-26-36	5
Schwefelsäure	C	35	2-26-30	1 G

Hinweise zur Arbeitssicherheit

Ethanol:
- Leicht entzündlich
- Behälter dicht geschlossen halten
- Von Zündquellen fernhalten - Nicht rauchen

4-Methylacetanilid:
- Gesundheitsschädlich beim Verschlucken
- Reizt die Augen, Atmungsorgane und die Haut
- Bei Berührung mit den Augen gründlich mit Wasser abspülen und Arzt konsultieren
- Bei der Arbeit geeignete Schutzkleidung tragen

Salpetersäure:
- Verursacht schwere Verätzungen
- Gas/Rauch/Dampf/Aerosol nicht einatmen (geeignete Bezeichnungen vom Hersteller anzugeben)
- Bei Berührung mit den Augen gründlich mit Wasser abspülen und Arzt konsultieren
- Bei der Arbeit geeignete Schutzkleidung tragen

Schwefelsäure:
- Verursacht schwere Verätzungen
- Darf nicht in die Hände von Kindern gelangen
- Bei Berührung mit den Augen gründlich mit Wasser abspülen und Arzt konsultieren
- Niemals Wasser hinzugießen

Entsorgung

Ethanol: Methode 14
Organische, halogenfreie Lösemittel:
Sammelgefäß O

4-Methylacetanilid: Methode 16
Mäßig reaktive organische Verbindungen:
Sammelgefäß C

4-Methyl-2-nitroacetanilid: Methode 16
Mäßig reaktive organische Verbindungen:
Sammelgefäß C

Salpetersäure: Methode 1
Anorganische Säuren werden zunächst vorsichtig durch Einrühren in Wasser verdünnt, anschließend mit Natronlauge neutralisiert, pH 6–8;
Sammelgefäß A

Schwefelsäure: Methode 1
Anorganische Säuren werden zunächst vorsichtig durch Einrühren in Wasser verdünnt, anschließend mit Natronlauge neutralisiert, pH 6–8; Sammelgefäß A

Arbeitsvorschrift

Zur Nitrierung werden in der Rührapparatur 84 mL Salpetersäure, $w(HNO_3)$ = 65 %, vorgelegt. Unter Rühren läßt man 35 mL Schwefelsäure, $w(H_2SO_4)$ = 98 %, zutropfen, wobei die Temperatur 50 °C nicht übersteigen darf.

Nach dem Abkühlen auf etwa 30 °C trägt man 24,8 g (0,15 mol) 4-Methylacetanilid in kleinen Portionen in das Nitriergemisch ein. Die Temperatur muß dabei zwischen 30 und 35 °C gehalten werden. Nach dem Eintragen wird noch 30 Minuten bei 30 °C nachgerührt.

Anschließend kühlt man das Reaktionsgemisch auf etwa 10 °C ab und gießt es in ein Becherglas, in dem ca. 250 g Eis und etwa 300 mL Wasser vorgelegt wurden. Das ausgefallene 4-Methyl-2-nitroacetanilid wird scharf abgesaugt und fünfmal mit je 25 mL kaltem Wasser gewaschen.

Das Rohprodukt wird auf der Nutsche weitgehend trockengesaugt.

Nach einer Löslichkeitsbestimmung in Ethanol kann das Rohprodukt je nach Qualität (Schmelzpunkt, Aussehen) aus der ermittelten Menge Ethanol in einer Rückflußapparatur umkristallisiert werden.

Die Trocknung kann im Vakuumtrockenschrank oder der Trockenpistole bei etwa 70 °C erfolgen.

Ausbeute

Die durchschnittlich erreichten Ausbeuten liegen, bezogen auf 4-Methylacetanilid, bei etwa 70 % der theoretischen Endausbeute.

Identifizierung und Reinheitskontrolle

a) Aussehen: gelbe Nadeln
b) Schmelzpunkt: 91 – 92 °C
c) Dünnschichtchromatogramm
DC-Mikrokarten SIF 5 x 10 (Riedel de Haen)
Probe: w(4-Methyl-2-nitroacetanilid) = 1 % in Aceton
Fließmittel: n-Heptan 2 Volumenanteile
Essigsäureethylester 1 Volumenanteil
d) IR-Spektrum

Anzugeben:

Feuchtausbeute
Trockenausbeute
Theoretische Ausbeute (bezogen auf 4-Methylacetanilid)

Zeitaufwand:

Die voraussichtliche Dauer zur Durchführung der Aufgabe (ohne Trocknungs-/Kristallisationszeiten) beträgt ca. 6 Stunde.

5.8.2 Darstellung von 4-Nitroacetanilid

Theoretische Grundlagen

Die Acetylierung von Anilin bewirkt eine Stabilisierung gegen Oxidation. Die dabei entstehende Acetamidogruppe selbst ist Substituent 2. Ordnung (reaktivitätserniedrigender Substituent). Die Nitrierung verläuft vorzugsweise in p-Stellung, was auf den positiven mesomeren Effekt der Acetamidogruppe zurückzuführen ist. Daher liefert Acetanilid bei der Nitrierung mit Mischsäure fast ausschließlich 4-Nitroacetanilid (Fp 215 °C).

Die Aminogruppe wird durch Acetylierung geschützt, und nach erfolgter Substitution wird das Amid zum gewünschten substituierten Amin hydrolisiert.

Das in geringen Mengen entstehende 2-Nitroacetanilid (Fp 95 °C) kann durch Umkristallisation aus Wasser und Ethanol von dem weniger löslichen und viel höher schmelzenden 4-Isomeren leicht abgetrennt werden.

Reaktionsgleichung

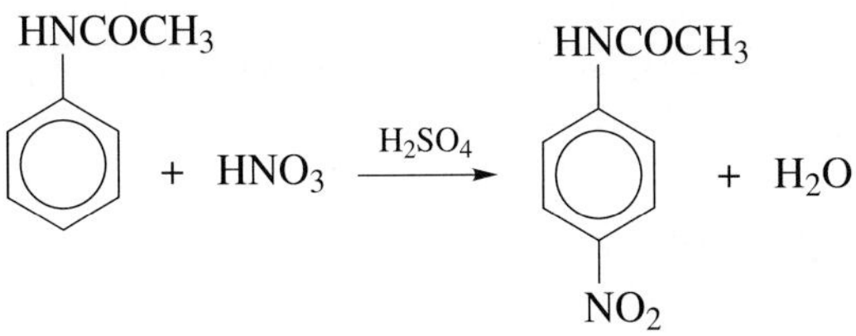

Apparatur

1. Standardrührapparatur mit Kühlbad (vgl. Abb. 3-3)
2. Rückflußapparatur (vgl. Abb. 3-2)

Geräte

1. 500-mL-Vierhals-Rundkolben, Rührer mit Rührführung, Tropftrichter mit Druckausgleich, Thermometer, Intensivkühler, elektrischer Heizkorb
2. 500-mL-Zweihals-Rundkolben, Intensivkühler, elektrischer Heizkorb

Benötigte Chemikalien

Acetanilid C_8H_9NO	m = 13,5 g	w = 98 %
Essigsäure CH_3COOH	V = 45 mL	w = 98 %
Schwefelsäure H_2SO_4	V = 35 mL	w = 98 %
Salpetersäure HNO_3	V = 8 mL	w = 100 %
Ethanol C_2H_5OH		w = 96 %
Eis		

Sicherheitsdaten

Tab 5-8-2

Substanz	Gefahren-symbol	R-Sätze	S-Sätze	MAK-Wert mg/m³
Acetanilid	X_n	20/21/22	25-28-44	–
Essigsäure	C	10-35	23-24-36	25
Ethanol	F	11	7-16	1900
4-Nitroacetanilid	–	–	–	–
Salpetersäure	O, C	8-35	23-26-36	5
Schwefelsäure	C	35	2-26-30	1 G

Hinweise zur Arbeitssicherheit

Dieser Versuch ist im Abzug durchzuführen.

Acetanilid:
- Gesundheitsschädlich beim Einatmen, Verschlucken und Berührung mit der Haut
- Berührung mit den Augen vermeiden
- Bei Berührung mit der Haut sofort abwaschen mit viel ... spülen (vom Hersteller anzugeben)
- Bei Unwohlsein ärztlichen Rat einholen (wenn möglich dieses Etikett vorzeigen)

Essigsäure:
- Entzündlich
- Verursacht schwere Verätzungen
- Gas/Rauch/Dampf/Aerosol nicht einatmen (geeignete Bezeichnungen vom Hersteller anzugeben)
- Bei Berührung mit den Augen gründlich mit Wasser abspülen und Arzt konsultieren
- Bei der Arbeit geeignete Schutzkleidung tragen

Ethanol:
- Leicht entzündlich
- Behälter dicht geschlossen halten
- Von Zündquellen fernhalten – Nicht rauchen

Salpetersäure:
- Feuergefahr bei Berührung mit brennbaren Stoffen
- Verursacht schwere Verätzungen
- Gas/Rauch/Dampf/Aerosol nicht einatmen (geeignete Bezeichnungen vom Hersteller anzugeben)
- Bei Berührung mit den Augen gründlich mit Wasser abspülen und Arzt konsultieren
- Bei der Arbeit geeignete Schutzkleidung tragen

Schwefelsäure:
- Verursacht schwere Verätzungen
- Darf nicht in die Hände von Kindern gelangen
- Bei der Berührung mit den Augen gründlich mit Wasser abspülen und Arzt konsultieren
- Niemals Wasser hinzugießen

Entsorgung

Acetanilid: Methode 16
Mäßig reaktive organische Verbindungen:
Sammelgefäß C

Essigsäure: Methode 18
Organische Säuren werden vorsichtig mit Natriumhydrogencarbonat oder Natriumhydroxid in wäßriger Lösung neutralisiert.
Anschließend: Sammelgefäß A

Ethanol: Methode 14
Organische, halogenfreie Lösemittel:
Sammelgefäß O

4-Nitroacetanilid: Methode 16
Mäßig reaktive organische Verbindungen:
Sammelgefäß C

Salpetersäure: Methode 1
Anorganische Säuren werden zunächst vorsichtig durch Einrühren in Wasser verdünnt, anschließend mit Natronlauge neutralisiert, pH 6–8;
Sammelgefäß A

Schwefelsäure: Methode 1
Anorganische Säuren werden zunächst vorsichtig durch Einrühren in Wasser verdünnt, anschließend mit Natronlauge neutralisiert, pH 6–8;
Sammelgefäß A

Arbeitsvorschrift

In einem 100 mL Erlenmeyerkolben werden 13,5 g (0,1 mol) Acetanilid in 45 mL Essigsäure, $w(CH_3COOH) = 98\ \%$, unter leichtem Erwärmen im Wasserbad gelöst.

In der 500 mL Standardrührapparatur legt man 35 mL Schwefelsäure, $w(H_2SO_4)$ = 98 %, vor und läßt aus dem Tropftrichter die Lösung von Acetanilid in Essigsäure unter Rühren zutropfen. Durch Kühlung mit einem Eisbad hält man die Temperatur im Kolben bei etwa 10 °C.

Nachdem der Tropftrichter gereinigt wurde, werden 8 mL Salpetersäure, $w(HNO_3)$ = 100 %, langsam bei etwa 10 °C zugetropft. Nach beendeter Zugabe wird 30 Minuten bei etwa 10 °C nachgerührt.

Danach wird der Kolbeninhalt in 200 mL Eiswasser eingerührt, wobei das 4-Nitroacetanilid als hellgelbes Rohprodukt ausfällt. Es wird über eine Nutsche abgesaugt und mit kaltem Wasser neutral gewaschen.

Nachdem das Rohprodukt auf der Nutsche weitgehend trockengesaugt wurde, bestimmt man die Rohausbeute. Nach einer Löslichkeitsbestimmung in Ethanol wird das Rohprodukt je nach Qualität (Schmelzpunkt, Aussehen) aus der ermittelten Menge Ethanol in einer Rückflußapparatur umkristallisiert.

Die Trocknung kann im Vakuumtrockenschrank oder der Trockenpistole bei etwa 60 °C erfolgen.

Ausbeute

Die durchschnittlich erreichten Ausbeuten, bezogen auf Acetanilid, liegen bei etwa 70 % der theoretischen Endausbeute.

Identifizierung und Reinheitskontrolle

a) Aussehen: gelbliche Kristalle
b) Schmelzpunkt: 215,9 °C
c) Dünnschichtchromatogramm
   DC-Mikrokarte SIF 5 x 10 (Riedel de Haen)
   Probe: w(4-Nitroacetanilid) = 1 % in Aceton
   Fließmittel: Essigsäureethylester
d) IR-Spektrum

Anzugeben:

Feuchtausbeute
Trockenausbeute
Theoretische Ausbeute (bezogen auf Acetanilid)

Zeitaufwand:

Die voraussichtliche Dauer zur Durchführung der Aufgabe (ohne Trocknungs-/Kristallisationszeiten) beträgt ca. 5 Stunden.

5.9 Oxidation

Der Oxidationsbegriff wurde in seiner historischen Entwicklung und heutiger Bedeutung in Kapitel 2.1.2 ausreichend erläutert. Die dortigen Aussagen, welche auf die anorganische Chemie bezogen waren, lassen sich in vollem Umfang auf organische Reaktionen übertragen:

Die Abgabe von Elektronen wie auch die Aufnahme von Sauerstoff wird als Oxidation bezeichnet.

Ein typisches Beispiel für eine Oxdiation organischer Verbindungen ist die Umsetzung von (primären) Alkoholen mit einem starkem anorganischen Oxdiationsmittel zu Carbonsäuren.

$$R-CH_2-OH \xrightarrow{\text{Oxidation}} R-C\begin{matrix}{/\!\!/}O\\ \diagdown OH\end{matrix}$$

Primäre Alkohole liefern bei der Oxidation andere Produkte als sekundäre Alkohole. Wird beispielsweise Ethanol, also ein primärer Alkohol, oxidiert, so entsteht die entsprechende Carbonsäure: die Essigsäure

$$CH_3-CH_2-OH \longrightarrow CH_3-C\begin{matrix}{/\!\!/}O\\ \diagdown OH\end{matrix}$$

Wird hingegen Propanol-2 oxidiert, also ein sekundärer Alkohol, so entsteht das entsprechend Keton: Aceton (Propanon)

$$\underset{\text{Propanol-2}}{CH_3-\underset{\displaystyle OH}{\underset{|}{CH}}-CH_3} \longrightarrow \underset{\text{Aceton}}{CH_3-\underset{\displaystyle O}{\underset{\|}{C}}-CH_3}$$

Als Oxidationsmittel werden Substanzen bezeichnet, welche die Oxidation von Reaktionspartnern fördern. Häufig verwendete Oxidationsmittel in der organischen Chemie sind Kaliumpermanganat ($KMnO_4$) und Kaliumdichromat ($K_2Cr_2O_7$).

5.9.1 Darstellung von Aceton

Theoretische Grundlagen

Geradkettige Alkane werden nur schwer von Oxidationsmitteln wie z.B. Kaliumpermanganat angegriffen. Erst eine Mischung aus Kaliumdichromat und Schwefelsäure ermöglicht eine gelenkte Oxidation.

Bei der Darstellung von Aceton wird demnach sek. Propanol (Isopropanol) mit Kaliumdichromat in schwefelsaurer Lösung oxidiert.

$$K_2Cr_2O_7 + 4\,H_2SO_4 + 3\,H_3C{-}\underset{\displaystyle OH}{\overset{\displaystyle H}{C}}{-}CH_3 \longrightarrow$$

$$K_2SO_4 + Cr_2(SO_4)_3 + 7\,H_2O + 3\,H_3C{-}\underset{\displaystyle O}{\overset{}{\underset{\|}{C}}}{-}CH_3$$

Aceton ist wegen seiner guten Löseeigenschaften und Wassermischbarkeit ein sehr gutes und wichtiges Lösungsmittel.

Apparatur

1. Standardrührapparatur, später: mit Claisenbrücke (vgl. Abb. 3-3)
2. (Mikro-)Rektifikationsapparatur (vgl. Abb. 3-9)

Geräte

1. 500-mL-Vierhals-Rundkolben, Rührer mit Rührführung, Tropftrichter mit Druckausgleich, Thermometer, Intensivkühler bzw. später: Claisenbrücke, elektrischer Heizkorb
2. 100-mL-Zweihals-Rundkolben, Vigreux-Kolonne, (Mikro-) Claisenbrücke, Vorlage, Thermometer, elektrischer Heizkorb mit Spannungsteiler

Benötigte Chemikalien

Isopropanol C_3H_7OH	m = 18 g	w = 98 %
Kaliumdichromat $K_2Cr_2O_7$	m = 32 g	w = 99 %
Schwefelsäure H_2SO_4	V = 30 mL	w = 98 %
Kaliumcarbonat K_2CO_3		w = 98 %
Calciumchlorid $CaCl_2$		w = 98 %

Sicherheitsdaten

Tab 5-9-1

Substanz	Gefahrensymbol	R-Sätze	S-Sätze	MAK-Wert mg/m^3
Aceton	F	11	9-16-23-33	2400
Calciumchlorid	X_i	36	22-24	–
Isopropanol	F	11	7-16	980
Kaliumcarbonat	X_n	22	22	–
Kaliumdichromat	T	45-36/37/38 43	28-44-53	0,1 G
Schwefelsäure	C	35	2-26-30	1 G

Hinweise zur Arbeitssicherheit

Dieser Versuch ist im Abzug durchzuführen.

Aceton:
- Leicht entzündlich
- Behälter an einem gut belüfteten Ort aufbewahren
- Von Zündquellen fernhalten – Nicht rauchen
- Gas/Dampf/Rauch/Aerosol nicht einatmen (geeignete Bezeichnungen vom Hersteller angeben)
- Maßnahmen gegen elektrostatische Aufladung treffen

Calciumchlorid:
- Reizt die Augen
- Staub nicht einatmen
- Berührung mit der Haut vermeiden

Isopropanol:
- Leicht entzündlich
- Behälter dicht geschlossen halten
- Von Zündquellen fernhalten – Nicht rauchen

Kaliumcarbonat:
- Gesundheitsschädlich beim Verschlucken
- Staub nicht einatmen

Kaliumdichromat:
- Kann Krebs erzeugen
- Sensibilisierung durch Hautkontakt möglich
- Reizt die Augen, Atmungsorgane und die Haut
- Explosion vermeiden – vor Gebrauch besondere Anweisungen einholen
- Bei Berührung mit der Haut sofort abwaschen mit viel ... spülen (vom Hersteller anzugeben)
- Bei Unwohlsein ärztlichen Rat einholen (wenn möglich dieses Etikett vorzeigen)

Schwefelsäure:
- Verursacht schwere Verätzungen
- Darf nicht in die Hände von Kindern gelangen
- Bei Berührung mit den Augen gründlich mit Wasser abspülen und Arzt konsultieren
- Niemals Wasser hinzugießen

Entsorgung

Aceton: Methode 14
Organische, halogenfreie Lösemittel:
Sammelgefäß O

Calciumchlorid: Methode 3
Anorganische Salze: Sammelgefäß S
Lösungen dieser Salze: Sammelgefäß A
Falls Neutralisation notwendig, Behandlung nach Methode 1 oder 2

Isopropanol: Methode 14
Organische, halogenfreie Lösemittel
Sammelgefäß O

Kaliumcarbonat: Methode 3
Anorganische Salze: Sammelgefäß S
Lösungen dieser Salze: Sammelgefäß A
Falls Neutralisation notwendig, Behandlung nach Methode 1 oder 2

Kaliumdichromat: Methode 22
Kanzerogene, sehr giftige, giftige und/oder brennbare Verbindungen: Sammelgefäß F

Schwefelsäure: Methode 1
Anorganische Säuren werden zunächst vorsichtig durch Einrühren in Wasser verdünnt, anschließend mit Natronlauge neutralisiert, pH 6–8; Sammelgefäß A

Arbeitsvorschrift

In der Rührapparatur werden 32,0 g Kaliumdichromat in 250 mL Wasser gelöst und anschließend vorsichtig 30 mL Schwefelsäure, $w(H_2SO_4) = 98\ \%$, zugetropft.

Zu dieser Lösung werden innerhalb von 10 Minuten unter kräftigem Rühren 18,0 g Isopropanol getropft. Nach beendetem Zutropfen wird erwärmt und das Rohaceton bis zu einer Kopftemperatur von 75 °C überdestilliert.

Hierbei geht relativ viel Wasser mit über. Dieses Wasser wird von Aceton durch Zugabe von 100 mL gesättigter Kaliumcarbonatlösung im Scheidetrichter getrennt.

Das abgetrennte Rohaceton wird in einem geschlossenen Gefäß mit wasserfreiem Calciumchlorid getrocknet, möglichst schnell in den Destillationskolben filtriert und die Rohausbeute bestimmt.

In der Mikrorektifikationsapparatur wird das Aceton reindestilliert. Abnahmetemperatur 55 – 57 °C.

Ausbeute

Die durchschnittlich erreichten Ausbeuten, bezogen auf Isopropanol, liegen bei etwa 85 % der theoretischen Endausbeute.

Identifizierung und Reinheitskontrolle

a) Aussehen: farblose Flüssigkeit
b) Siedepunkt: 56,2°C
c) Brechungsindex: $n_D^{15} = 1{,}36157$
d) IR-Spektrum

Anzugeben:

Ausbeute
Theoretische Ausbeute (bezogen auf Isopropanol)

Zeitaufwand:

Die voraussichtliche Dauer zur Durchführung der Aufgabe (ohne Trocknungs-/Kristallisationszeiten) beträgt ca. 6 Stunden.

5.9.2 Darstellung von Benzoesäure

Theoretische Grundlagen

Benzoesäure ist die einfachste aromatische Carbonsäure. Eine Möglichkeit zur Darstellung der Benzoesäure ist die Oxidation von Benzylalkohol mit Kaliumpermanganat.

Als Zwischenstufe entsteht Benzaldehyd:

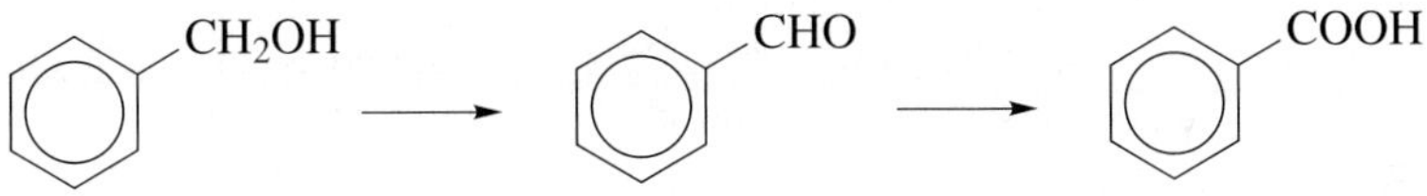

Die Benzoesäure kristallisiert in farblosen, glänzenden Nadeln oder Blättchen aus. Sie wirkt dampfförmig oder als Staub stark hustenreizend.

Zur Konservierung von Lebensmitteln und zum Frischhalten von Seifen und Tabak, aber auch zur Herstellung von wichtigen Farbstoffen findet sie Verwendung. In der Maßanalyse benutzt man sie als Urtitersubstanz.

Apparatur

1. Standardrührapparatur (vgl. Abb. 3-3)
2. Offene Rührapparatur (vgl. Abb. 3-5)

Geräte

1. 500-mL-Vierhals-Rundkolben, Rührer mit Rührführung, Tropftrichter mit Druckausgleich, Thermometer, Intensivkühler, elektrischer Heizkorb mit Spannungsteiler
2. 1.000-mL-Becherglas, Rührer mit Rührführung, Thermometer, Tropftrichter, Vierfuß, Ceranplatte, Brenner

Benötigte Chemikalien

Benzylalkohol $C_6H_5CH_2OH$	m = 10,8 g	w = 98 %
Kaliumpermanganat $KMnO_4$	m = 23,5 g	w = 99 %
Eisen(II)-sulfat-7-hydrat $FeSO_4 \cdot 7H_2O$		w = 97 %
Salzsäure HCl		w = 10 %

Sicherheitsdaten

Tab 5-9-2

Substanz	Gefahren-symbol	R-Sätze	S-Sätze	MAK-Wert mg/m³
Benzoesäure	–	–	–	–
Benzylalkohol	X_n	20-22	26	–
Eisen(II)-sulfat -7-hydrat	X_n	22-41	26	–
Kaliumpermanganat	O, X_n	8-22	2	–
Mangandioxid	X_n	20/22	25	–
Salzsäure	C	34-37	2-26	7

Hinweise zur Arbeitssicherheit

Benzylalkohol:
- Gesundheitsschädlich beim Einatmen und Verschlucken
- Bei Berührung mit den Augen gründlich mit Wasser spülen und Arzt konsultieren

Eisen(II)-sulfat-7-hydrat:
- Gesundheitsschädlich beim Verschlucken
- Gefahr ernster Augenschäden
- Bei Berührung mit den Augen gründlich mit Wasser spülen und Arzt konsultieren

Kaliumpermanganat:
- Feuergefahr bei Berührung mit brennbaren Stoffen
- Gesundheitsschädlich beim Verschlucken
- Darf nicht in die Hände von Kindern gelangen

Mangandioxid:
- Gesundheitsschädlich beim Einatmen und Verschlucken
- Berührung mit den Augen vermeiden

Salzsäure:
- Verursacht Verätzungen
- Reizt die Atmungsorgane
- Darf nicht in die Hände von Kindern gelangen
- Bei Berührung mit den Augen gründlich mit Wasser spülen und Arzt konsultieren

Entsorgung

Benzoesäure: Methode 16
Mäßig reaktive organische Verbindungen:
Sammelgefäß C

Benzylalkohol: Methode 14
Organische, halogenfreie Lösemittel:
Sammelgefäß O

Eisen(II)-sulfat-7-hydrat: Methode 3
Anorganische Salze: Sammelgefäß S
Lösungen dieser Salze: Sammelgefäß A
Falls Neutralisation notwendig, Behandlung nach Methode 1 oder 2

Kaliumpermanganat: Methode 3
Anorganische Salze: Sammelgefäß S
Lösungen dieser Salze: Sammelgefäß A
Falls Neutralisation notwendig, Behandlung nach Methode 1 oder 2

Mangandioxid: Methode 3
Anorganische Salze: Sammelgefäß S
Lösungen dieser Salze: Sammelgefäß A
Falls Neutralisation notwendig, Behandlung nach Methode 1 oder 2

Salzsäure: Methode 1
Anorganische Säuren werden zunächst vorsichtig durch Einrühren in Wasser verdünnt, anschließend mit Natronlauge neutralisiert, pH 6–8; Sammelgefäß A

Arbeitsvorschrift

In der Rührapparatur werden 23,5 g Kaliumpermanganat in 200 mL Wasser gelöst. Die Lösung wird unter Rühren auf 80 °C erwärmt und bei dieser Temperatur werden innerhalb von 30 Minuten 10,8 g (0,1 mol) Benzylalkohol zugetropft, wobei sich das Gemisch aufgrund exothermer Reaktion weiter erwärmt.

Nach beendetem Zutropfen wird das Gemisch 60 Minuten am Rückfluß gekocht.

Das entstandene Mangandioxid wird bei etwa 80 °C scharf abgesaugt und anschließend verworfen. Sollte das Filtrat violett von überschüssigem Kaliumpermanganat sein, wird dieses mit wenigen Tropfen gesättigter Eisen-II-sulfatlösung zerstört und erneut filtriert.

Die klare, farblose Lösung wird in der Becherglasrührapparatur bei etwa 20 °C solange mit Salzsäue, w(HCl) = 10 %, versetzt, bis ein pH-Wert von 2 erreicht ist.

Es wird 30 Minuten nachgerührt und über eine Nutsche abgesaugt. Mit kaltem Wasser wird solange gewaschen, bis das ablaufende Filtrat einen pH-Wert von etwa 3,5 aufweist.

Das gut abgepreßte Produkt kann nach Feststellung der Rohausbeute je nach Qualität (Aussehen, Schmelzpunkt) aus Wasser umgefällt werden.

Das Endprodukt wird bei 80 °C im Trockenschrank getrocknet.

Ausbeute

Die durchschnittlich erreichten Ausbeuten, bezogen auf Benzylalkohol, liegen bei etwa 85 % der theoretischen Endausbeute.

Identifizierung und Reinheitskontrolle

a) Aussehen: weiße Kristalle
b) Schmelzpunkt: 122°C
c) Dünnschichtchromatogramm
   DC-Mikrokarten SIF 5 x 10 (Riedel de Haen)
   Probe: w(Benzoesäure) = 1 % in Aceton
   Fließmittel: Ethanol, $w(C_2H_5OH) = 96\,\%$, 80 Volumenteile
   Wasser 16 Volumenteile
   Ammoniakwasser, $w(NH_3) = 25\,\%$, 4 Volumenteile
d) IR-Spektrum

Anzugeben:

Feuchtausbeute
Trockenausbeute
Theoretische Ausbeute (bezogen auf Benzylalkohol)

Zeitaufwand:

Die voraussichtliche Dauer zur Durchführung der Aufgabe (ohne Trocknungs-/Kristallisationszeiten) beträgt ca. 6 Stunden.

5.10 Polymerisation

Unter Polymerisation versteht man einen Reaktionstyp, bei dem sich zahlreiche kleine Moleküle einer niedermolekularen Verbindung („Monomeres“) zu großen, meist langkettigen Makromolekülen („Polymeres“) zusammensetzen. Reaktionsprodukte sind künstlich hergestellte Stoffe: Kunststoffe

Als typisches Beispiel für eine Polymerisation sei die Herstellung von Polyethylen aufgeführt:

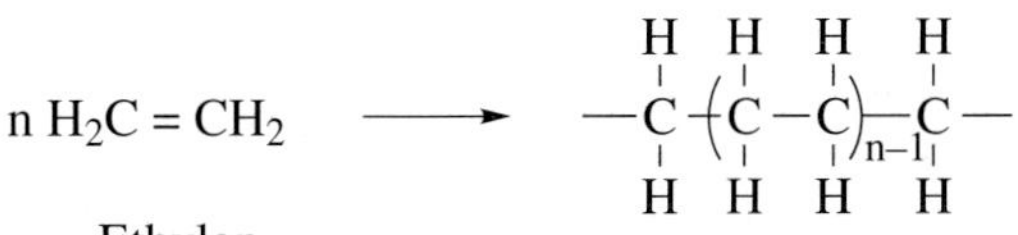

Ethylen

Polyethylen

Zahlreiche Polymerisationen laufen nach einem radikalischen **Reaktions-Mechanismus** ab, der jeweils Start-, Ketten- und Abbruchreaktion aufweist.

Startreaktion:

Mittels der Startreaktion werden Radikale erzeugt, um die gesamte Reaktion überhaupt erst in Gang zu setzen. Radikalbildner sind beispielsweise Peroxide oder Halogene, welche unter Energiezufuhr (Einwirkung von UV-Licht oder Hitze) zerfallen.

$$R - O - O - R \xrightarrow{UV} R - O\bullet + \bullet O - R$$

Kettenreaktion:

Das in der Startreaktion gebildete Radikal kommt mit dem Monomeren, also dem Alken, zur Reaktion:

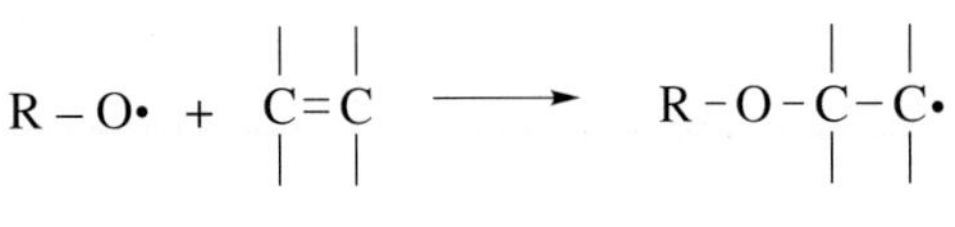

Das neu gebildete Radikal kann mit einem weiteren Molekül des Alkens reagieren. Im Sinne einer Wachstumsreaktion kommt es so zu langen Molekül-Ketten, den sogenannten Makromolekülen:

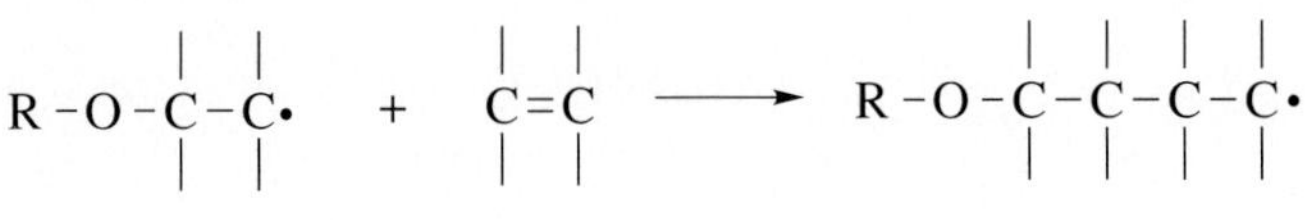

Die Aneinanderreihung von Monomeren führt zu langen, kettenförmigen Molekülen. Es können dabei mehrere hundert monomere „Glieder“ in das Makromolekül eingebaut werden.

Abbruchreaktion:

Zu einem Abbruch der Kettenreaktion kommt es beispielsweise durch die Kombination zweier Radikale, auch Dimerisation genannt:

$$R{-}O\bullet + \bullet O{-}R \longrightarrow R{-}O{-}O{-}R$$

oder

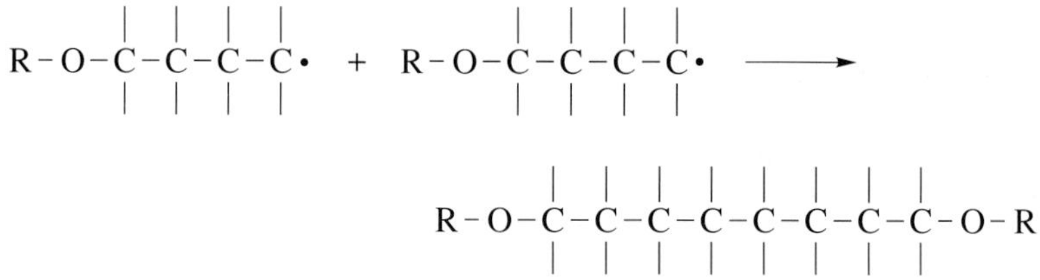

Technisch bedeutsame Kunststoffe sind Polyvinylchlorid (PVC), Polyethylen, Polypropylen, Polyvinylacetat, Polystyrol. Die besonderen Eigenschaften dieser Polymere wie z.B. geringes Gewicht, Chemikalienbeständigkeit, einfache Bearbeitungsmöglichkeiten etc. machen diese Werkstoffe zu wertvollen Materialien in fast allen Wirtschafts- und Industriebereichen.

5.10.1 Darstellung von Polymethacrylsäuremethylester

Theoretische Grundlagen

Die Darstellung des Polymerisates erfolgt hauptsächlich im Block. Als Katalysator verwendet man Peroxide wie z.B. Wasserstoffperoxid, Benzoylperoxid oder wie bei dieser Polymerisation Dilauroylperoxid.

Das Polymerisat ist fest, hart und durchsichtig; es wird deshalb auch als organisches Glas bezeichnet.

Reaktionsgleichung

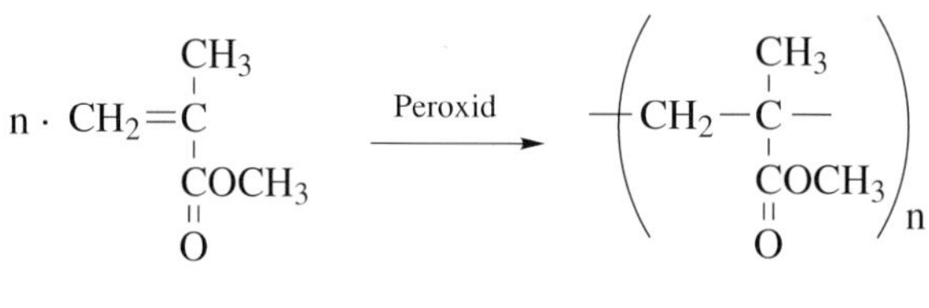

Die Polymerisate werden vielseitig in der Technik verwendet: im Flugzeugbau, als Sicherheitsgläser für Fahrzeuge, als Ausgangsstoff zur Herstellung von Haushaltsgeräten u.ä.

Apparatur

Eprivette

Geräte

Eprivette, Wasserbad (elektrisch), Dewar-Gefäß, Holzunterlage, Gummihammer, Lappen (Wolle) als Splitterschutz

Benötigte Chemikalien

Methacrylsäuremethylester $C_5H_8O_2$	V = 10 g	w = 99 %
Dilauroylperoxid $C_{24}H_{46}O_4$	m = 10 mg	w = 98 %
Trockeneis		
Ethanol		

Sicherheitsdaten

Tab 5-10-1

Substanz	Gefahren-symbol	R-Sätze	S-Sätze	MAK-Wert mg/m^3
Dilauroylperoxid	O, X_i	11-36/37/38	3-7/9-14-37/39	–
Ethanol	F	11	7-16	1900
Methacrylsäuremethylester	F, X_i	11-36/37/38 43	9-16-29-33	210
Polymethacrylsäuremethylester	–	–	–	–

Hinweise zur Arbeitssicherheit

Dilauroylperoxid:
- Leicht entzündlich
- Reizt die Augen, Atmungsorgane und die Haut
- Kühl aufbewahren
- Behälter dicht verschlossen an einem gut belüfteten Ort aufbewahren
- Von leichtentzündlichen Stoffen fernhalten
- Bei der Arbeit geeignete Schutzhandschuhe und Schutzbrille/Gesichtsschutz tragen

Ethanol:
- Leichtentzündlich
- Kann Brand verursachen
- Explosionsgefährlich in Mischung mit brandfördernden Stoffen

Methylacrylsäuremethylester:
- Leicht entzündlich
- Reizt die Augen, Atmungsorgane und die Haut
- Sensibilisierung durch Hautkontakt möglich
- Behälter an einem gut belüfteten Ort aufbewahren
- Von Zündquellen fernhalten – Nicht rauchen
- Gas/Dampf/Rauch/Aerosol nicht einatmen (geeignete Bezeichnungen vom Hersteller anzugeben)
- Maßnahme gegen elektrostatische Aufladung treffen

Entsorgung

Dilauroylperoxid: Methode 19
Organische Peroxide, oxidierende oder brandfördernd wirkende Stoffe werden in Natriumsulfit-Lösung reduziert. Sammelgefäß O/H

Ethanol: Methode 14
Organische, halogenfreie Lösemittel:
Sammelgefäß O

Methacrylsäuremethylester: Methode 14
Organische, halogenfreie Lösemittel:
Sammelgefäß O

Polymethacrylsäuremethylester: Methode 16
Mäßig reaktive organische Verbindungen:
Sammelgefäß C

Arbeitsvorschrift

In einem großen Reagenzglas (Eprivette) werden 10,0 g (0,1 mol) Methacrylsäuremethylester vorgelegt. Nach Zugabe von 10 mg Dilauroylperoxid wird das Reagenzglas mit Glaswatte locker verschlossen und im etwa 80 °C heißen Wasserbad erwärmt. Nach einiger Zeit erstarrt die Flüssigkeit zu einem durchsichtigen glasartigen, festen Block.

Man erwärmt noch einige Zeit bei Siedetemperatur des Wasserbades und läßt anschließend das Blockpolymerisat auf Raumtemperatur abkühlen.

Um den Kunststoffblock aus dem Reagenzglas zu entfernen, muß das Glas nach Kühlung in Trockeneis/Ethanol vorsichtig unter einem Wollappen mit einem Hammer zertrümmert werden.

Ausbeute

Die durchschnittlich erreichten Ausbeuten an polymerisiertem Produkt liegen bei etwa 98 %.

Identifizierung und Reinheitskontrolle

a) Aussehen: durchsichtige, glasartige Masse
b) IR-Spektrum

Anzugeben:

Trockenausbeute
Theoretische Ausbeute (bezogen auf Methacrylsäuremethylester)

Zeitaufwand:

Die voraussichtliche Dauer zur Durchführung der Aufgabe beträgt ca. 1 Stunde.

5.10.2 Darstellung von Polyvinylacetat

Theoretische Grundlagen

Bei der Dispersionspolymerisation von Polyvinylacetat wird Polyvinylalkohol als Suspensionsstabilisator eingesetzt. Als Katalysator für diese Suspensionspolymerisation dienen Wasserstoffperoxid oder organische Peroxide.

Die für die Verarbeitung des Polymerisates notwendigen Weichmacher werden bei der Suspensions- und Lösungsmittelpolymerisation schon während des Polymerisationsvorgangs zugesetzt. Bei Blockpolymerisationen wird der Weichmacher später eingeschmolzen.

Reaktionsgleichung

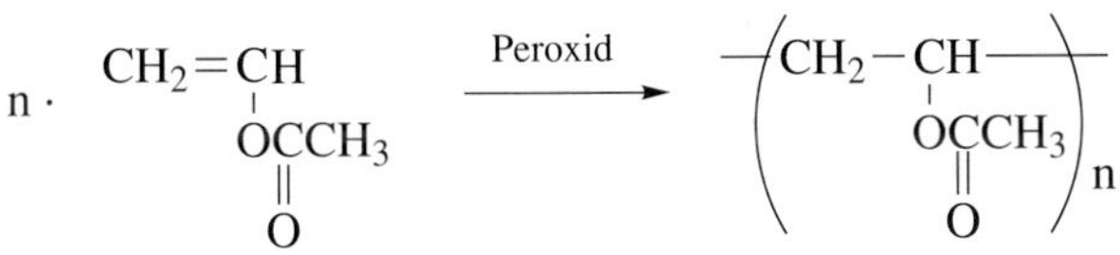

Polyvinylacetat wird in der Anstrichtechnik als Lackrohstoff für Spritz- und Tauchlacke verwendet. In der Klebetechnik findet es Anwendung als Schmelzkleber und als Holzleim.

Apparatur

1. Destillationsapparatur (mit Claisenbrücke) mit elektrischem Wasserbad (vgl. Abb. 3-7) zur Destillation von Vinylacetat
2. Standardrührapparatur, beheizt mit elektrischem Wasserbad (vgl. Abb. 3-3)

Geräte

1. 250-mL-Zweihals-Rundkolben, Claisenbrücke, Thermometer, Wasserbad (elektrisch), Vorlage: 250-mL-Einhals-Rundkolben
2. 500-mL-Vierhals-Rundkolben, Rührer mit Rührführung, Thermometer, Tropftrichter mit Druckausgleich, Intensivkühler, Wasserbad (elektrisch)

Benötigte Chemikalien

Vinylacetat $C_4H_6O_2$	m = 129 g	w = 98 %
Polyvinylalkohol-Lösung $(-CH_2CH(OH)-)_n$	m = 125 g	w = 5 %
Ameisensäure H-COOH	V = 0,125 mL	w = 98 %
Essigsäure CH_3COOH		w = 10 %
Natriumcarbonat-Lösung Na_2CO_3		w = 10 %
Wasserstoffperoxid H_2O_2	V = 0,25 mL	w = 35 %

Sicherheitsdaten

Tab 5-10-2

Substanz	Gefahren-symbol	R-Sätze	S-Sätze	MAK-Wert mg/m³
Ameisensäure	C	35	2-23-26	9
Essigsäure	C	10-35	23-26-36	25
Natriumcarbonat	X_i	36	22-26	
Polyvinylacetat	–	–	–	–
Polyvinylalkohol	–	–	–	–
Vinylacetat*	F	11	16-23-29-33	35
Wasserstoffperoxid	C	34	28-39	1,4

Hinweise zur Arbeitssicherheit

Dieser Versuch ist im Abzug durchzuführen.

Ameisensäure:
- Verursacht schwere Verätzungen
- Darf nicht in die Hände von Kindern gelangen
- Gas/Rauch/Dampf/Aerosol nicht einatmen (geeignete Bezeichnungen vom Hersteller anzugeben)
- Bei Berührung mit den Augen gründlich mit Wasser spülen und Arzt konsultieren

Essigsäure:
- Entzündlich
- Verursacht schwere Verätzungen
- Gas/Rauch/Dampf/Aerosol nicht einatmen (geeignete Bezeichnungen vom Hersteller anzugeben)
- Bei Berührung mit den Augen gründlich mit Wasser spülen und Arzt konsultieren
- Bei der Arbeit geeignete Schutzkleidung tragen

Natriumcarbonat:
- Reizt die Augen
- Staub nicht einatmen
- Bei Berührung mit den Augen gründlich mit Wasser spülen und Arzt konsultieren.

Vinylacetat:
- Leicht entzündlich
- Von Zündquellen fernhalten – Nicht rauchen
- Gas/Rauch/Dampf/Aerosol nicht einatmen (geeignete Bezeichnungen vom Hersteller anzugeben)
- Nicht in die Kanalisation gelangen lassen
- Maßnahmen gegen elektrostatische Aufladung treffen

Wasserstoffperoxid:
- Verursacht Verätzungen
- Bei Berührung mit der Haut sofort abwaschen mit viel ... spülen (vom Hersteller anzugeben)
- Schutzbrille/Gesichtsschutz tragen

Entsorgung

Ameisensäure: Methode 18
Organische Säuren werden vorsichtig mit Natriumhydrogencarbonat oder Natriumhydroxid in wäßriger Lösung neutralisiert.
Anschließend: Sammelgefäß A

Essigsäure: Methode 18
Organische Säuren werden vorsichtig mit Natriumhydrogencarbonat oder Natriumhydroxid in wäßriger Lösung neutralisiert.
Anschließend: Sammelgefäß A

Natriumcarbonat: Methode 3
Anorganische Salze: Sammelgefäß S
Lösungen dieser Salze: Sammelgefäß A
Falls Neutralisation notwendig, Behandlung nach Methode 1 oder 2

Polyvinylacetat: Methode 16
Mäßig reaktive organische Verbindungen:
Sammelgefäß C

Polyvinylalkohol: Methode 16
Mäßig reaktive organische Verbindungen:
– halogenfreie, flüssige: Sammelgefäß O
– feste: Sammelgefäß C

Vinylacetat: Methode 14
Organische, halogenfreie Lösemittel:
Sammelgefäß O

Wasserstoffperoxid: Methode 8
Anorganische Peroxide und Oxidationsmittel werden mit Natriumthiosulfat-Lösung zu gefahrlosen Folgeprodukten reduziert. Reaktionslösung: Sammelgefäß A

Arbeitsvorschrift

In der Rührapparatur werden 125 g wäßrige Polyvinylalkohollösung, w(Subst.) = 5 %, vorgelegt. Nach Zugabe von 0,125 mL Ameisensäure, w(Säure) = 98 %, sollte der pH-Wert zwischen 3,4 und 3,5 liegen. Sollte dies nicht der Fall sein, kann mit wenigen Tropfen Essigsäure- bzw. Natriumcarbonatlösung, (w Na_2CO_3) = 10 %, der pH-Wert nachgestellt werden.

Unter Rühren wird im Wasserbad auf 70 °C Innentemperatur erwärmt und bei dieser Temperatur 0,25 mL Wasserstoffperoxid, w(H_2O_2) = 35 % zugegeben.

Im Tropftrichter werden 129 g frisch destilliertes Vinylacetat vorgelegt und davon 10 mL schnell zulaufen gelassen. Nach kurzer Zeit verändert sich die anfangs klare, farblose Lösung bei langsamen Rühren nach bläulich, milchig-trüb.

Innerhalb etwa einer Stunde wird unter Rühren das restliche Vinylacetat zugetropft. Es ist dabei besonders darauf zu achten, daß keine Entmischung auftritt. Eventuell muß etwas schneller gerührt bzw. etwas langsamer zugetropft werden. Stärkere Schaumbildung ist zu vermeiden!

Die Reaktion ist beendet, wenn kein bzw. nur noch geringer Rückfluß zu erkennen ist. Bei sehr gut verlaufener Reaktion steigt zum Schluß die Innentemperatur über die Badtemperatur.

Nach beendeter Reaktion rührt man 30 Minuten bei einer Badtemperatur von 80 °C nach und läßt anschließend unter Rühren abkühlen. Der Kolbeninhalt wird in ein Becherglas gegossen.

Ausbeute

Die durchschnittlich erreichten Ausbeuten an polymerisiertem Produkt liegen zwischen 90 und 100 %.

Identifizierung und Reinheitskontrolle

a) Aussehen: weiß, breiig
b) IR-Spektrum

Anzugeben

Ausbeute
Theoretische Ausbeute (bezogen auf Vinylacetat)

Zeitaufwand

Die voraussichtliche Dauer zur Durchführung der Aufgabe beträgt ca. 6 Stunden.

5.11 Reduktion

Der Reduktionsbegriff wurde schon in Kapitel 2.1.2 erläutert. Die dortigen Aussagen, welche auf die anorganische Chemie bezogen waren, lassen sich in vollem Umfang auf organische Reaktionen übertragen: Die Aufnahme von Elektronen wird als Reduktion bezeichnet.

Verwendet man die älteren Definitionen, kann gesagt werden: Die Abgabe von Sauerstoff wird als Reduktion bezeichnet. Umgekehrt wird die Aufnahme von Wasserstoff als Reduktion angesehen.

Verbindungen, welche sehr reich an Sauerstoff-Atomen in der funktionellen Gruppe des Moleküls sind (wie z.B. Carbonsäuren R-COOH), können demnach durch Oxidation hergestellt werden.

Verbindungen mit zahlreichen Wasserstoff-Atomen in der funktionellen Gruppe (wie z.B. Amine Ar-NH_2) werden durch Reduktion dargestellt.

Die Reduktion der Nitro-Gruppe zur Amino-Gruppe ist ein typisches Beispiel für organische Redoxreaktionen. Diese Umsetzung ist besonders bedeutsam, weil sich die Aminogruppe ($-NH_2$) nicht direkt in ein Molekül einführen läßt.

$$Ar - NO_2 \xrightarrow{\text{Reduktion}} Ar - NH_2$$

Ein typisches Beispiel für eine solche Reduktion ist die Reduktion von Nitrobenzol zu Anilin mittels Eisen in salzsaurer Lösung:

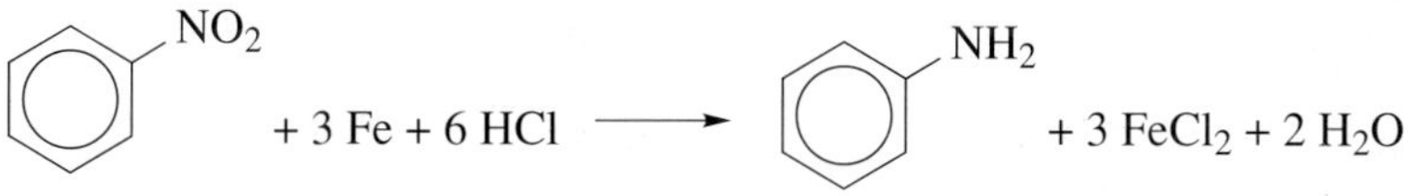

Als Reduktionsmittel werden bei organischen Synthesen meist unedle Metalle in mineralsaurer Lösung (Eisen in Essigsäure oder Zink in Salzsäure), elementarer Wasserstoff oder Hydrazin verwendet. Das ausgewählte Reduktionsmittel bestimmt größtenteils die Reaktionsbedingungen. Deren Angaben oder die Erstellung einer allgemeinen Reaktionsgleichung ist daher an dieser Stelle nicht sinnvoll.

5.11.1 Darstellung von 4-Aminoacetanilid

Theoretische Grundlagen

Die Darstellung von 4-Aminoacetanilid erfolgt durch Reduktion von 4-Nitroacetanilid in essigsaurem Medium. Fe^{++}-Ionen wirken hierbei katalytisch.

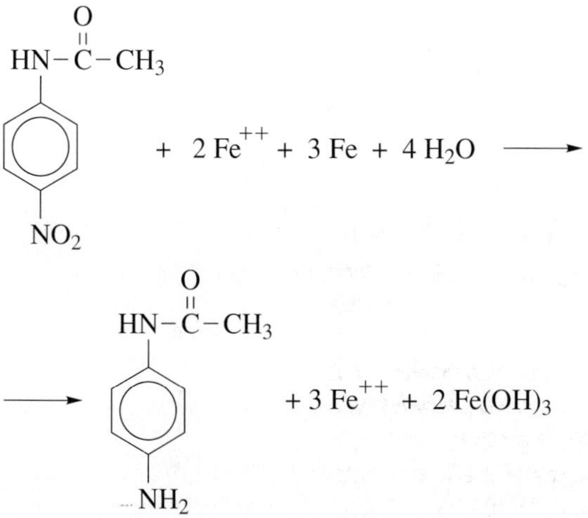

Die primären aromatischen Amine lassen sich leicht in die Diazoniumsalze umsetzen und werden deshalb zur Darstellung der Azofarbstoffe oder zur Halogenierung nach Sandmeyer verwendet.

Apparatur

Standardrührapparatur (vgl. Abb. 3-3)

Geräte

500-mL-Vierhals-Rundkolben, Rührer mit Rührführung, Tropftrichter mit Druckausgleich, Thermometer, Intensivkühler, elektrischer Heizkorb

Benötigte Chemikalien

4-Nitroacetanilid $C_8H_8N_2O_3$	m = 18 g	w = 98 %
Eisen (Späne) Fe	m = 26 g	w = 95 %
Essigsäure CH_3COOH	V = 4 mL	w = 40 %
Natriumcarbonat Na_2CO_3		w = 95 %

Sicherheitsdaten

Tab 5-11-1

Substanz	Gefahren-symbol	R-Sätze	S-Sätze	MAK-Wert mg/m³
4-Aminoacetanilid	–	–	–	–
Eisenspäne	–	–	–	–
Essigsäure	C	10-35	23-26-36	25
Natriumcarbonat	X_i	36	22-26	–
4-Nitroacetanilid	–	–	–	–

Hinweise zur Arbeitssicherheit

Essigsäure:
- Entzündlich
- Verursacht schwere Verätzungen
- Gas/Rauch/Dampf/Aerosol nicht einatmen (geeignete Bezeichnungen vom Hersteller anzugeben)
- Bei Berührung mit den Augen gründlich mit Wasser abspülen und Arzt konsultieren
- Bei der Arbeit geeignete Schutzkleidung tragen

Natriumcarbonat:
- Reizt die Augen
- Staub nicht einatmen
- Bei Berührung mit den Augen gründlich mit Wasser abspülen und Arzt konsultieren

Entsorgung

4-Aminoacetanilid: Methode 16
Mäßig reaktive organische Verbindungen:
Sammelgefäß C

Eisenspäne: Methode 3
Anorganische Salze: Sammelgefäß S
Lösungen dieser Salze: Sammelgefäß A
Falls Neutralisation notwendig, Behandlung nach Methode 1 oder 2

Essigsäure: Methode 18
Organische Säuren werden vorsichtig mit Natriumhydrogencarbonat oder Natriumhydroxid in wäßriger Lösung neutralisiert.
Anschließend: Sammelgefäß A

Natriumcarbonat: Methode 3
Anorganische Salze: Sammelgefäß S
Lösungen dieser Salze: Sammelgefäß A
Falls Neutralisation notwendig, Behandlung nach Methode 1 oder 2

4-Nitroacetanilid: Methode 16
Mäßig reaktive organische Verbindungen:
Sammelgefäß C

Arbeitsvorschrift

In der Rührapparatur werden 26 g grobe Eisenspäne, 4 mL Essigsäure, w(CH_3COOH) = 40 %, und 170 mL Wasser vorgelegt. Unter Rühren wird zum Sieden erhitzt und bei dieser Temperatur innerhalb einer Stunde 18,0 g (0,1 mol) feinpulverisiertes 4-Nitroacetanilid portionsweise zugegeben. Danach wird eine weitere Stunde bei Siedehitze nachgerührt.

Anschließend läßt man auf etwa 60 °C abkühlen und gibt vorsichtig unter Rühren solange Natriumcarbonat zu, bis ein pH-Wert von etwa 8 erreicht ist. Die Suspension wird nun auf 90 °C erwärmt und bei dieser Temperatur über eine Nutsche abgesaugt. Der Rückstand wird zweimal mit je 50 mL heißem Wasser gewaschen und anschließend verworfen.

Aus dem Filtrat kristallisiert das 4-Aminoacetanilid aus. Es wird bei 20 °C abgesaugt, zweimal mit je 15 mL kaltem Wasser gewaschen und scharf abgepreßt. Je nach Qualität (Aussehen, Schmelzpunkt) muß nach Bestimmung der Rohausbeute aus Wasser umkristallisiert werden.

Getrocknet wird das Endprodukt im Trockenschrank bei etwa 80 °C.

Ausbeute

Die durchschnittlich erreichten Ausbeuten liegen, bezogen auf 4-Nitroacetanilid, bei 70 % der theoretischen Endausbeute.

Identifizierung und Reinheitskontrolle

a) Aussehen: weiße Kristalle
b) Schmelzpunkt: 162 °C

c) Dünnschichtchromatogramm
DC-Mikrokarten SIF 5 x 10 (Riedel de Haen)
Probe: w(4-Aminoacetanilid) = 1 % in Aceton
Fließmittel: Essigsäureethylester

Anzugeben

Feuchtausbeute
Trockenausbeute
Theoretische Ausbeute (bezogen auf 4-Nitroacetanilid)

Zeitaufwand

Die voraussichtliche Dauer zur Durchführung der Aufgabe (ohne Trocknungs-/Kristallisationszeiten) beträgt ca. 7 Stunden.

5.11.2 Darstellung von Anilin

Theoretische Grundlagen

Anilin, ein sehr wichtiger Ausgangsstoff zur Herstellung von Farbstoffen, von pharmazeutischen Produkten, von Zwischenprodukten und Anilinharzen wird durch Reduktion von Nitrobenzol mit Eisenspänen in Salzsäure hergestellt.

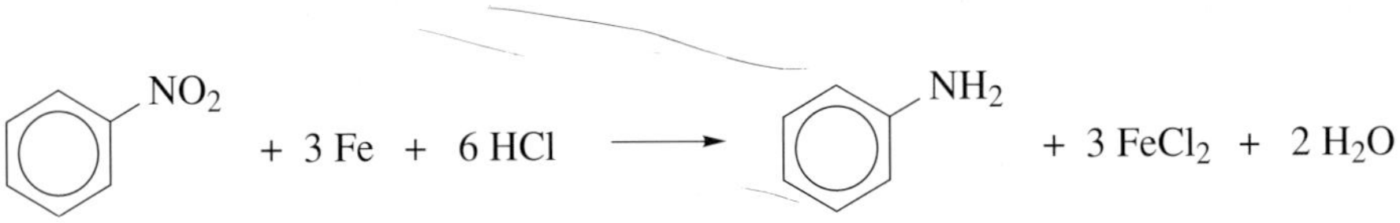

Sehr reines Anilin wird auch als Blauanilin oder Blauöl bezeichnet (99,9 %). Technische Produkte mit einem Reinheitsgrad von 99,5 % bezeichnet man als Anilinöl.

Apparatur

1. Standardrührapparatur (vgl. Abb. 3-3)
2. Wasserdampfdestillation (vgl. Abb. 3-14)
3. Vakuum-Rektifikationsapparatur mit Kolonnenkopf (vgl. Abb. 3-13)

Geräte

1. 500-mL-Vierhals-Rundkolben, Rührer mit Rührführung, Tropftrichter mit Druckausgleich, Thermometer, Intensivkühler, elektrischer Heizkorb mit Spannungsteiler

2. 1.000-mL-Zweihals-Rundkolben mit Steigrohr und passendem Heizkorb (elektrisch), Kondensatabscheider, 500-mL-Zweihals-Rundkolben mit Dampfeinleitungsrohr, Reitmayerbrücke mit Thermometer, Intensivkühler, Vorstoß, Vorlage (500-mL-Einhals-Rundkolben)

3. 500-mL-Dreihals-Rundkolben, Heizkorb (elektrisch), Thermometer, Siedekapillare, Vigreux-Kolonne, Kolonnenkopf („Vakuumviereck") mit Thermometer, Kältefalle, Dewar-Gefäß, Vakuummeter, Vakuumpumpe, Belüftungsventil

Benötigte Chemikalien

Nitrobenzol $C_6H_5NO_2$	m = 61,5 g	w = 98 %
Eisen (Gußeisen-Späne) Fe	m = 100 g	w = 90 %
Salzsäure HCl	V = 10 mL	w = 36 %
Natriumcarbonat Na_2CO_3		
Natriumchlorid NaCl		
Natriumhydroxid NaOH		

Sicherheitsdaten

Tab 5-11-2

Substanz	Gefahren-symbol	R-Sätze	S-Sätze	MAK-Wert mg/m^3
Anilin	T	20/21/22-33 23/24/25	28-36/37-44	8
Gußeisenspäne	–	–	–	–
Natriumcarbonat	X_i	36	22-26	
Natriumchlorid	–	–	–	–
Natriumhydroxid	C	35	2-26-37/39	2
Nitrobenzol	T^+	26/27/28-33	28-36/37-45	5
Salzsäure	C	34-37	2-26	7

Hinweise zur Arbeitssicherheit

Dieser Versuch ist im Abzug durchzuführen.

Anilin:
- Giftig beim Einatmen, Verschlucken und Berührung mit der Haut
- Gefahr kumulativer Wirkung
- Bei Berührung mit der Haut sofort abwaschen mit viel ... spülen (vom Hersteller anzugeben)
- Bei der Arbeit geeignete Schutzkleidung und Schutzhandschuhe tragen
- Bei Unwohlsein ärztlichen Rat einholen (wenn möglich, dieses Etikett vorzeigen)

Natriumcarbonat:
- Reizt die Augen
- Staub nicht einatmen

- Bei Berührung mit den Augen gründlich mit Wasser abspülen und Arzt konsultieren

Natriumhydroxid:
- Verursacht schwere Verätzungen
- Darf nicht in die Hände von Kindern gelangen
- Bei Berührung mit den Augen gründlich mit Wasser abspülen und Arzt konsultieren
- Bei der Arbeit geeignete Schutzhandschuhe und Schutzbrille/Gesichtschutz tragen

Nitrobenzol:
- Sehr giftig beim Einatmen, Verschlucken und Berührung mit der Haut
- Gefahr kumulativer Wirkung
- Bei Berührung mit der Haut sofort abwaschen mit viel ... spülen (vom Hersteller anzugeben)
- Bei der Arbeit geeignete Schutzhandschuhe und Schutzkleidung tragen
- Bei Unwohlsein sofort Arzt zuziehen (wenn möglich, dieses Etikett vorzeigen)

Salzsäure:
- Verursacht Verätzungen
- Reizt die Atmungsorgane
- Darf nicht in die Hände von Kindern gelangen
- Bei Berührung mit den Augen gründlich mit Wasser abspülen und Arzt konsultieren

Entsorgung

Anilin: Methode 22
Kanzerogene, sehr giftige, giftige und/oder brennbare Verbindungen: Sammelgefäß F

Gußeisenspäne: Methode 3
Anorganische Salze: Sammelgefäß S
Lösungen dieser Salze: Sammelgefäß A
Falls Neutralisation notwendig, Behandlung nach Methode 1 oder 2

Natriumcarbonat: Methode 3
Anorganische Salze: Sammelgefäß S
Lösungen dieser Salze: Sammelgefäß A
Falls Neutralisation notwendig, Behandlung nach Methode 1 oder 2

Natriumchlorid: Methode 3
Anorganische Salze: Sammelgefäß S
Lösungen dieser Salze: Sammelgefäß A
Falls Neutralisation notwendig, Behandlung nach Methode 1 oder 2

Natriumhydroxid: Methode 2
Anorganische Basen werden durch Einrühren in Wasser verdünnt und anschließend mit verdünnter Schwefelsäure langsam neutralisiert, pH 6–8; Sammelgefäß A

Nitrobenzol: Methode 22
Kanzerogene, sehr giftige, giftige und/oder brennbare Verbindungen: Sammelgefäß F

Salzsäure: Methode 1
Anorganische Säuren werden zunächst vorsichtig durch Einrühren in Wasser verdünnt, anschließend mit Natronlauge neutralisiert, pH 6–8; Sammelgefäß A

Arbeitsvorschrift

In der Rührapparatur werden 100 g Gußeisenspäne, 150 mL Wasser und 10 mL Salzsäure, w(HCl) = 36 %, vorgelegt. Die Mischung wird unter Rühren 10 Minuten gekocht und anschließend bei Siedetemperatur 61,5 g (0,5 mol) Nitrobenzol innerhalb von 45 Minuten zugetropft.

Man läßt danach solange sieden, bis der Rückfluß klar geworden ist.

Das Reaktionsgemisch wird warm über eine Nutsche abgesaugt, der zurückbleibende Eisenschlamm dreimal mit je 30 mL heißem Wasser gewaschen und anschließend verworfen.

Das Filtrat wird nun mit Natriumcarbonat alkalisch gestellt und einer Wasserdampfdestillation unterzogen. Ist alles Anilin überdestilliert, wird dem Anilin-/Wassergemisch in der Vorlage soviel Natriumchlorid zugesetzt, bis eine etwa 20 %ige Natriumchloridlösung entstanden ist, die sich vom Rohanilin deutlich abtrennt.

Im Scheidetrichter werden beide Phasen endgültig getrennt und das Rohanilin durch Zugabe von wenig festem Natriumhydroxid getrocknet. Man dekantiert in einen Destillierkolben und bestimmt die Rohausbeute. Anschließend wird unter Vakuum rektifiziert.

Ausbeute

Die durchschnittlich erreichten Ausbeuten liegen, bezogen auf Nitrobenzol, bei etwa 60 % der theoretischen Endausbeute.

Identifizierung und Reinheitskontrolle

a) Aussehen: farblose Flüssigkeit
b) Siedebereicht: 182-185 °C
c) Brechungsindex: $n_D^{15} = 1{,}5855$
d) IR-Spektrum

Anzugeben:

Ausbeute
Theoretische Ausbeute (bezogen auf Nitrobenzol)

Zeitaufwand:

Die voraussichtliche Dauer zur Durchführung der Aufgabe beträgt ca. 8 Stunden.

5.11.3 Darstellung von p-Toluidin

Theoretische Grundlagen

Aminotoluole werden auch Toluidine genannt: wie z.B. Aminotoluol (p-Toluidin)

Bei der Darstellung von p-Toluidin wird die Reduktion mit Eisenpulver und Eisen-III-chlorid durchgeführt. Das entstehende $FeCl_2$ wirkt katalytisch auf die Reaktion.

$$2\,FeCl_3 + Fe \longrightarrow 3\,FeCl_2$$

Die Reaktionsgleichung lautet:

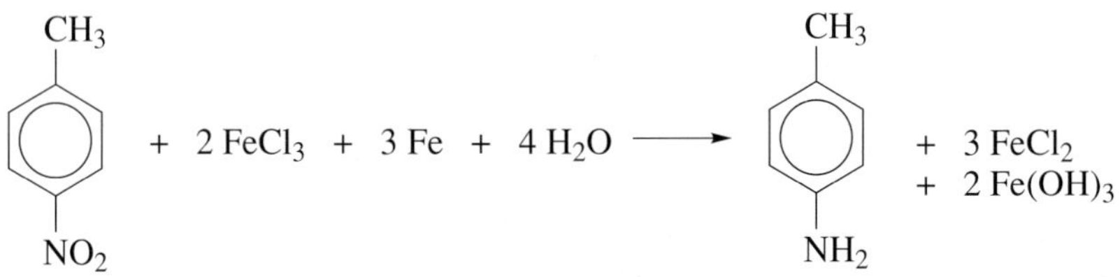

Die primären aromatische Amine lassen sich sehr leicht in Diazoniumsalze umwandeln. Diese sind eine wichtige Verbindungsklasse zur Darstellung der Azofarbstoffe.

Apparatur

Standardrührapparatur (vgl. Abb. 3-3)

Geräte

500-mL-Vierhals-Rundkolben, Rührer mit Rührführung, Tropftrichter mit Druckausgleich, Thermometer, Intensivkühler (später zu ersetzen durch eine Claisenbrücke), elektrischer Heizkorb mit Spannungsteiler

Benötigte Chemikalien

4-Nitrotoluol $C_7H_7NO_2$	m = 27,4 g	w = 98 %
Eisen (Pulver) Fe	m = 44 g	w = 95 %
Eisen(III)-chlorid-6-hydrat $FeCl_3{\cdot}6H_2O$	m = 14 g	w = 98 %
n-Butanol C_4H_9OH	V = 5 mL	w = 96 %
Natriumchlorid NaCl		
Natriumcarbonat Na_2CO_3		

Sicherheitsdaten

Tab 5-11-3

Substanz	Gefahren-symbol	R-Sätze	S-Sätze	MAK-Wert mg/m³
n-Butanol	X_n	10-20	16	300
Eisen(III)-chlorid-6-hydrat	X_n	22-36/38	2-13-39	–
Eisenpulver	–	–	–	–
Natriumcarbonat	X_i	36	22-26	–
Natriumchlorid	–	–	–	–
4-Nitrotoluol	T	23/24/25-33	28-37-44	30
p-Toluidin	T	23/24/25-33	28-36/37-44	–

Hinweise zur Arbeitssicherheit

Dieser Versuch ist im Abzug durchzuführen.

n-Butanol:
- Entzündlich
- Gesundheitsschädlich beim Einatmen
- Von Zündquellen fernhalten – Nicht rauchen

Eisen(III)-chlorid-6-hydrat:
- Gesundheitsschädlich beim Verschlucken
- Reizt die Augen und die Haut
- Darf nicht in die Hände von Kindern gelangen
- Von Nahrungsmitteln, Getränken und Futterstoffen fernhalten
- Schutzbrille/Gesichtsschutz tragen

Natriumcarbonat:
- Reizt die Augen
- Staub nicht einatmen
- Bei Berührung mit den Augen gründlich mit Wasser abspülen und Arzt konsultieren

4-Nitrotoluol:
- Giftig beim Einatmen, Verschlucken und Berührung mit der Haut
- Gefahr kumulativer Wirkung
- Bei Berührung mit der Haut sofort abwaschen mit viel ... spülen (vom Hersteller anzugeben)
- Geeignete Schutzhandschuhe tragen
- Bei Unwohlsein ärztlichen Rat einholen

p-Toluidin:
- Giftig beim Einatmen, Verschlucken und Berührung mit der Haut
- Gefahr kumulativer Wirkung
- Bei Unwohlsein ärztlichen Rat einholen (wenn möglich, dieses Etikett vorzeigen)
- Bei Berührung mit der Haut sofort mit viel ... spülen (vom Hersteller anzugeben)
- Geeignete Schutzhandschuhe und Schutzkleidung tragen

Entsorgung

n-Butanol: Methode 14
Organische, halogenfreie Lösemittel:
Sammelgefäß O

Eisen(III)-chlorid-6-hydrat: Methode 3
Anorganische Salze: Sammelgefäß S
Lösungen dieser Salze: Sammelgefäß A
Falls Neutralisation notwendig, Behandlung nach Methode 1 oder 2

Eisenpulver: Methode 3
Anorganische Salze: Sammelgefäß S
Lösungen dieser Salze: Sammelgefäß A
Falls Neutralisation notwendig, Behandlung nach Methode 1 oder 2

Natriumcarbonat: Methode 3
Anorganische Salze: Sammelgefäß S
Lösungen dieser Salze: Sammelgefäß A
Falls Neutralisation notwendig, Behandlung nach Methode 1 oder 2

Natriumchlorid: Methode 3
Anorganische Salze: Sammelgefäß S
Lösungen dieser Salze: Sammelgefäß A
Falls Neutralisation notwendig, Behandlung nach Methode 1 oder 2

4-Nitrotoluol: Methode 22
Kanzerogene, sehr giftige, giftige und/oder brennbare Verbindungen:
Sammelgefäß F

p-Toluidin: Methode 22
Kanzerogene, sehr giftige, giftige und/oder brennbare Verbindungen:
Sammelgefäß F

Arbeitsvorschrift

In der Rührapparatur werden 80 mL Wasser, 20,0 g feines Eisenpulver und 27,4 g (0,2 mol) 4-Nitrotoluol vorgelegt. Das Gemisch wird unter Rühren auf 50 °C erwärmt und bei dieser Temperatur eine Lösung von 14,0 g Eisen-III-chlorid-6-hydrat in 30 mL Wasser zugetropft.

Anschließend wird langsam weiter auf 80 °C erwärmt, 5 mL n-Butanol zugegeben und dann zum Sieden erhitzt. Jeweils 15 bzw. 30 Minuten nach Siedebeginn werden, bei entferntem Heizkorb, nochmals je 12,0 g feines Eisenpulver eingetragen.

Nachdem man das Gemisch nochmals 1 Stunde gekocht hat, wird nach dem Abkühlen solange vorsichtig Natriumcarbonat zugegeben, bis die Lösung deutlich alkalisch reagiert.

Der Rückflußkühler wird nun gegen eine Kühlbrücke ausgetauscht und die Vorlage über ein Wasserbad von außen gekühlt. Durch Einleiten von Wasserdampf in den Reaktionskolben wird das p-Toluidin überdestilliert (Wasserdampfdestillation).

(Vorsicht! Fp/Ep von p-Toluidin 43 °C)

Nach beendeter Destillation wird das p-Toluidin über eine Nutsche scharf abgesaugt, zweimal mit je 10 mL kaltem Wasser gewaschen und gut abgepreßt. Unter Umständen kann aus der Mutterlauge durch Zugabe von etwa 22 g Natriumchlorid pro 100 mL Lösung eine zweite Fraktion gewonnen werden.

Nach Feststellung der Rohausbeute wird das Endprodukt im Vakuumexsikkator über Kaliumhydroxid getrocknet.

Ausbeute

Die durchschnittlich erreichten Ausbeuten, bezogen auf 4-Nitrotoluol, liegen bei etwa 80 % der theoretischen Endausbeute.

Identifizierung und Reinheitskontrolle

a) Aussehen: weiße Kristalle
b) Schmelzpunkt: 43 °C
c) Dünnschichtchromatogramm
   DC-Mikrokarten SIF 5 x 10 (Riedel de Haen)
   Probe: w(p-Toluidin) = 1 % in Aceton
   Fließmittel: Ethylacetat
d) IR-Spektrum

Anzugeben:

Feuchtausbeute
Trockenausbeute
Theoretische Ausbeute (bezogen auf 4-Nitrotoluol)

Zeitaufwand:

Die voraussichtliche Dauer zur Durchführung der Aufgabe (ohne Trocknungs-/Kristallisationszeiten) beträgt ca. 6 Stunden.

5.12 Sulfonierung

Die Einführung einer Sulfo-Gruppe ($-SO_3H$) wird als Sulfonierung bezeichnet. Die allgemeine Reaktionsgleichung lautet:

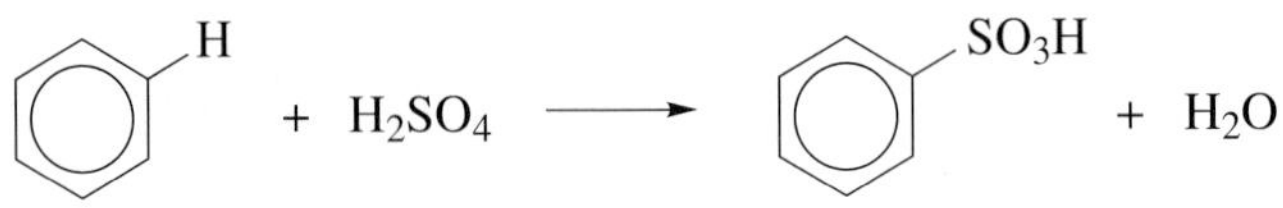

Reaktionspartner sind die aromatische Verbindung Ar-H und Schwefelsäure (H_2SO_4) bzw. Oleum (rauchende Schwefelsäure, d.h. ein Gemisch aus Schwefelsäure und darin gelöstem Schwefeltrioxid).

Als Produkte entstehen die sulfonierte aromatische Verbindung Ar-SO_3H und Wasser.

Reaktionsmechanismus

Monomeres Schwefeltrioxid ist das elektrophile Agens. Es besitzt Dipolcharakter und greift mit seiner positivierten Seite das π-Elektronensystem des Aromaten an.

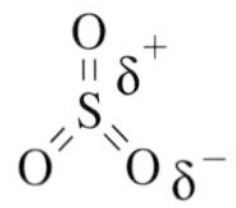

SO_3 ist gelöst in rauchender Schwefelsäure (Oleum) enthalten oder entsteht aus konzentrierter Schwefelsäure durch Autoprotonierung:

$$2\,H_2SO_4 \longrightarrow HSO_4^- + H_3O^+ + \underset{\text{Schwefeltrioxid}}{SO_3}$$

Schwefeltrioxid greift als Elektrophil die elektronenreiche, aromatische Verbindung Ar-H an. Über π-Komplex und Phenonium-Ion entsteht schließlich unter Abspaltung eines Protons die sulfonierte Verbindung Ar-SO_3H.

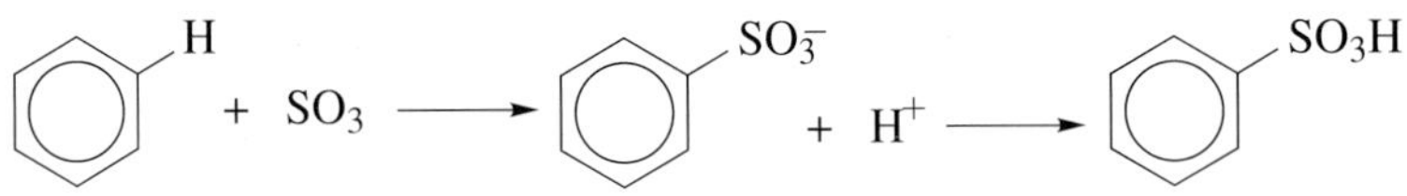

Das am Aromaten (durch SO_3) substituierte, freie Proton wandert zum negativen Sauerstoff der SO_3-Gruppe.

Acidität

Benzolsulfonsäure ist von der Säurestärke vergleichbar mit Schwefelsäure. Die Acidität der Sulfonsäuren ist abhängig von den Substituenten am Ring. Elektronenanziehende Gruppen (wie z.B. die Nitro-Gruppe) lassen das Wasserstoffatom der Sulfo-Gruppe weiter an Elektronen verarmen, so daß noch leichter ein Proton abgespalten werden kann. Der Dissoziationsgrad wird erhöht: 2,4-Dinitrobenzolsulfonsäure ist daher stärker sauer als Schwefelsäure.

Einfluß auf Zweitsubstitution

Die Sulfo-Gruppe am aromatischen System desaktiviert das π-Elektronen-System und erschwert damit eine weitere Substitution am Aromaten.

Die Sulfo-Gruppe dirigiert Zweitsubstituenten in meta-Stellung. Bei Temperaturen um 220 °C wird Benzol mit rauchender Schwefelsäure (Oleum) zu Benzol-1,3-disulfonsäure umgesetzt.

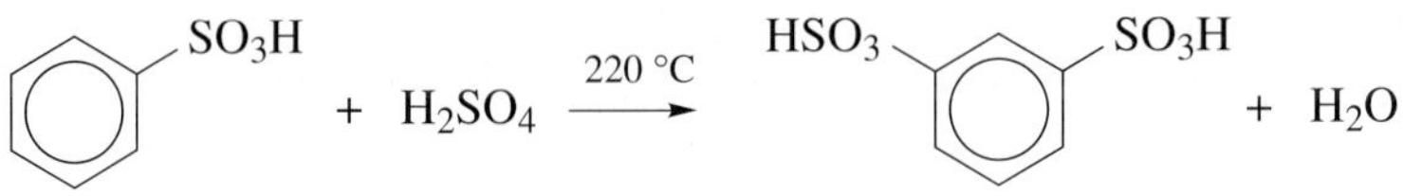

Reaktionsbedingungen

Die Sulfonierung ist im Gegensatz zu anderen elektrophilen aromatischen Substitutionen eine Gleichgewichtsreaktion. Wird Benzolsulfonsäure in Anwesenheit von Salzsäure auf 180 °C erhitzt, so tritt unter Umständen Desulfonierung ein: Die Sulfo-Gruppe wird durch Wasserstoff substituiert.

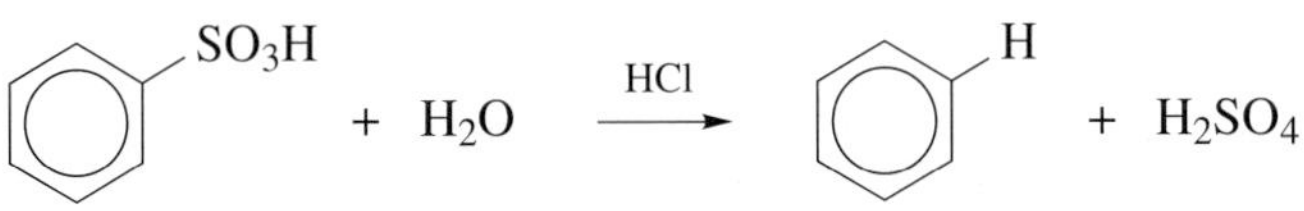

Bedeutung sulfonierter Verbindungen

Sulfonierungen werden zum einen durchgeführt, um Verbindungen wasserlöslich zu machen. Zum anderen sind Sulfonsäuren wichtige Zwischenprodukte für die Herstellung von Phenolen und Farbstoffen.

Beispiele für typische Sulfonierungsreaktionen sind:

1.) Darstellung von Benzolsulfonsäure durch Sulfonierung von Benzol

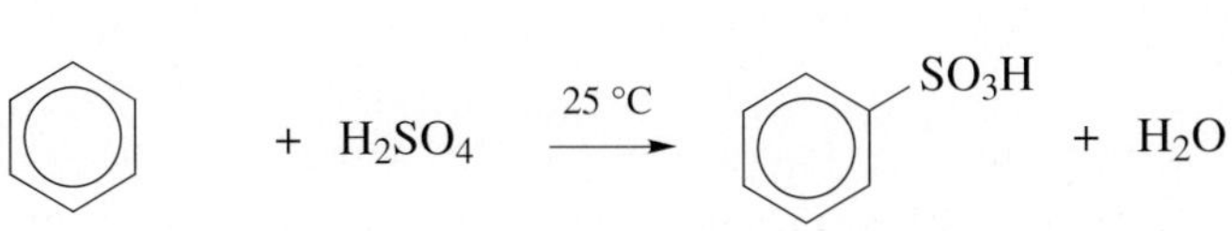

Benzolsulfonsäure

2.) Darstellung von p-Aminobenzolsulfonsäure (Sulfanilsäure) durch Sulfonierung von Anilin

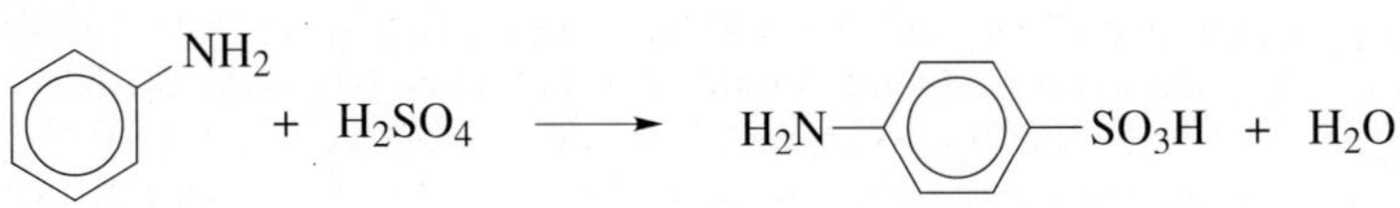

Anilin Sulfanilsäure

5.12.1 Darstellung von Sulfanilsäure

Theoretische Grundlagen

Die Sulfanilsäure wird durch Einführung der SO_3H-Gruppe an das Anilinmolekül hergestellt.

Die Sulfonierung ist im Gegensatz zur Nitrierung schlecht beeinflußbar. Allgemein läßt sich sagen, daß bei tiefen Temperaturen die SO_3H-Gruppe die Nachbarschaft schon vorhandener Substituenten aufsucht. Bei hohen Temperaturen dagegen werden weiter entfernte H-Atome substituiert.

Als Sulfonierungsmittel werden hauptsächlich konzentrierte Schwefelsäure, Oleum und seltener Chlorsulfonsäure verschiedener Konzentrationen verwendet.

Die Reaktion verläuft über verschiedene Zwischenstufen:

Sulfonierung:

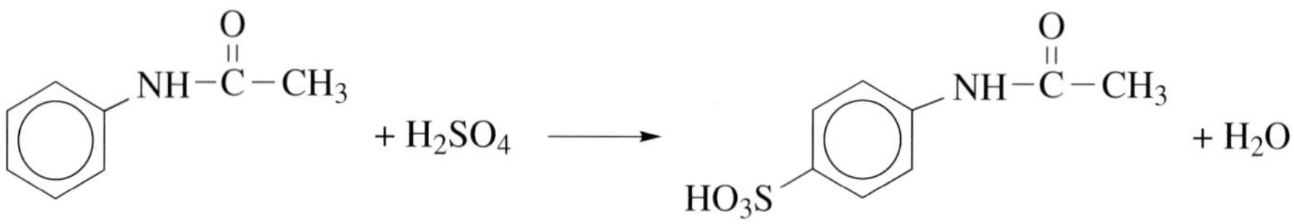

Verseifung:

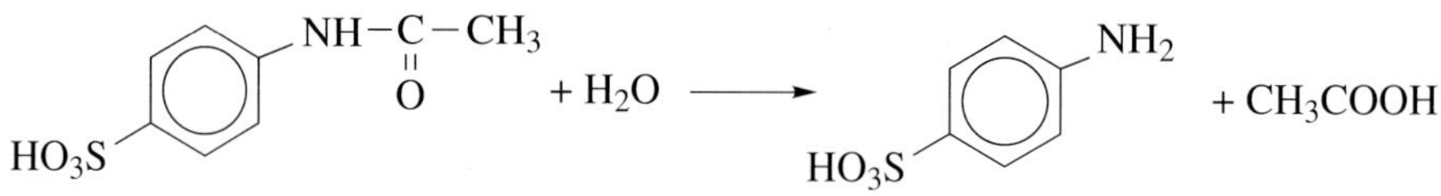

Apparatur

Standardrührapparatur (vgl. Abb. 3-3)

Geräte

500-mL-Vierhals-Rundkolben, Rührer mit Rührführung, Tropftrichter mit Druckausgleich, Thermometer, Intensivkühler, elektrischer Heizkorb mit Spannungsteiler

Benötigte Chemikalien

Acetanilid C_8H_9NO	m = 27,3 g	w = 98 %
Essigsäureanhydrid $C_4H_6O_3$	V = 83 mL	w = 98 %
Schwefelsäure H_2SO_4	m = 26 g	w = 98 %
Salzsäure HCl	V = 3,5 mL	w = 36 %
Ethanol C_2H_5OH	V = 60 mL	w = 96 %

Sicherheitsdaten

Tab 5-12-1

Substanz	Gefahren-symbol	R-Sätze	S-Sätze	MAK-Wert mg/m^3
Acetanilid	T	20/21/22	25-28-44	–
Essigsäureanhydrid	C	10-34	26	20
Ethanol	F	11	7-16	1900
Salzsäure	C	34-37	2-26	7
Schwefelsäure	C	35	2-26-30	1 G
Sulfanilsäure	X_n	20/21/22	25-28	–

Hinweise zur Arbeitssicherheit

Acetanilid:
- Gesundheitsschädlich beim Verschlucken, Einatmen, und Berührung mit der Haut
- Berührung mit den Augen vermeiden
- Bei Berührung mit der Haut sofort abwaschen mit viel ... spülen (vom Hersteller anzugeben)
- Bei Unwohlsein ärztlichen Rat einholen (wenn möglich, dieses Etikett vorzeigen)

Essigsäureanhydrid:
- Entzündlich
- Verursacht Verätzungen
- Bei Berührung mit den Augen gründlich mit Wasser abspülen und Arzt konsultieren

Ethanol:
- Leicht entzündlich
- Behälter dicht geschlossen halten
- Von Zündquellen fernhalten – Nicht Rauchen

Salzsäure:
- Verursacht Verätzungen
- Reizt die Atmungsorgane
- Darf nicht in die Hände von Kindern gelangen
- Bei Berührung mit den Augen gründlich mit Wasser abspülen und Arzt konsultieren

Schwefelsäure:
- Verursacht schwere Verätzungen
- Darf nicht in die Hände von Kindern gelangen
- Bei Berührung mit den Augen gründlich mit Wasser abspülen und Arzt konsultieren
- Niemals Wasser hinzugießen

Sulfanilsäure:
- Gesundheitsschädlich beim Einatmen, Verschlucken und Berührung mit der Haut
- Berührung mit den Augen vermeiden
- Bei Berührung mit der Haut sofort abwaschen und mit viel ... spülen (vom Hersteller anzugeben)

Entsorgung

Acetanilid:	Methode 16 Mäßig reaktive organische Verbindungen: Sammelgefäß C
Essigsäureanhydrid:	Methode 18 Organische Säuren werden vorsichtig mit Natriumhydrogencarbonat oder Natriumhydroxid in wäßriger Lösung neutralisiert. Anschließend: Sammelgefäß A
Ethanol:	Methode 14 Organische, halogenfreie Lösemittel: Sammelgefäß O
Salzsäure:	Methode 1 Anorganische Säuren werden zunächst vorsichtig durch Einrühren in Wasser verdünnt, anschließend mit Natronlauge neutralisiert, pH 6–8; Sammelgefäß A
Schwefelsäure:	Methode 1 Anorganische Säuren werden zunächst vorsichtig durch Einrühren in Wasser verdünnt, anschließend mit Natronlauge neutralisiert, pH 6–8; Sammelgefäß A
Sulfanilsäure:	Methode 16 Mäßig reaktive organische Verbindungen: Sammelgefäß C

Arbeitsvorschrift

In der Rührapparatur werden 83 mL Essigsäureanhydrid vorgelegt und unter Kühlung von außen bei 20 °C unter Rühren 26,0 g Schwefelsäure, $w(H_2SO_4) = 98$ %, zugetropft.

Anschließend trägt man 27,3 g (0,2 mol) Acetanilid ein und erwärmt langsam auf 85 – 90 °C. Bei dieser Temperatur wird 30 Minuten nachgerührt.

Nachdem auf Raumtemperatur abgekühlt wurde, saugt man den Kristallbrei über eine Nutsche scharf ab. Der Rückstand wird mit 100 mL Wasser versetzt und in der Ausgangsapparatur unter Rühren zum Sieden erhitzt. Innerhalb von 5 Minuten werden 3,5 mL Salzsäure, w(HCl) = 36 %, zugetropft und bei Siedetemperatur 20 Minuten nachgerührt.

Die auf 20 °C abgekühlte Suspension wird über ein Papierfilter scharf abgesaugt, dreimal mit je 20 mL Ethanol, $w(C_2H_5OH) = 96$ %, gewaschen und weitgehendst trockengesaugt. Nötigenfalls kann aus Wasser umkristallisiert werden.

Das Endprodukt (Sulfanilsäure) wird im Trockenschrank oder Vakuumtrockenschrank bei etwa 80 °C getrocknet.

Ausbeute

Die durchschnittlich erreichten Ausbeuten liegen, bezogen auf Acetanilid, bei etwa 75 % der theoretischen Endausbeute.

Identifizierung und Reinheitskontrolle

a) Aussehen: weiße Kristalle
b) Dünnschichtchromatogramm
DC-Mikrokarten SIF 5 x 10 (Riedel de Haen)
Probe: w (Sulfanilsäure) = 1 % in Aceton

Fließmittel:	Ethanol, $w(C_2H_5OH) = 96$ %,	80 Volumenteile
	Wasser	16 Volumenteile
	Ammoniakwasser, $w(NH_3) = 25$ %,	4 Volumenteile

c) IR-Spektrum

Anzugeben:

Feuchtausbeute
Trockenausbeute
Theoretische Ausbeute (bezogen auf Acetanilid)

Zeitaufwand:

Die voraussichtliche Dauer zur Durchführung der Aufgabe (ohne Trocknungs-/Kristallisationszeiten) beträgt ca. 5 Stunden.

5.13 Umlagerungen

Reaktionen, bei denen eine Atom-Gruppe (funktionelle Gruppe) im Molekül wandert, also im Molekül an eine andere, neue Stelle tritt, werden als Umlagerung bezeichnet.

Die allgemeine Reaktionsgleichung lautet:

$$A \rightarrow B$$

Häufig handelt es sich dabei nicht um „reinrassige" Umlagerungen, weil weitere Reaktionspartner (als Edukte) beteiligt sind, bzw. weil mehrere Produkte entstehen. In diesem Falle wird sowohl von einer Umlagerung als auch von einer Substitutionsreaktion gesprochen.

Hofmann-Eliminierung

Ein typisches Beispiel für eine Kombination aus Umlagerung und Substitution ist die Hofmann-Eliminierung (Hofmann-Umlagerung).

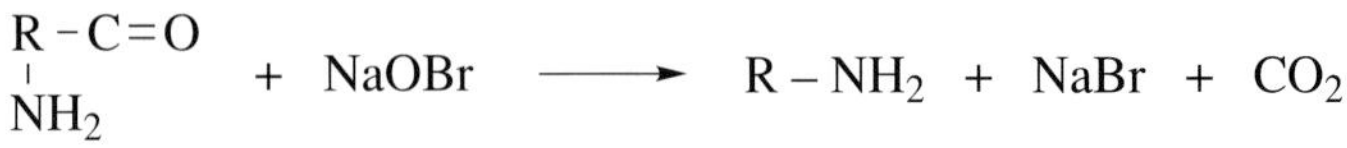

$$\underset{\text{Carbonsäureamid}}{\underset{|}{\overset{R-C=O}{\underset{NH_2}{}}}} + NaOBr \longrightarrow \underset{\text{Amin}}{R-NH_2} + NaBr + CO_2$$

Carbonsäureamide werden in einem Überschuß an Natriumhypobromit-Lösung erwärmt. Dabei erfolgt die Umlagerung der Amino-Gruppe (-NH$_2$) unter gleichzeitiger Abspaltung von Kohlendioxid (CO$_2$). Als weitere Reaktionsprodukte entstehen das primäre Amin sowie Natriumbromid.

Beckmann-Umlagerung

Bei der Einwirkung von konzentrierten Mineralsäuren (wie z.B. konzentrierter Schwefelsäure oder HCl-Gas) auf Ketoxime erfolgt eine Umlagerung zu den entsprechenden Amiden.

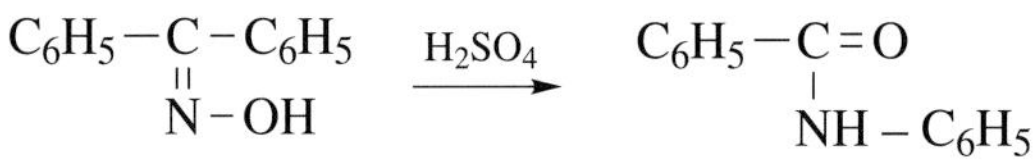

$$\underset{\text{Benzophenonoxim}}{C_6H_5-\underset{N-OH}{\overset{\|}{C}}-C_6H_5} \xrightarrow{H_2SO_4} \underset{\text{Benzanilid}}{C_6H_5-\underset{NH-C_6H_5}{\overset{C=O}{|}}}$$

5.13.1 Darstellung von 2-Aminobenzoesäure

Theoretische Grundlagen

Diese Reaktion, heute noch von technischer Bedeutung, verläuft nach dem sogenannten Hofmannschen Säureamidabbau. Diese Abbaumethode von Carbonsäureamiden zu primären Aminen wurde 1891 gefunden.

Dabei wird das Carbonsäureamid mit einer Mischung aus Natronlauge und Brom in der Kälte zur Reaktion gebracht. Das sich bildende stabile Bromamid läßt sich leicht isolieren und im Überschuß von Natronlauge über mehrere Zwischenstufen zum Amin abbauen. Das freiwerdende Kohlendioxid wird von der Natronlauge aufgenommen.

Reaktionsverlauf:

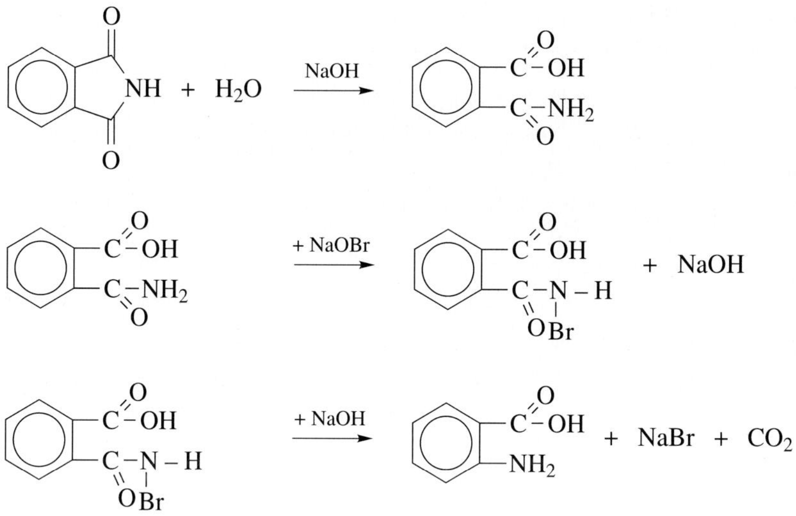

Apparatur

Standardrührapparatur (vgl. Abb. 3-3)

Geräte

1.000-mL-Vierhals-Rundkolben, Rührer mit Rührführung, Tropftrichter mit Druckausgleich, Thermometer, Intensivkühler, Wasserbad (Eisbad), elektrischer Heizkorb mit Spannungsteiler

Benötigte Chemikalien

Phthalimid $C_8H_5NO_2$	m = 29,4 g	w = 98 %
Natriumhydroxid NaOH	m = 48 g	w = 98 %
Brom Br_2	V = 8,5 mL	w = 99 %
Salzsäure HCl		w = 10 %
Natriumchlorid NaCl		

Sicherheitsdaten

Tab 5-13-1

Substanz	Gefahren-symbol	R-Sätze	S-Sätze	MAK-Wert mg/m³
2-Aminobenzoesäure	X_i	36	22-24	–
Brom	T^+, C	26-35	7/9-26	0,7
Natriumchlorid	–	–	–	–
Natriumhydroxid	C	35	2-26-37/39	2
Phthalimid	X_n	20/21/22-40	26-36/37/39	–
Salzsäure	C	34-37	2-26	7

Hinweise zur Arbeitssicherheit

Dieser Versuch ist im Abzug durchzuführen.

2-Aminobenzoesäure:
- Reizt die Augen
- Staub nicht einatmen
- Berührung mit der Haut vermeiden

Brom:
- Sehr giftig beim Einatmen
- Verursacht schwere Verätzungen
- Bei Berührung mit den Augen gründlich mit Wasser abspülen und Arzt konsultieren
- Behälter dicht geschlossen an einem gut gelüfteten Ort aufbewahren

Natriumhydroxid:
- Verursacht schwere Verätzungen
- Darf nicht in die Hände von Kindern gelangen
- Bei Berührung mit den Augen gründlich mit Wasser abspülen und Arzt konsultieren
- Bei der Arbeit geeignete Schutzkleidung und Schutzbrille/Gesichtsschutz tragen

Phthalimid:
- Gesundheitsschädlich beim Einatmen, Verschlucken und Berührung mit der Haut
- Irreversibler Schaden möglich
- Bei Berührung mit den Augen gründlich mit Wasser abspülen und Arzt konsultieren
- Bei der Arbeit geeignete Schutzkleidung, Schutzhandschuhe und Schutzbrille/Gesichtsschutz tragen

Salzsäure:
- Verursacht Verätzungen
- Reizt die Atmungsorgane
- Darf nicht in die Hände von Kindern gelangen
- Bei Berührung mit den Augen gründlich mit Wasser spülen und Arzt konsultieren

Entsorgung

2-Aminobenzoesäure: Methode 18
Organische Säuren werden vorsichtig mit Natriumhydrogencarbonat oder Natriumhydroxid in wäßriger Lösung neutralisiert. Anschließend: Sammelgefäß A

Brom: Methode 8
Anorganische Peroxide und Oxidationsmittel werden mit Natriumthiosulfat-Lösung zu gefahrlosen Folgeprodukten reduziert. Reaktionslösung: Sammelgefäß A

Natriumchlorid: Methode 3
Anorganische Salze: Sammelgefäß S
Lösungen dieser Salze: Sammelgefäß A
Falls Neutralisation notwendig, Behandlung nach Methode 1 oder 2

Natriumhydroxid: Methode 2
Anorganische Basen werden durch Einrühren in Wasser verdünnt und anschließend mit verdünnter Schwefelsäure langsam neutralisiert, pH 6–8; Sammelgefäß A

Phthalimid: Methode 16
Mäßig reaktive organische Verbindungen:
Sammelgefäß C

Salzsäure: Methode 1
Anorganische Säuren werden zunächst vorsichtig durch Einrühren in Wasser verdünnt, anschließend mit Natronlauge neutralisiert, pH 6–8; Sammelgefäß A

Arbeitsvorschrift

In der Rührapparatur wird eine Lösung von 48,0 g Natriumhydroxid in 400 mL Wasser vorgelegt. Durch Außenkühlung mit einem Natriumchlorid/Eis-Gemisch wird die Natriumhydroxidlösung auf ca. –5 °C bis –10 °C abgekühlt. Nun werden langsam unter Rühren 8,5 mL Brom zugetropft, wobei eine Temperatur von –5 °C nicht überschritten werden darf.

In die entstandene Hypobromitlösung trägt man 29,4 g (0,2 mol) Phthalimid ein, rührt noch 20 Minuten bei etwa –5 °C nach und erwärmt anschließend auf 60 °C.

Zur Reinigung des Rohproduktes durch Umkristallisation gibt man in die etwa 60 °C warme Lösung vorsichtig etwa 1 g Aktivkohle, erwärmt zum Sieden und filtriert heiß.

Die erkaltete Lösung wird mit Salzsäure, w(HCl) = 10 %, vorsichtig auf einen pH-Wert zwischen 3 und 5 eingestellt, wobei dei 2-Aminobenzoesäure ausfällt. Sie wird nach 15 Minuten scharf abgesaugt und zweimal mit je 5 mL kaltem Wasser gewaschen.

Die Trocknung erfolgt im Trockenschrank, besser im Vakuumtrockenschrank bei etwa 80 °C.

Ausbeute

Die durchschnittlich erreichten Ausbeuten, bezogen auf Phthalimid, liegen bei etwa 70 % der theoretischen Endausbeute.

Identifizierung und Reinheitskontrolle

a) Aussehen: hellbeige Kristalle
b) Schmelzpunkt: 146 °C
c) Dünnschichtchromatogramm
DC-Mikrokarten SIF 5 x 10 (Riedel de Haen)
Probe: w(2-Aminobenzoesäure) = 1 % in Aceton
Fließmittel: Ethanol, w(C_2H_5OH) = 96 – 98 %, 80 Volumenanteile
Wasser 16 Volumenanteile
Ammoniakwasser, w(NH_3) = 25 %, 4 Volumenanteile
d) IR-Spektrum

Anzugeben:

Feuchtausbeute
Trockenausbeute
Theoretische Ausbeute (bezogen auf Phthalimid)

Zeitaufwand:

Die voraussichtliche Dauer zur Durchführung der Aufgabe (ohne Trocknungs-/Kristallisationszeiten) beträgt ca. 6 Stunden.

5.13.2 Darstellung von ε-Caprolactam

Theoretische Grundlagen

Bei der Beckmann-Umlagerung entstehen aus Ketoximen die entsprechenden Carbonsäureamide. Diese Oxim-Amid-Umlagerung erfolgt mit Säurechloriden oder konzentrierten Mineralsäuren (Schwefelsäure, Chlorwasserstoff-Gas). Von großer Bedeutung ist die Umlagerung von cyclischen Ketoximen zu cyclischen Carbonsäureamiden.

Zur Darstellung von ε-Caprolactam läßt man konzentrierte Schwefelsäure auf Cyclohexanonoxim einwirken.

Reaktionsablauf:

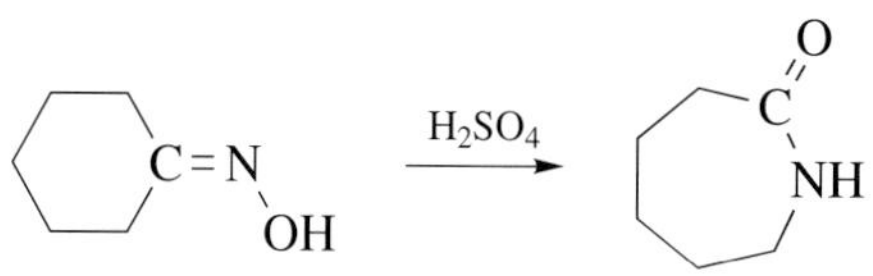

Cyclohexanonoxim ε-Caprolactam

ε-Caprolactam ist ein wichtiges Ausgangsprodukt zur Herstellung von Polyamidfasern (Perlon).

Apparatur

1. Standardrührapparatur (vgl. Abb. 3-3)
2. Offene Rührapparatur „Becherglasrührapparatur“ (vgl. Abb. 3-5)
3. Vakuumdestillationsapparatur (vgl. Abb. 3-11)

Geräte

1. 250-mL-Vierhals-Rundkolben, Rührer mit Rührführung, Tropftrichter mit Druckausgleich, Thermometer, Intensivkühler, elektrischer Heizkorb mit Spannungsteiler

2. 1.000-mL-Becherglas, Rührer mit Rührführung, Thermometer, Tropftrichter, Wasserbad, Eisbad

3. 250-mL-Dreihals-Rundkolben, Siedekapillare, Heizkorb mit Spannungsteiler, Claisenbrücke, Vorlage (100-mL-Einhals-Rundkolben), Kältefalle, Dewar-Gefäß, Vakuummeter, Vakuumpumpe, Belüftungsventil

Benötigte Chemikalien

Cyclohexanonoxim $C_6H_{11}NO$	m = 57 g	w = 99 %
Schwefelsäure H_2SO_4	V = 85 mL	w = 98 %
Dichlormethan CH_2Cl_2	V = 300 mL	w = 99 %
Ammoniak-Lösung NH_3		w = 25 %
Calciumchlorid $CaCl_2$		
Natriumchlorid NaCl		
Eis		

Sicherheitsdaten

Tab 5-13-2

Substanz	Gefahren-symbol	R-Sätze	S-Sätze	MAK-Wert mg/m^3
Ammoniaklösung	X_i	36/37/38	26-39	35
Calciumchlorid	X_i	36	22-24	–
ε-Caprolactam	X_n	20/22-36/37/38	26	5G
Cyclohexanonoxim	–	–	–	–
Dichlormethan	X_n	40	23-24/25 36/37	360
Schwefelsäure	C	35	2-26-30	1 G

Hinweise zur Arbeitssicherheit

Dieser Versuch ist im Abzug durchzuführen.

Ammoniaklösung:
- Reizt die Augen, Atmungsorgane und die Haut
- Bei Berührung mit den Augen gründlich mit Wasser abspülen und Arzt konsultieren
- Schutzbrille/Gesichtsschutz tragen

Calciumchlorid:
- Reizt die Augen
- Staub nicht einatmen
- Berührung mit der Haut vermeiden

ε-Caprolactam:
- Gesundheitsschädlich beim Einatmen und beim Verschlucken
- Reizt die Augen, Atmungsorgane und die Haut
- Bei Berührung mit den Augen gründlich mit Wasser abspülen und Arzt konsultieren

Dichlormethan: – Irreversibler Schaden möglich
– Gas/Rauch/Dampf/Aerosol nicht einatmen (geeignete Bezeichnungen vom Hersteller anzugeben)
– Berührung mit der Haut und den Augen vermeiden
– Bei der Arbeit geeignete Schutzhandschuhe und Kleidung tragen.

Schwefelsäure: – Verursacht schwere Verätzungen
– Darf nicht in die Hände von Kindern gelangen
– Bei Berührung mit den Augen gründlich mit Wasser abspülen und Arzt konsultieren
– Niemals Wasser hinzugießen

Entsorgung

Ammoniaklösung: Methode 2
Anorganische Basen werden durch Einrühren in Wasser verdünnt und anschließend mit verdünnter Schwefelsäure langsam neutralisiert, pH 6–8; Sammelgefäß A

Calciumchhlorid: Methode 3
Anorganische Salze: Sammelgefäß S
Lösungen dieser Salze: Sammelgefäß A
Falls Neutralisation notwenig, Behandlung nach Methode 1 oder 2

ε-Caprolactam: Methode 16
Mäßig reaktive organische Verbindungen: Sammelgefäß C

Cyclohexanonoxim: Methode 14
Organische, halogenfreie Lösemittel: Sammelgefäß O

Dichlormethan: Methode 15
Halogenhaltige, organische Lösemittel: Sammelgefäß H

Natriumchlorid: Methode 3
Anorganische Salze: Sammelgefäß S
Lösungen dieser Salze: Sammelgefäß A

Schwefelsäure: Methode 1
Anorganische Säuren werden zunächst vorsichtig durch Einrühren in Wasser verdünnt, anschließend mit Natronlauge neutralisiert, pH 6–8; Sammelgefäß A

Arbeitsvorschrift

In der Becherglasrührapparatur werden 55 mL Schwefelsäure, $w(H_2SO_4) = 98\ \%$, vorgelegt, Unter Rühren und Kühlung von außen mit einem Eis/Wasserbad gibt man portionsweise 57 g (0,5 mol) Cyclohexanonoxim zu. Die Reaktionstemperatur darf 20 °C nicht übersteigen.

In der Standardrührapparatur werden zwischenzeitlich 30 mL Schwefelsäure, $w(H_2SO_4) = 98\ \%$, unter Rühren auf 120 °C erwärmt. Bei dieser Temperatur läßt man aus dem Tropftrichter die schwefelsaure Lösung des Oxims langsam zutropfen, wobei die Zutropfgeschwindigkeit so zu regulieren ist, daß die Reaktionswärme eine Temperatur zwischen 118 °C und 122 °C ermöglicht. Nach beendetem Zutropfen wird 15 Minuten bei etwa 125 °C nachgerührt.

Nachdem der Kolbeninhalt erkaltet ist, gießt man ihn auf etwa 200 g Eis, das sich in einer Becherglasrührapparatur befindet. Unter Rühren und Außenkühlung mit einem Eis-/Natriumchloridgemisch tropft man vorsichtig solange Ammoniaklösung, $w(NH_3) = 25\ \%$, zu, bis ein pH-Wert von etwa 8,5 erreicht ist (pH-Papier!). Die Temperatur sollte bei der Neutralisation 20 °C nicht überschreiten.

Im Scheidetrichter wird der wäßrigen Lösung das Caprolactam durch dreimaliges Ausschütteln mit jeweils 100 mL Dichlormethan entzogen. Das Extrakt wird anschließend noch zweimal mit je 100 mL Wasser im Scheidetrichter gewaschen und danach über wasserfreiem Calciumchlorid getrocknet.

In der Destillationsapparatur wird das Dichlormethan abgetrennt, die Apparatur danach umgebaut und das ε-Caprolactam im Vakuum destilliert.

Ausbeute

Die durchschnittlich erreichten Ausbeuten liegen, bezogen auf Cyclohexanonoxim, bei etwa 70 % der theoretischen Endausbeute.

Identifizierung und Reinheitskontrolle

a) Aussehen: leicht gelbliche Kristalle
b) Schmelzpunkt: 68 °C
c) Siedepunkt: 140 °C bei 16 mbar
d) IR-Spektrum

Anzugeben:

Ausbeute
Theoretische Ausbeute (bezogen auf Cyclohexanonoxim)

Zeitaufwand:

Die voraussichtliche Dauer zur Durchführung der Aufgabe (ohne Trocknungs-/Kristallisationszeiten) beträgt ca. 8 Stunden.

5.14 Veresterung

Die wichtigste Methode zur Darstellung von Carbonsäureestern ist die Alkoholyse von Carbonsäuren, d.h. die direkte Umsetzung von Alkohol mit freier Carbonsäure.

Die allgemeine Reaktionsgleichung lautet:

$$\begin{array}{l}R-C=O\\ \quad\;\, |\\ \quad\; OH\end{array} \; + \; R'-OH \; \longrightarrow \; \begin{array}{l}R-C=O\\ \quad\;\, |\\ \quad\; O-R'\end{array} \; + \; H_2O$$

Carbonsäure + Alkohol ⟶ Carbonsäureester + Wasser

Ein typisches Beispiel für eine Veresterung ist die Reaktion von Essigsäure mit Ethanol zu Essigsäureethylester.

$$\begin{array}{l}CH_3-C=O\\ \qquad\quad\, |\\ \qquad\; OH\end{array} \; + \; C_2H_5-OH \; \longrightarrow \; \begin{array}{l}CH_3-C=O\\ \qquad\quad\, |\\ \qquad\; O-C_2H_5\end{array} \; + \; H_2O$$

Essigsäure + Ethanol ⟶ Essigsäureethylester + Wasser

Aromatische Carbonsäuren reagieren mit Alkohol in gleicher Weise. Beispielhaft sei hier die Veresterung von Benzoesäure mit Methanol genannt:

$$\begin{array}{l}C_6H_5-C=O\\ \qquad\quad\;\, |\\ \qquad\quad OH\end{array} \; + \; CH_3-OH \; \longrightarrow \; \begin{array}{l}C_6H_5-C=O\\ \qquad\quad\;\, |\\ \qquad\quad O-CH_3\end{array} \; + \; H_2O$$

Benzoesäure + Methanol ⟶ Benzoesäuremethylester + Wasser

Veresterungen sind Gleichgewichtsreaktionen, d.h. Säure und Alkohol werden nicht vollständig zu Ester und Wasser umgesetzt. Die Ausbeute läßt sich erhöhen, indem eines der Edukte im Überschuß eingesetzt wird. Häufig wird der Alkohol in größeren Mengen zugegeben, weil er gleichsam als Lösemittel fungiert. Andererseits besteht die Möglichkeit, eines der Produkte aus dem System abzudestillieren, und so das Gleichgewicht nach rechts, also zu höheren Produktausbeuten, zu verlagern.

Die Reaktionsgeschwindigkeit der Veresterung ist relativ gering. Durch Katalyse mit starken Mineralsäuren (wie Schwefelsäure oder Salzsäure) wird die Reaktion erheblich beschleunigt.

Verantwortlich dafür sind die Protonen (aus den Mineralsäuren), welche an die OH-Gruppe der Carbonsäuren gebunden werden:

$$\begin{array}{c} R-C=O \\ | \\ OH \end{array} + H^+ \longrightarrow \begin{array}{c} R-C=O \\ |_+ \\ H-O-H \end{array}$$

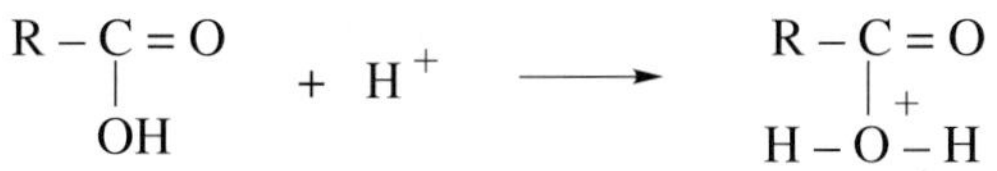

Oxonium-Ion

Das Oxonium-Ion wird durch die Abspaltung von (neutralem) Wasser stabilisiert; es bleibt ein Carbenium-Ion zurück.

$$\begin{array}{c} R-C=O \\ |_+ \\ H-O-H \end{array} \longrightarrow R-\underset{+}{C}=O \ + \ H_2O$$

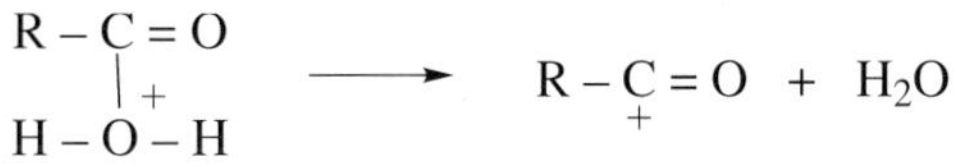

Carbenium-Ion

Das Carbenium-Ion wird von der negativierten OH-Gruppe des Alkohols angegriffen:

$$R-\underset{+}{C}=O \ + \ HO-R' \longrightarrow \begin{array}{c} R-C=O \\ | \\ H-\underset{+}{O}-R' \end{array}$$

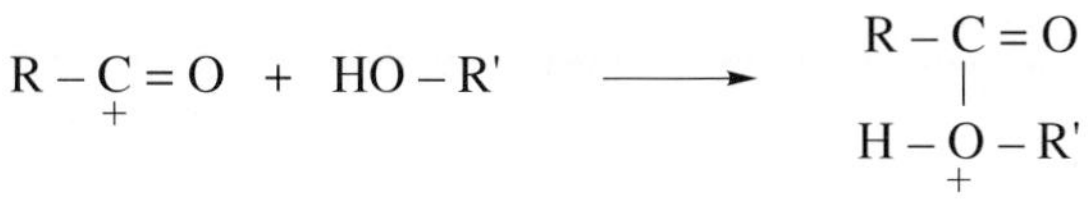

Das neu entstandene Ion kann durch Abspaltung eines Protons stabilisiert werden; es entsteht der Ester.

$$\begin{array}{c} R-C=O \\ | \\ H-\underset{+}{O}-R' \end{array} \longrightarrow H^+ \ + \ \begin{array}{c} R-C=O \\ | \\ O-R' \end{array}$$

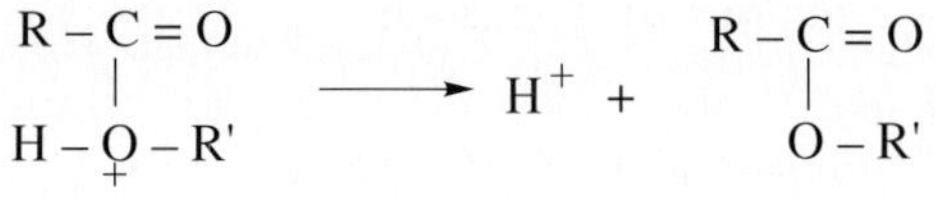

Ester

Der oben aufgeführte Reaktionsmechanismus verdeutlicht die katalytische Wirkung der Protonen. Ohne diese verlaufen die Vorgänge, und damit die gesamte Reaktion, wesentlich langsamer. Die Säurerest-Ionen haben keinerlei Bedeutung, sie tauchen im Reaktionsmechanismus daher nicht auf.

Ester sind aromatisch duftende Stoffe. Aus dieser Eigenschaft beruht teilweise ihre Verwendung: als Duftstoffe zu Herstellung von Parfüms oder Fruchtaroma.

5.14.1 Darstellung von Benzoesäureethylester

Theoretische Grundlagen

Die Veresterung der Carbonsäuren zu den entsprechenden Carbonsäureestern erfolgt stets unter Wasserabspaltung. Diese Reaktionen sind typische Gleichgewichtsreaktionen. Das Gleichgewicht kann zugunsten des entstehenden Esters verschoben werden durch Zugabe von hygroskopischen Säuren (Entzug des entstehenden Wassers) oder durch Zusatz von Alkohol.

Bei der Darstellung von Benzoesäureethylester wird mit einem Überschuß an Ethanol gearbeitet. Zusätzlich wird noch konzentrierte Schwefelsäure zugesetzt. Die Reaktion verläuft nach folgender Gleichung:

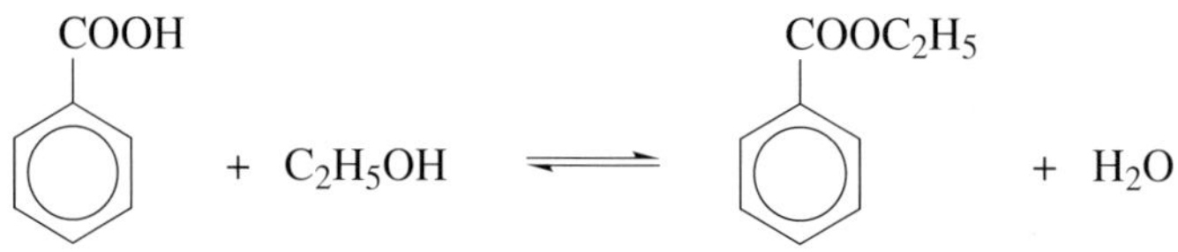

Benzoesäureethylester ist eine aromatisch riechende Flüssigkeit und wird zur Herstellung von Parfümen und Feuchtaromastoffen verwendet.

Apparatur

1. Standardrührapparatur mit Dr. Junge-Aufsatz (vgl. Abb. 3-4)
2. Offene Rührapparatur „Becherglasrührapparatur" (vgl. Abb. 3-5)
3. Vakuumrektifikationsapparatur (vgl. Abb. 3-12)

Geräte

1. 500-mL-Vierhals-Rundkolben, Rührer mit Rührführung, Tropftrichter mit Druckausgleich, Thermometer, Rücklaufteiler nach Dr. Junge, elektrischer Heizkorb mit Spannungsteiler
2. 1.000-mL-Becherglas, Rührer mit Rührführung, Thermometer, Tropftrichter
3. 250-mL-Dreihals-Rundkolben, Siedekapillare, Vigreux-Kolonne, Heizkorb mit Spannungsteiler, Claisenbrücke, Spinnenvorlage mit Kolben, Kältefalle, Dewar-Gefäß, Vakuummeter, Vakuumpumpe, Belüftungsventil

Benötigte Chemikalien

Benzoesäure C_6H_5COOH	m = 61 g	w = 99 %
Ethanol C_2H_5OH	V = 200 mL	w = 96 %
Dichlormethan CH_2Cl_2	V = 120 mL	w = 99 %
Schwefelsäure H_2SO_4	V = 5 mL	w = 98 %
Natriumhydrogencarbonat $NaHCO_3$		
Calciumchlorid $CaCl_2$		

Sicherheitsdaten

Tab 5-14-1

Substanz	Gefahren-symbol	R-Sätze	S-Sätze	MAK-Wert mg/m³
Benzoesäure	–	–	–	–
Benzoesäureethylester	–	–	–	–
Calciumchlorid	X_i	36	22-24	–
Dichlormethan	X_n	40	23-24/25 36/37	360
Ethanol	F	11	7-16	1900
Natriumhydrogencarbonat	–	–	–	–
Schwefelsäure	C	35	2-26-30	1 G

Hinweise zur Arbeitssicherheit

Calciumchlorid:
- Reizt die Augen
- Staub nicht einatmen
- Berührung mit den Augen vermeiden

Dichlormethan:
- Irreversibler Schaden möglich
- Gas/Rauch/Dampf/Aerosol nicht einatmen (geeignete Bezeichnungen vom Hersteller anzugeben)
- Berührung mit den Augen und der Haut vermeiden

Ethanol:
- Leicht entzündlich
- Behälter dicht geschlossen halten
- Von Zündquellen ferhalten – Nicht rauchen

Schwefelsäure:
- Verursacht schwere Verätzungen
- Darf nicht in die Hände von Kindern gelangen
- Bei Berührung mit den Augen gründlich mit Wasser abspülen und Arzt konsultieren
- Niemals Wasser hinzugießen

Entsorgung

Benzoesäure: Methode 16
Mäßig reaktive organische Verbindungen:
Sammelgefäß C

Benzoesäureethylester: Methode 14
Organische, halogenfreie Lösemittel:
Sammelgefäß O

Calciumchlorid: Methode 3
Anorganische Salze: Sammelgefäß S
Lösungen dieser Salze: Sammelgefäß A
Falls Neutralisation notwendig, Behandlung nach Methode 1 oder 2

Dichlormethan: Methode 15
Halogenhaltige, organische Lösemittel:
Sammelgefäß H

Ethanol: Methode 14
Organische, halogenfreie Lösemittel
Sammelgefäß O

Natriumhydrogencarbonat: Methode 3
Anorganische Salze: Sammelgefäß S
Lösungen dieser Salze: Sammelgefäß A
Falls Neutralisation notwendig, Behandlung nach Methode 1 oder 2

Schwefelsäure: Methode 1
Anorganische Säuren werden zunächst vorsichtig durch Einrühren in Wasser verdünnt, anschließend mit Natronlauge neutralisiert, pH 6–8; Sammelgefäß

Arbeitsvorschrift

In der Rührapparatur werden 61,0 g (0,5 mol) Benzoesäure und 200 mL Ethanol, $w(C_2H_5OH) = 96\ \%$, vorgelegt. Unter Rühren werden vorsichtig 5 mL Schwefelsäure, $w(H_2SO_4) = 98\ \%$, eingetragen und das Gemisch unter Rühren vier Stunden am Rückfluß gekocht.

Anschließend wird anstelle des Rückflußkühlers ein Dr. Junge-Aufsatz eingebaut und das überschüssige Ethanol abdestilliert.

Nachdem der Destillationsrückstand auf Raumtemperatur abgekühlt ist, gießt man ihn auf etwa 300 mL Wasser und überführt in einen Scheidetrichter.

Nach Zugabe von 70 mL Dichlormethan wird geschüttelt und die organische Phase abgetrennt und die wäßrige Phase noch zweimal mit je 25 mL Dichlormethan ausgeschüttelt.

Die organischen Phasen werden vereinigt, in einer Becherglasrührapparatur mit 200 mL Wasser und portionsweise solange mit Natriumhydrogencarbonat versetzt, bis ein pH-Wert von 8 erreicht ist.

Die organische Phase wird erneut im Scheidetrichter abgetrennt, mit wasserfreiem Calciumchlorid getrocknet und in den Kolben der Destillationsapparatur filtriert.

Nachdem man das Dichlormethan bei Normaldruck abdestilliert hat, wird der zurückbleibende Ester im Vakuum rektifiziert.

Ausbeute

Die durchschnittlich erreichten Ausbeuten liegen, bezogen auf Benzoesäure, bei etwa 80 % der theoretischen Endausbeute.

Identifizierung und Reinheitskontrolle

a) Aussehen: farblose Flüssigkeit
b) Siedepunkt: 212,3 °C
c) Brechungsindex: $n_D^{17} = 1{,}5068$
d) IR-Spektrum

Anzugeben:

Ausbeute
Theoretische Ausbeute (bezogen auf Benzoesäure)

Zeitaufwand:

Die voraussichtliche Dauer zur Durchführung der Aufgabe (ohne Trocknungs-/Kristallisationszeiten) beträgt ca. 7 Stunden.

5.14.2 Darstellung von Salicylsäuremethylester

Theoretische Grundlagen

Bei dieser Veresterungsreaktion wird nach Zugabe der konzentrierten Schwefelsäure noch zusätzlich Chlorwasserstoffgas durch das Reaktionsgemisch geleitet. Dadurch wird die Einstellung des Gleichgewichtes erheblich beschleunigt. Die Reaktion verläuft nach folgender Gleichung:

Salicylsäuremethylester ist eine farblose, aromatisch riechende Flüssigkeit. Verwendet wird der Ester in der Medizin zur Behandlung von Gelenk- und Muskelrheumatismus und zur Herstellung von Parfümen.

Apparatur

1. Gasentwicklungsapparatur (incl. Gastrocknung), kombiniert mit Standardrührapparatur (vgl. Abb. 3-6)
2. Vakuumrektifikationsapparatur (vgl. Abb. 3-12)

Geräte

1. 500-mL-Zweihals-Rundkolben, Tropftrichter mit Druckausgleich, Schliffkappe („Gasabgangsstück“), fünf Gaswaschflaschen

250-mL-Vierhals-Rundkolben, Rührer mit Rührführung, Gaseinleitungsrohr, Thermometer, Intensivkühler, elektrischer Heizkorb mit Spannungsteiler

2. 250-mL-Dreihals-Rundkolben, Siedekapillare, Vigreux-Kolonne, Heizkorb mit Spannungsteiler, Claisenbrücke, Spinnenvorlage mit Kolben, Kältefalle, Dewar-Gefäß, Vakuummeter, Vakuumpumpe, Belüftungsventil

Benötigte Chemikalien

Salzsäure HCl		w = 36 %
Schwefelsäure H_2SO_4		w = 98 %
Salicylsäure HO-C_6H_4-COOH	m = 69,1 g	w = 99 %
Methanol CH_3OH	V = 100 mL	w = 96 %
Dichlormethan CH_2Cl_2	V = 90 mL	w = 99 %
Calciumchlorid $CaCl_2$		

Sicherheitsdaten

Tab 5-14-2

Substanz	Gefahren-symbol	R-Sätze	S-Sätze	MAK-Wert mg/m^3
Calciumchlorid	X_i	36	22-24	–
Dichlormethan	X_n	40	23-24/25 36/37	360
Methanol	F, T	11-23/25	2-7-16-24	260
Salicylsäure	X_n	22-36/38	22	–
Salicylsäuremethylester	X_n	22-36	24-26	–
Salzsäure	C	34-37	2-26	7
Schwefelsäure	C	35	2-26-30	1 G

Hinweise zur Arbeitssicherheit

Dieser Versuch ist im Abzug durchzuführen.

Calciumchlorid:
- Reizt die Augen
- Staub nicht einatmen
- Berührung mit der Haut vermeiden

Dichlormethan:
- Irreversibler Schaden möglich
- Gas/Rauch/Dampf/Aerosol nicht einatmen (geeignete Bezeichnungen vom Hersteller anzugeben)

– Berührungen mit den Augen und der Haut vermeiden
– Bei der Arbeit geeignete Schutzhandschuhe und Schutzkleidung tragen

Methanol:
– Leicht entzündlich
– Giftig beim Einatmen und Verschlucken
– Darf nicht in die Hände von Kindern gelangen
– Behälter dicht geschlossen halten
– Von Zündquellen fernhalten – Nicht rauchen
– Berührung mit der Haut vermeiden

Salicylsäure:
– Gesundheitsschädlich beim Verschlucken
– Reizt die Augen und die Haut
– Staub nicht einatmen

Salicylsäuremethylester:
– Gesundheitsschädlich beim Verschlucken
– Reizt die Augen
– Berührung mit der Haut vermeiden
– Bei Berührung mit den Augen gründlich mit Wasser abspülen und Arzt konsultieren

Salzsäure:
– Verursacht Verätzungen
– Reizt die Atmungsorgane
– Darf nicht in die Hände von Kindern gelangen
– Bei Berührung mit den Augen gründlich mit Wasser abspülen und Arzt konsultieren

Schwefelsäure:
– Verursacht schwere Verätzungen
– Darf nicht in die Hände von Kindern gelangen
– Bei Berührung mit den Augen gründlich mit Wasser abspülen und Arzt konsultieren
– Niemals Wasser hinzugießen

Entsorgung

Calciumchlorid: Methode 3
Anorganische Salze: Sammelgefäß S
Lösungen dieser Salze: Sammelgefäß A
Falls Neutralisation notwendig, Behandlung nach Methode 1 oder 2

Dichlormethan: Methode 15
Halogenhaltige, organische Lösemittel:
Sammelgefäß H

Methanol: Methode 14
Organische, halogenfreie Lösemittel:
Sammelgefäß O

Salicylsäure: Methode 18
Organische Säuren werden vorsichtig mit Natriumhydrogencarbonat oder Natriumhydroxid in wäßriger Lösung neutralisiert.
Anschließend: Sammelgefäß A

Salicylsäuremethylester: Methode 14
Organische, halogenfreie Lösemittel:
Sammelgefäß O

Salzsäure: Methode 1
Anorganische Säuren werden zunächst vorsichtig durch Einrühren in Wasser verdünnt, anschließend mit Natronlauge neutralisiert, pH 6–8; Sammelgefäß A

Schwefelsäure: Methode 1
Anorganische Säuren werden zunächst vorsichtig durch Einrühren in Wasser verdünnt, anschließend mit Natronlauge neutralisiert, pH 6–8; Sammelgefäß A

Arbeitsvorschrift

Im Reaktionskolben werden 69,1 g (0,5 mol) Salicylsäure in 100 mL Methanol unter Erwärmen gelöst.

Nach dem Abkühlen gibt man vorsichtig 30 mL Schwefelsäure, $w(H_2SO_4) = 98$ %, zu. Man erhitzt zum Sieden und leitet bei dieser Temperatur 3 Stunden einen gleichmäßigen Strom von Chlorwasserstoff durch das Gemisch. Das HCl-Gas wird durch Zutropfen von H_2SO_4, $w(x) = 98$ %, in HCl, $w(x) = 36$ %, hergestellt.

Das auf Raumtemperatur abgekühlte Reaktionsgemisch wird auf etwa 350 mL Eiswasser gegossen und die Esterphase im Scheidetrichter abgetrennt.

Die wäßrige Phase wird dreimal mit je 30 mL Dichlormethan ausgeschüttelt. Dichlormethan- und Esterphase werden vereinigt und etwa 3 Stunden über wasserfreiem Calciumchlorid getrocknet.

Man filtriert in den Destillationskolben und destilliert das Dichlormethan ab.

Der zurückbleibende Ester wird im Vakuum rektifiziert.

Ausbeute

Die durchschnittlich erreichten Ausbeuten liegen, bezogen auf Salicylsäure, bei etwa 75 % der theoretischen Endausbeute.

Identifizierung und Reinheitskontrolle

a) Aussehen: farblose Flüssigkeit
b) Siedepunkt: 220 °C
c) Brechungsindex: $n_D^{18} = 1{,}536$
d) IR-Spektrum

Anzugeben:

Ausbeute
Theoretische Ausbeute (bezogen auf Salicylsäure)

Zeitaufwand:

Die voraussichtliche Dauer zur Durchführung der Aufgabe (ohne Trocknungs-/Kristallisationszeiten) beträgt ca. 8 Stunden.

5.15 Verseifung

Die Bildung von aromatischen Carbonsäuren durch Hydrolyse von Estern wird als Verseifung bezeichnet. Die allgemeine Reaktionsgleichung lautet:

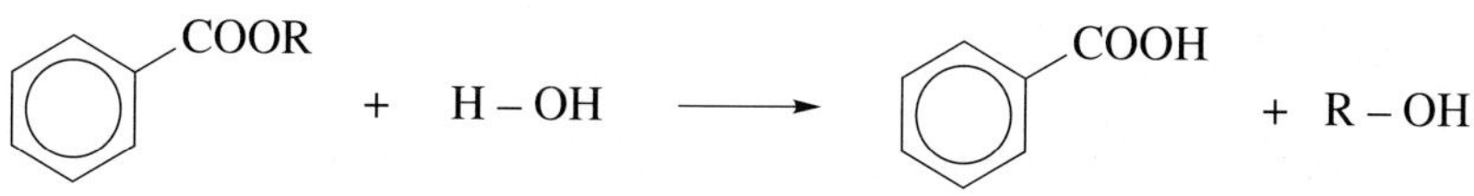

Ester Wasser Carbonsäure Alkohol

Die Hydrolyse von Estern verläuft nach dem Mechanismus der nucleophilen Substitution. Als Angreifer dient dabei die negativ geladene Hydroxy-Gruppe (OH^-).

Das OH^--Ion greift als Nucleophil das positivierte Kohlenstoffatom des Esters an. Als Abgangsgruppe verläßt Alkohol bzw. bei Verwendung von Alkalilauge Alkoholat das Molekül.

Die Verseifung von Estern wird also begünstigt, wenn die Konzentration an OH^--Ionen hoch ist. Dies kann erreicht werden, indem nicht mit Wasser, sondern durch den Einsatz von Alkalilaugen verseift wird. Der Verseifungsgrad, d.h. die Ausbeute, liegt dann im Bereich von über 90 %.

5.15.1 Darstellung von Benzoesäure

Theoretische Grundlagen

Benzoesäure ist die einfachste aromatische Carbonsäure. Eine der Möglichkeiten zur Herstellung der Benzoesäure ist die alkalische Verseifung von Benzoesäureethylester.

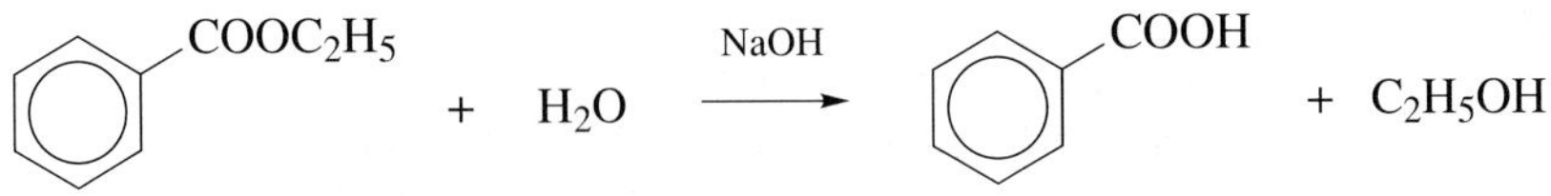

Die Benzoesäure kristallisiert in farblosen, glänzenden Nadeln oder Blättchen aus. Sie wirkt dampfförmig stark hustenreizend, ist aber unschädlich.

Zur Konservierung von Lebensmitteln und zum Frischhalten von Seifen und Tabak, aber auch zur Herstellung von wichtigen Farbstoffen findet sie Verwendung. In der Maßanalyse benutzt man sie als Urlitersubstanz.

Apparatur

1. Standardrührapparatur (vgl. Abb. 3-3)
2. Offene Rührapparatur „Becherglasrührapparatur" (vgl. Abb. 3-5)

Geräte

1. 500-mL-Vierhals-Rundkolben, Rührer mit Rührführung, Thermometer, Intensivkühler Glasstopfen, elektrischer Heizkorb mit Spannungsteiler
2. 1.000-mL-Becherglas, Rührer mit Rührführung, Thermometer, Tropftrichter

Benötigte Chemikalien

Benzoesäureethylester $C_6H_5COOC_2H_5$	V = 30 g	w = 98 %
Natronlauge NaOH	V = 150 mL	w = 8 %
Salzsäure HCl		w = 10 %

Sicherheitsdaten

Tab 5-15-1

Substanz	Gefahren-symbol	R-Sätze	S-Sätze	MAK-Wert mg/m^3
Benzoesäure	–	–	–	–
Benzoesäureethylester	–	–	–	–
Natronlauge	C	35	26-36	–
Salzsäure	C	34-37	2-26	7

Hinweise zur Arbeitssicherheit

Natronlauge:
- Verursacht schwere Verätzungen
- Bei Berührung mit den Augen gründlich mit Wasser abspülen und Arzt konsultieren
- Bei der Arbeit geeignete Schutzkleidung tragen

Salzsäure:
- Verursacht Verätzungen
- Reizt die Atmungsorgane
- Darf nicht in die Hände von Kindern gelangen
- Bei Berührung mit den Augen gründlich mit Wasser abspülen und Arzt konsultieren

Entsorgung

Benzoesäure: Methode 16
Mäßig reaktive organische Verbindungen:
Sammelgefäß C

Benzoesäureethylester: Methode 14
Organische, halogenfreie Lösemittel:
Sammelgefäß O

Natronlauge: Methode 2
Anorganische Basen werden durch Einrühren in Wasser verdünnt und anschließend mit verdünnter Schwefelsäure langsam neutralisiert, pH 6–8; Sammelgefäß A

Salzsäure: Methode 1
Anorganische Säuren werden zunächst vorsichtig durch Einrühren in Wasser verdünnt, anschließend mit Natronlauge neutralisiert, pH 6–8; Sammelgefäß A

Arbeitsvorschrift

In der Rührapparatur werden 150 mL Natronlauge, w(NaOH) = 8 %, und 30,0 g Benzoesäureethylester vorgelegt. Das Gemisch wird 90 Minuten unter kräftigem Rühren am Rückfluß gekocht.

Anschließend wird die klare Lösung, die keinesfalls zwei Phasen bilden darf, in die Becherglasrührapparatur überführt, auf 20 °C abgekühlt und mit 100 mL Wasser verdünnt. Bei 20 °C wird solange Salzsäure, w(HCl) = 10 %, zugetropft, bis ein pH-Wert von 2–3 erreicht ist, wobei die Benzoesäure ausfällt.

Die Suspension wird über eine Nutsche abgesaugt und das Filtrat auf Vollständigkeit der Fällung überprüft. Der scharf abgepreßte Filterkuchen wird noch dreimal mit je 25 mL kaltem Wasser gewaschen, erneut scharf abgepreßt und wenn nötig (aus Natronlauge) umgefällt.

Die Trocknung des Endproduktes erfolgt im Trockenschrank bei etwa 80 °C.

Ausbeute

Die durchschnittlich erreichten Ausbeuten, bezogen auf Benzoesäureethylester, liegen bei etwa 90 % der theoretischen Endausbeute.

Identifizierung und Reinheitskontrolle

a) Aussehen: weiße Kristalle
b) Schmelzpunkt: 122 °C
c) Dünnschichtchromatogramm
DC-Mikrokarten SIF 5 x 10 (Riedel de Haen)
Probe: w(Benzoesäure) = 1 % in Aceton

Fließmittel:	Ethanol, $w(C_2H_5OH) = 96\,\%$,	80 Volumenteile
	Wasser	16 Volumenteile
	Ammoniakwasser, $w(NH_3) = 25\,\%$,	4 Volumenteile

d) IR-Spektrum

Anzugeben:

Feuchtausbeute
Trockenausbeute
Theoretische Ausbeute (bezogen auf Benzoesäureethylester)

Zeitaufwand:

Die voraussichtliche Dauer zur Durchführung der Aufgabe (ohne Trocknungs-/Kristallisationszeiten) beträgt ca. 5 Stunden.

5.15.2 Darstellung von 4-Methyl-2-nitroanilin

Theoretische Grundlagen

Das 4-Methyl-2-nitroanilin ist ein sehr wichtiges Zwischenprodukt zur Herstellung von Azofarbstoffen und hier speziell zur Darstellung von Hansagelb.

Es wird durch Verseifung von 4-Methyl-2-nitroacetanilid gewonnen:

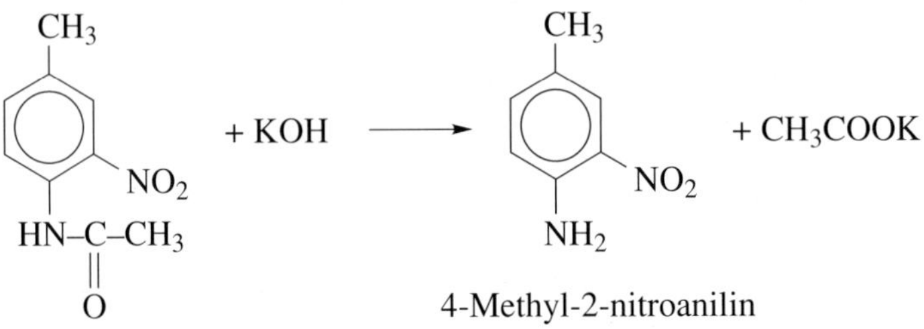

4-Methyl-2-nitroanilin

Apparatur

1. Standardrührapparatur (vgl. Abb. 3-3)
2. Rückflußapparatur (vgl. Abb. 3-2)

Geräte

1. 500-mL-Vierhals-Rundkolben, Rührer mit Rührführung, Thermometer, Intensivkühler, Tropftrichter, elektrischer Heizkorb mit Spannungsteiler
2. 500-mL-Zweihals-Rundkolben, Intensivkühler, Thermometer, elektrischer Heizkorb mit Spannungsteiler

Benötigte Chemikalien

4-Methyl-2-nitroacetanilid $C_9H_{10}N_2O_3$	m = 19,4 g	w = 97 %
Methanol CH_3OH	V = 60 mL	w = 96 %
Kalilauge KOH	m = 28 g	w = 50 %
Ethanol C_2H_5OH		w = 96 %

Sicherheitsdaten

Tab 5-15-2

Substanz	Gefahren-symbol	R-Sätze	S-Sätze	MAK-Wert mg/m^3
Ethanol	F	11	7-16	1900
Kalilauge	C	35	2-26/27 37/39	–
Methanol	F, T	11-23/25	2-7-16-24	260
4-Methyl-2-nitroacetanilid		nicht bekannt		
4-Methyl-2-nitroanilin	T	23/24/25-33	28-36/37-44	–

Hinweise zur Arbeitssicherheit

Ethanol:
- Leicht entzündlich
- Behälter dicht geschlossen halten
- Von Zündquellen fernhalten – Nicht rauchen

Kalilauge:
- Verursacht schwere Verätzungen
- Darf nicht in die Hände von Kindern gelangen
- Bei Berührung mit den Augen gründlich mit Wasser abspülen und Arzt konsultieren
- Beschmutzte, getränkte Kleidung sofort ausziehen
- Bei der Arbeit geeignete Schutzhandschuhe und Schutzbrille/Gesichtsschutz tragen

Methanol:
- Leicht entzündlich
- Giftig beim Einatmen und Verschlucken
- Darf nicht in die Hände von Kindern gelangen
- Behälter dicht geschlossen halten

– Von Zündquellen fernhalten – Nicht rauchen
– Berührung mit der Haut vermeiden

4-Methyl-2-nitroanilin: – Giftig beim Einatmen, Verschlucken und Berührung mit der Haut
– Gefahr kumulativer Wirkung
– Bei Berührung mit der Haut sofort abwaschen mit viel ... spülen (vom Hersteller anzugeben)
– Bei der Arbeit geeignete Schutzhandschuhe und Schutzkleidung tragen
– Bei Unwohlsein ärztlichen Rat einholen (wenn möglich dieses Etikett vorzeigen)

Entsorgung

Ethanol: Methode 14
Organische, halogenfreie Lösemittel:
Sammelgefäß O

Kalilauge: Methode 2
Anorganische Basen werden durch Einrühren in Wasser verdünnt und anschließend mit verdünnter Schwefelsäure langsam neutralisiert, pH 6–8; Sammelgefäß A

Methanol: Methode 14
Organische, halogenfreie Lösemittel:
Sammelgefäß O

4-Methyl-2-nitroacetanilid: Methode 16
Mäßig reaktive organische Verbindungen:
Sammelgefäß C

4-Methyl-2-nitroanilin: Methode 22
Kanzerogene, sehr giftige, giftige und/oder brennbare Verbindungen:
Sammelgefäß F

Arbeitsvorschrift

19,4 g (0,1 mol) 4-Methyl-2-nitroacetanilid werden in der Rührapparatur mit 60 mL Methanol versetzt und auf 60 °C erwärmt. Nach etwa fünf Minuten tropft man 28,0 g Kalilauge, w(KOH) = 50 %, langsam zu. Anschließend erhitzt man zum Sieden, hält diese Temperatur 15 Minuten und tropft dann innerhalb von 10 Minuten 80 mL Wasser zu. Unter Rühren läßt man auf Raumtemperatur abkühlen.

Das auskristallisierte Produkt wird über eine Nutsche abgesaugt, dreimal mit 30 mL kaltem Wasser gewaschen und weitgehend trockengesaugt. Je nach Qualität (Schmelzpunkt, Aussehen) kann das Rohprodukt aus der zu ermittelnden Menge Ethanol in der Rückflußapparatur umkristallisiert oder umgelöst werden.

Die Trocknung kann im Trockenschrank, besser Vakuumtrockenschrank, bei etwa 70 °C erfolgen.

Ausbeute

Die durchschnittlich erreichten Ausbeuten, bezogen auf 4-Methyl-2-nitroacetanilid, liegen bei 85 % der theoretischen Endausbeute.

Identifizierung und Reinheitskontrolle

a) Aussehen: dunkelrote Kristalle
b) Schmelzpunkt: 116 °C
c) Dünnschichtchromatogramm
   DC-Mikrokarten SIF 5 x 10 (Riedel de Haen)
   Probe: w(4-Methyl-2-nitroanilin) = 1 % in Aceton
   Fließmittel: n-Heptan 2 Volumenteile
   Essigsäureethylester 1 Volumenteil
d) IR-Spektrum

Anzugeben:

Feuchtausbeute
Trockenausbeute
Theoretische Ausbeute (bezogen auf 4-Methyl-2-nitroacetanilid)

Zeitaufwand:

Die voraussichtliche Dauer zur Durchführung der Aufgabe (ohne Trocknungs-/Kristallisationszeiten) beträgt ca. 5 Stunden.

5.15.3 Darstellung von Salicylsäure

Theoretische Grundlagen

Durch Verseifung von Salicylsäuremethylester mit Natronlauge wird Salicylsäure, eine Phenolcarbonsäure, hergestellt. Die Reaktion verläuft nach folgender Gleichung:

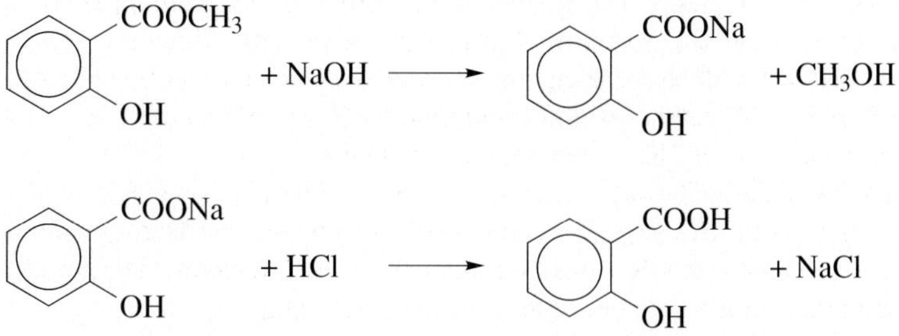

Salicylsäure wird als Ausgangsmaterial zur Herstellung von Acetylsalicylsäure (Aspirin) verwendet. Ferner dient sie zur Herstellung von Riechstoffen. Bei akutem Rheumatismus wirkt Salicylsäure lindernd.

Apparatur

1. Standardrührapparatur (vgl. Abb. 3-3)
2. Rückflußapparatur (vgl. Abb. 3-2)

Geräte

1. 500-mL-Vierhals-Rundkolben, Rührer mit Rührführung, Thermometer, Intensivkühler, Tropftrichter, elektrischer Heizkorb mit Spannungsteiler
2. 500-mL-Zweihals-Rundkolben, Intensivkühler, Thermometer, elektrischer Heizkorb mit Spannungsteiler

Benötigte Chemikalien

Salicylsäuremethylester $C_8H_8O_3$	m = 38 g	w = 99 %
Natronlauge NaOH	V = 150 mL	w = 10 %
Salzsäure HCl		w = 10 %
Ethanol C_2H_5OH		w = 96 %

Sicherheitsdaten

Tab 5-15-3

Substanz	Gefahrensymbol	R-Sätze	S-Sätze	MAK-Wert mg/m^3
Ethanol	F	11	7-16	1900
Natronlauge	C	35	26-36	–
Salicylsäure	X_n	22-36/38	22	–
Salicylsäuremethylester	X_n	22-36	24-26	–
Salzsäure	C	34-37	2-26	7

Hinweise zur Arbeitssicherheit

Ethanol:
- Leicht entzündlich
- Behälter dicht geschlossen halten
- Von Zündquellen fernhalten – Nicht rauchen

Natronlauge:
- Verursacht schwere Verätzungen
- Bei Berührung mit den Augen gründlich mit Wasser abspülen und Arzt konsultieren
- Bei der Arbeit geeignete Schutzkleidung tragen

Salicylsäure: – Gesundheitsschädlich beim Verschlucken
– Reizt die Augen und die Haut
– Staub nicht einatmen

Salicylsäuremethylester: – Gesundheitsschädlich beim Verschlucken
– Reizt die Augen
– Berührung mit der Haut vermeiden
– Bei Berührung mit den Augen gründlich mit Wasser abspülen und Arzt konsultieren

Salzsäure: – Verursacht Verätzungen
– Reizt die Atmungsorgane
– Darf nicht in die Hände von Kindern gelangen
– Bei Berührung mit den Augen gründlich mit Wasser abspülen und Arzt konsultieren

Entsorgung

Ethanol: Methode 14
Organische, halogenfreie Lösemittel:
Sammelgefäß O

Natronlauge: Methode 2
Anorganische Basen werden durch Einrühren in Wasser verdünnt und anschließend mit verdünnter Schwefelsäure langsam neutralisiert, pH 6–8; Sammelgefäß A

Salicylsäure: Methode 18
Organische Säuren werden vorsichtig mit Natriumhydrogencarbonat oder Natriumhydroxid in wäßriger Lösung neutralisiert.
Anschließend: Sammelgefäß A

Salicylsäuremethylester: Methode 14
Organische, halogenfreie Lösemittel:
Sammelgefäß O

Salzsäure: Methode 1
Anorganische Säuren werden zunächst vorsichtig durch Einrühren in Wasser verdünnt, anschließend mit Natronlauge neutralisiert, pH 6–8; Sammelgefäß A

Arbeitsvorschrift

In der Rührapparatur werden 150 mL Natronlauge, w(NaOH) = 10 %, und 38,0 g (0,25 mol) Salicylsäuremethylester vorgelegt. Unter Rühren wird dieses Gemisch 90 Minuten am Rückfluß gekocht. Die klare Lösung, die keinesfalls zwei Phasen bilden darf, wird mit 125 mL Wasser verdünnt und auf 20 °C abgekühlt. Bei dieser Temperatur ist solange Salzsäure, w(HCl) = 10 %, zuzutropfen, bis die entstehende Suspension einen pH-Wert von 2–3 zeigt.

Die Salicylsäure wird abgesaugt und das Filtrat durch erneute tropfenweise Zugabe von Salzsäure darauf überprüft, ob die Fällung vollständig verlief. Der Filterkuchen ist dreimal mit je 30 mL kaltem Wasser zu waschen.

Je nach Qualität des Rohproduktes (Aussehen, Schmelzpunkt) kann aus einem Gemisch Wasser/Ethanol 1:2 in der Rückflußapparatur umkristallisiert oder umgelöst werden.

Die Salicylsäure wird anschließend bei 80 °C im Trockenschrank, besser im Vakuumtrockenschrank, getrocknet.

Ausbeute

Die durchschnittlich erreichten Ausbeuten, bezogen auf Salicylsäuremethylester, liegen bei etwa 90 % der theoretischen Endausbeute.

Identifizierung und Reinheitskontrolle

a) Aussehen: weißes Pulver
b) Schmelzpunkt: 159 °C
c) Dünnschichtchromatogramm
DC-Mikrokarten SIF 5 x 10 (Riedel de Haen)
w(Salicylsäure) = 1 % in Aceton

Fließmittel:	Ethanol, $w(C_2H_5OH) = 96$ %,	80 Volumenteile
	Wasser	16 Volumenteile
	Ammoniakwasser, $w(NH_3) = 25$ %,	4 Volumenteile

Anzugeben:

Feuchtausbeute
Trockenausbeute
Theoretische Ausbeute (bezogen auf Salicylsäuremethylester)

Zeitaufwand:

Die voraussichtliche Dauer zur Durchführung der Aufgabe (ohne Trocknungs-/Kristallisationszeiten) beträgt ca. 5 Stunden.

5.16 Wiederholungsfragen

1. Welche Elemente sind hauptsächlich am Aufbau organischer Verbindungen beteiligt ?
2. Geben Sie zwei Beispiele für Substitutionsreaktionen an !
3. Geben Sie zwei Beispiele für Additionsreaktionen an !

4. Welchen Einfluß hat die Temperatur auf den Ablauf einer chemischen Reaktion ?
5. Was versteht man unter einer heterocyclischen Verbindung ? Nennen Sie ein Beispiel und geben Sie die zugehörige Formel an !
6. Benennen Sie mindestens fünf funktionelle Gruppen. Geben Sie deren Formeln an sowie die Eigenschaften, welche die entsprechenden Verbindungen haben !
7. Wie kann der während einer Reaktion entstehende Chlorwasserstoff vernichtet werden ?
8. Nennen Sie mindestens vier Reinheitskriterien, die zur Identifizierung von organischen Substanzen herangezogen werden können !
9. Zählen Sie in anzuwendender Abfolge die wesentlichen Arbeitsschritte einer Umkristallisation auf !
10. Welche Sicherheitsvorkehrungen sind bei einer Vakuum-Rektifikation zu treffen ?
11. Skizzieren Sie den apparativen Aufbau einer Wasserdampfdestillation !
12. Wie ist der MAK-Wert definiert ?
13. Erläutern Sie an einem Beispiel eine „Umlagerung" !
14. Welchen Einfluß (bzgl. einer Zweitsubstitution) haben Substituenten 1. Ordnung auf aromatische Systeme ?
15. Erstellen Sie die Reaktionsgleichung für die Veresterung von Benzoesäure mit Ethanol und benennen Sie die Produkte !
16. Welche Produkte entstehen bei der Oxidation von primären, sekundären und tertiären Alkoholen ?
17. Nennen Sie Name und Formel von drei Säurechloriden ! Was ist beim Umgang mit Säurechloriden zu beachten ?
18. Welches Produkt entsteht bei der Nitrierung von Chlorbenzol ? Geben Sie Name und Formel an !
19. Welche Acetylierungsmittel sind Ihnen bekannt ?
20. Erstellen Sie die Reaktionsgleichung einer Friedel-Crafts Alkylierung !
21. Beschreiben Sie mit Reaktionsgleichungen die Carboxylierung von Brombenzol nach Grignard !
22. Was sind Azo-Farbstoffe ? Wie können sie hergestellt werden ?
23. Welche Sicherheitsvorkehrungen sind beim Umgang mit elementarem Brom zu beachten ?
24. Geben Sie ein Beispiel für eine Kondensationsreaktion an !
25. Was versteht man unter „Nitriersäure" ?
26. Beschreiben Sie mit Reaktionsgleichung eine Polymerisation !
27. Anilin wird sulfoniert. Geben Sie die Reaktionsgleichung sowie die Namen der Produkte an !
28. Wie läßt sich die Ausbeute einer Veresterung erhöhen ?
29. Warum ist der Verseifungsgrad bei Verwendung von Kalilauge höher als bei Wasser ?
30. Was versteht man unter einer „Sandmeyer"-Reaktion ?

6 Mehrstufensynthesen

Bei den vorgeschlagenen Mehrstufensynthesen handelt es sich jeweils um die über mehrere Einzelreaktionen erfolgende Darstellung eines organischen Produktes.

Dabei werden die Produkte der ersten Reaktion als Edukte der zweiten Reaktion eingesetzt. Es wird also zum einen substanzsparend und damit umweltgerecht gearbeitet. Zum anderen wird praxisnah aufgezeigt, wie Syntheseplanung und -durchführung heute gehandhabt wird. Dies schließt die notwendigen Reinigungsverfahren und Analysen, also Reinheitskontrollen nach jeder Einzelreaktion ein.

Bei den Vorschlägen für Mehrstufensynthesen sind (unter dem Pfeil) die Nummern der entsprechenden Vorschriften angegeben. Somit wird die Orientierung und damit auch die zeitliche Disposition des gesamten Vorhabens einfacher gemacht.

6.1 Darstellung von 2-Chlorbenzoesäure

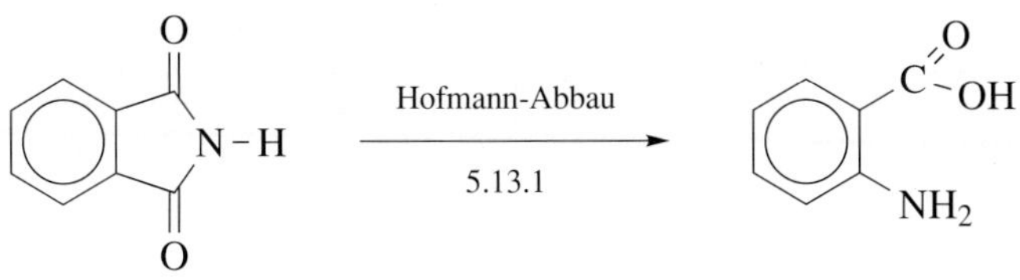

Phtalimid

2-Aminobenzoesäure

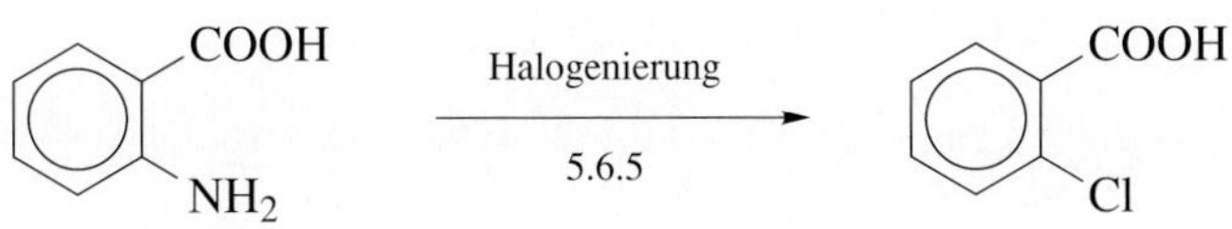

2-Aminobenzoesäure

2-Chlorbenzoesäure

6.2 Darstellung von Benzoesäureethylester

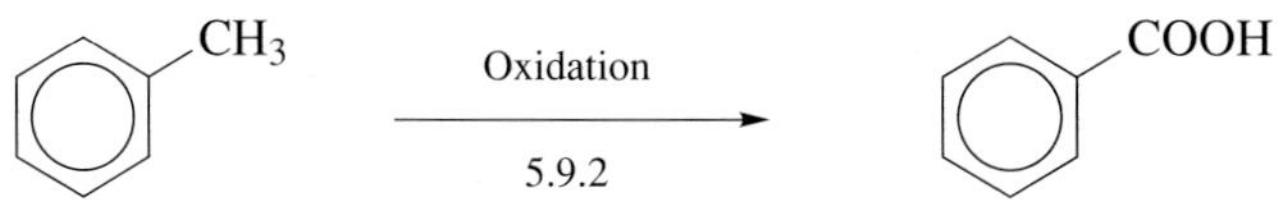

Toluol — Benzoesäure

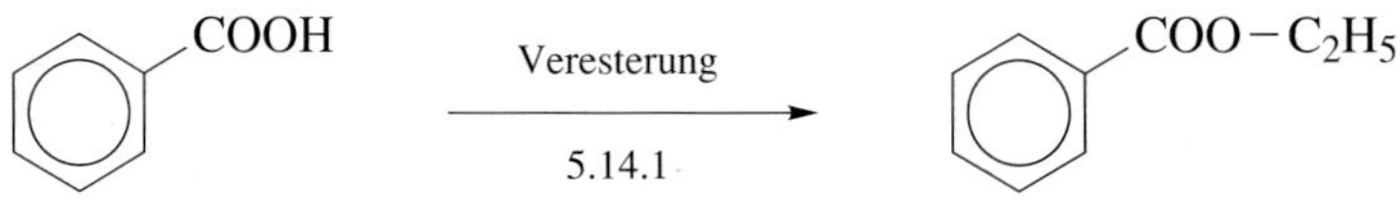

Benzoesäure — Benzoesäureethylester

6.3 Darstellung von Acetanilid

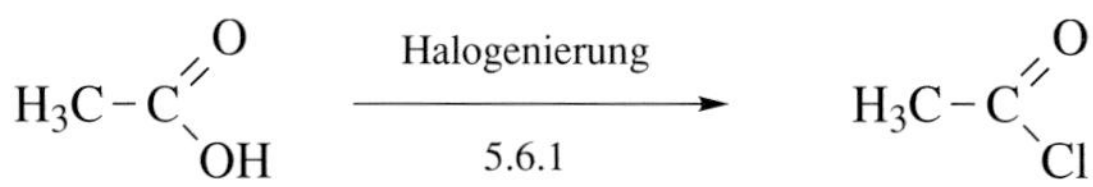

Essigsäure — Acetylchlorid

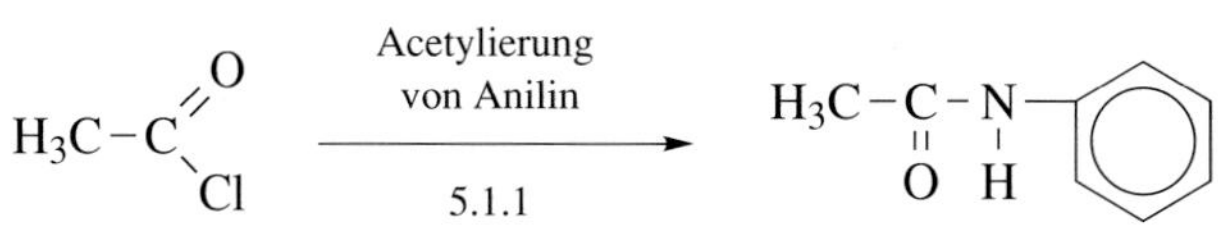

Acetylchlorid — Acetanilid

6.4 Darstellung von 4-Bromacetanilid

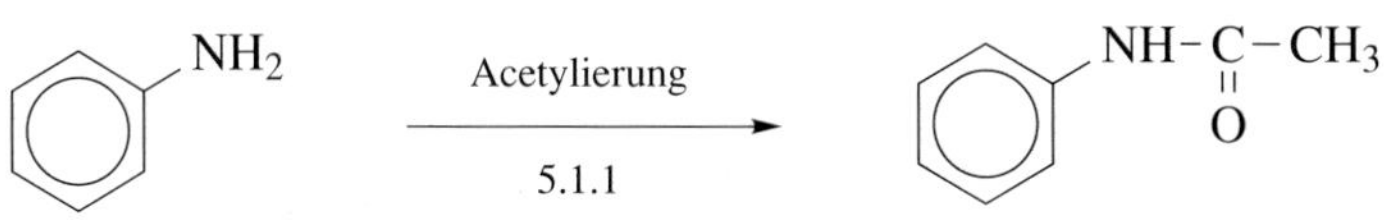

Anilin — Acetanilid

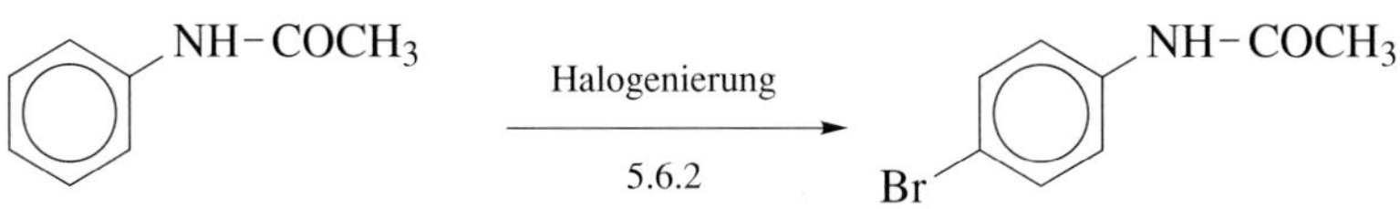

Acetanilid — 4-Bromacetanilid

6.5 Darstellung von 4-Nitroacetanilid

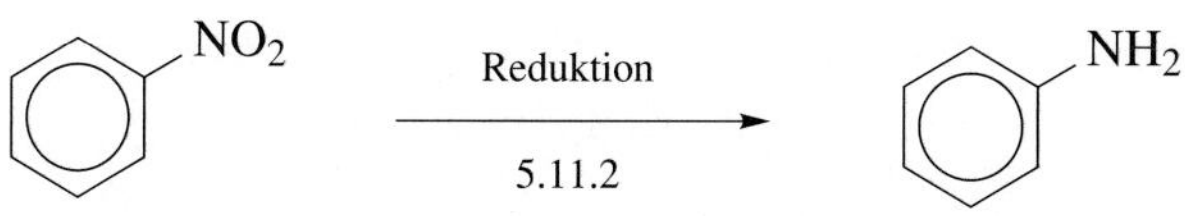

Nitrobenzol Anilin

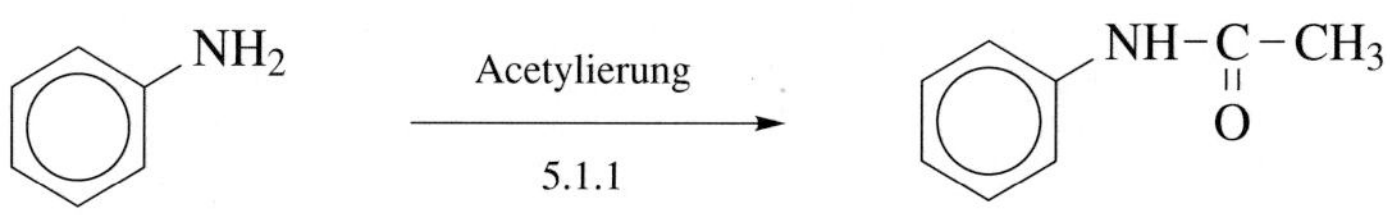

Anilin Acetanilid

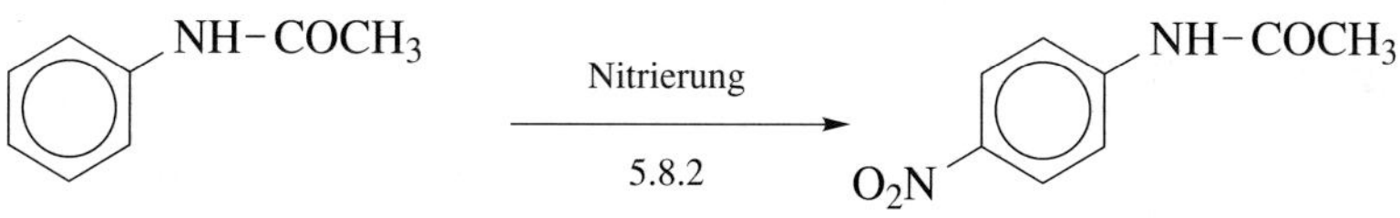

Acetanilid 4-Nitroacetanilid

6.6 Darstellung von Sudanrot

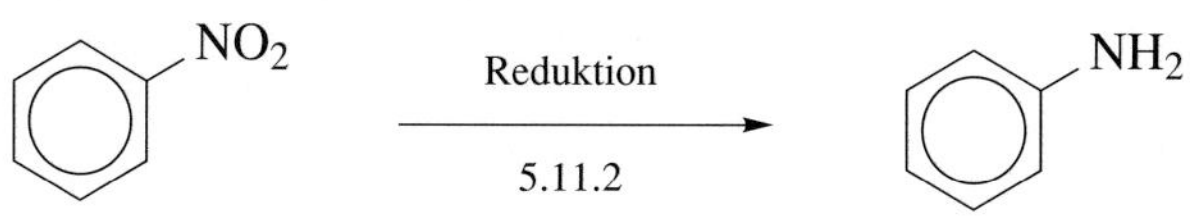

Nitrobenzol Anilin

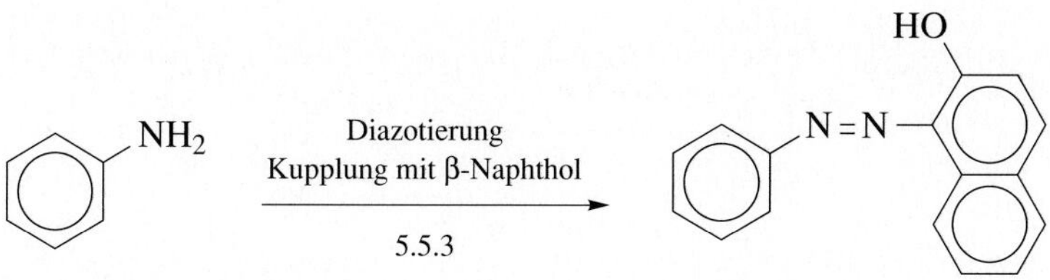

Anilin Sudanrot

6.7 Darstellung von β-Naphtholorange

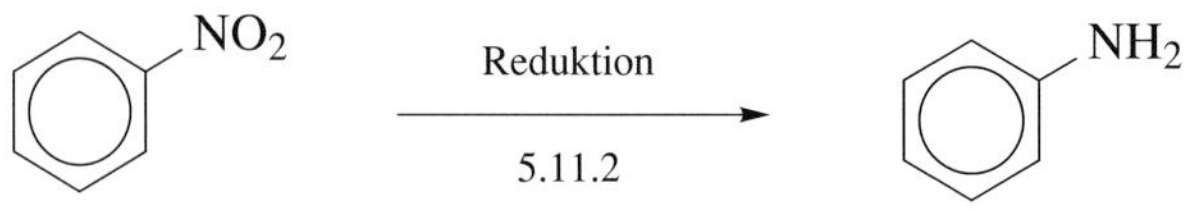

Nitrobenzol Anilin

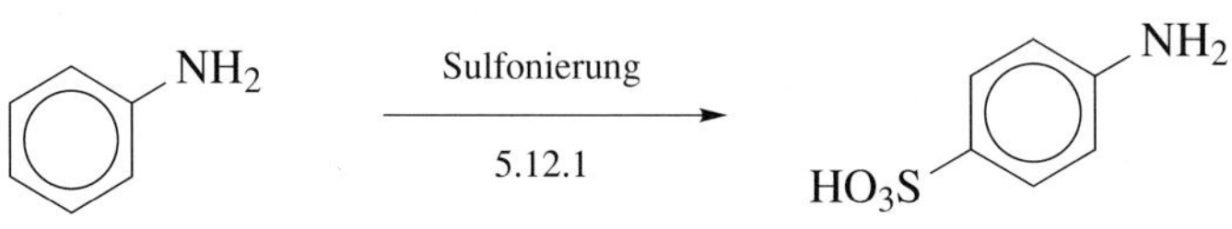

Anilin Sulfanilsäure

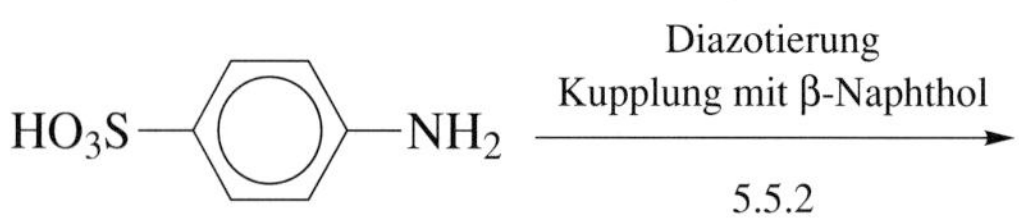

Sulfanilsäure

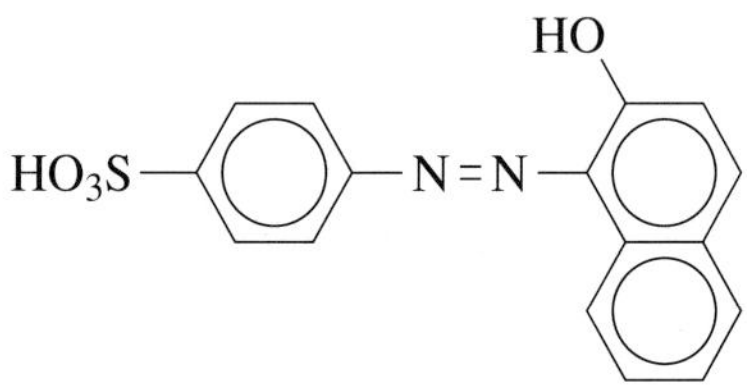

β-Naphtholorange

6.8 Darstellung von Acetylsalicylsäure

Salicylsäuremethylester Salicylsäure

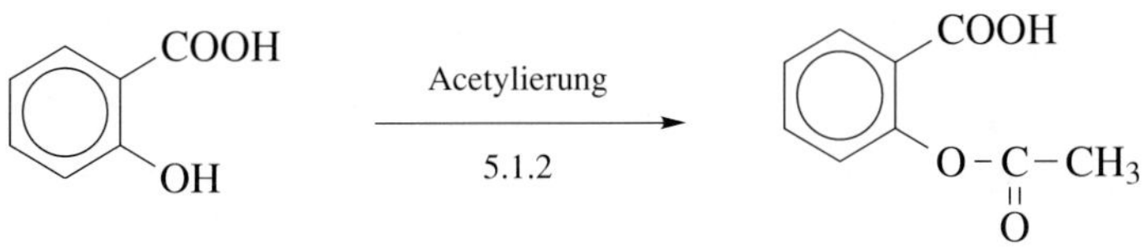

Salicylsäure — Acetylsalicylsäure

6.9 Darstellung von Hansagelb

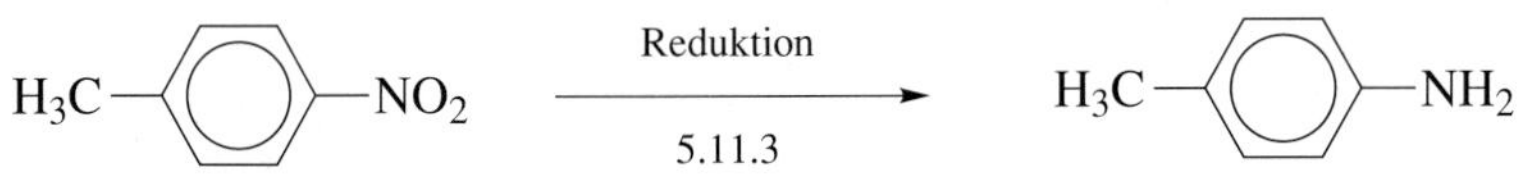

4-Nitrotoluol — p-Toluidin

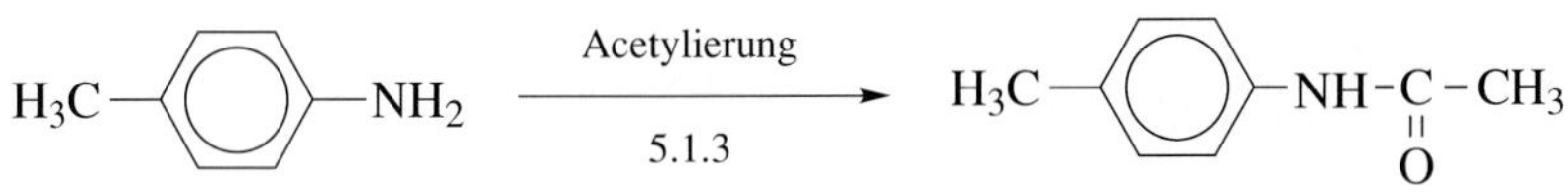

p-Toluidin — 4-Methylacetanilid

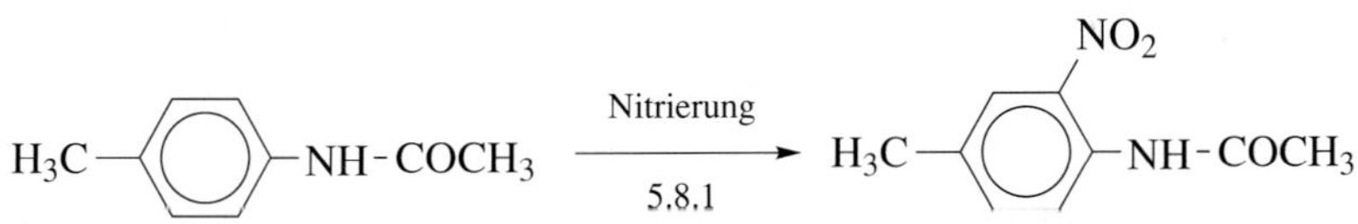

4-Methylacetanilid — 4-Methyl-2-nitroacetanilid

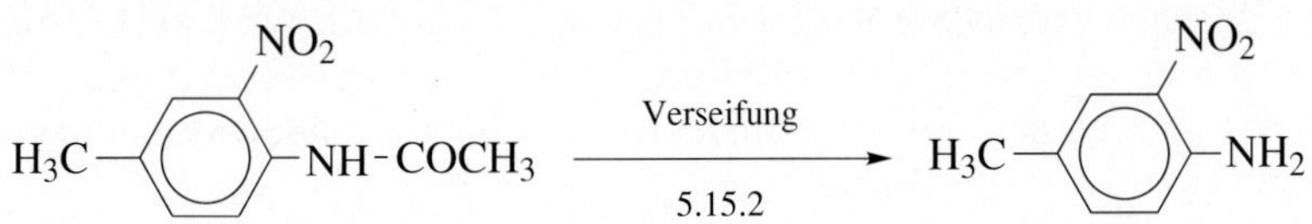

4-Methyl-2-nitroacetanilid — 4-Methyl-2-nitroanilin

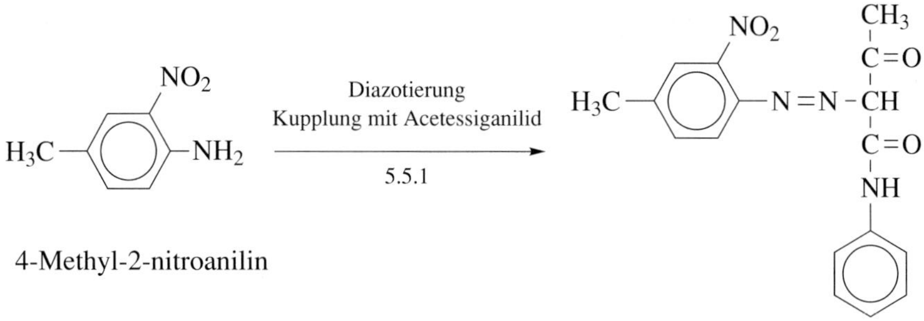

4-Methyl-2-nitroanilin

Hansagelb

6.10 Darstellung von 1,2-Dibromcyclohexan

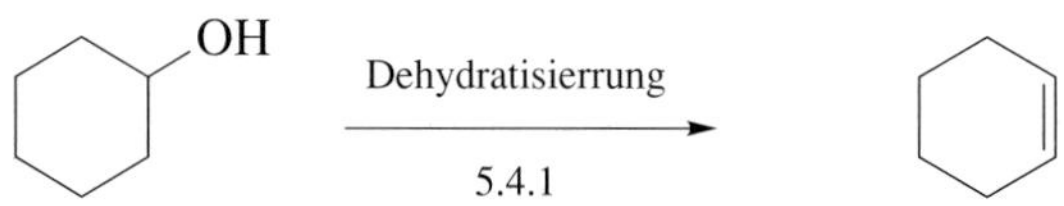

Cyclohexanol Cyclohexen

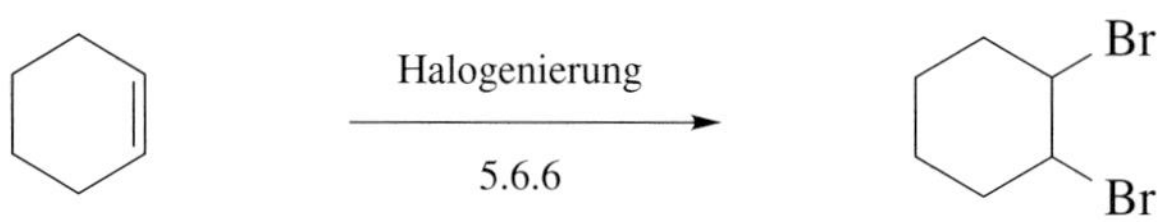

Cyclohexen 1,2-Dibromcyclohexan

Bei der Durchführung einer Mehrstufensynthese kann sich folgendes Problem ergeben: Die aus einer Reaktion erhaltene Produktmenge ist nicht ausreichend für den nächsten Ansatz, d.h. für die sich anschließende Synthese. Hier gibt es zwei unterschiedliche Lösungsvorschläge: Entweder wird die Vorschrift der folgenden präparativen Aufgabe auf die tatsächlich vorhandene Stoffmenge bezogen, und mit den entsprechend umgerechneten Werten für die übrigen Substanzen abgeändert. Oder aber der Praktikumsleiter sorgt für die Bevorratung der „Zwischenprodukte“, was dem Ausführenden ermöglicht, eine Ergänzung aus dem Vorrat vorzunehmen.

7 Projektaufgaben

Im siebenten Kapitel werden zwei unterschiedliche Methoden beschrieben, die in der modernen präparativen Chemie zunehmend an Bedeutung gewinnen: Kleinmengensynthese und In-Prozeß-Kontrolle.

Kleinmengensynthesen bieten gegenüber Reaktionen in herkömmlichen Größenordnungen mehrere Vorteile: Zum einen werden kleinere Substanzmengen eingesetzt, dies ist preiswert und bedeutet eine geringere Belastung für die Umwelt durch eventuell auftretende Reststoffe. Zum anderen finden kleinere Apparaturen Anwendung, die einen geringen Energieaufwand ermöglichen und weniger Platz (z.B. im Abzug oder Nachtraum) beanspruchen. Bei einer generellen Umstellung auf Kleinmengensynthesen muß jedoch zunächst eine Neuanschaffung von kleineren Gerätschaften erfolgen.

In-Prozeß-Kontrolle kann unterschiedliche Bedeutung haben: Einerseits die Reinheits- und Qualitätskontrolle während einer „laufenden" Reaktion, z.B. ob das Waschwasser (und damit der Filterkuchen) schon chlorionenfrei ist. Andererseits wird In-Prozeß-Kontrolle verstanden als Überprüfung jedes einzelnen Produktes (Zwischenproduktes) bei einer Folge von mehreren chemischen Reaktionen. Die zuletztgenannte Variante wird in Kapitel 7.2 näher beschrieben.

7.1 Kleinmengensynthesen

Präparatives Arbeiten im Halbmikromaßstab

Die im vorliegenden Buch bisher in den Kapiteln 4 und 5 empfohlenen Präparate bewegen sich in einer Ansatzgröße, die heute in der Praxis vielfach unterschritten wird. Gründe hierfür können – wie oben schon erwähnt – sehr unterschiedlich sein: Zeitaufwand, Entsorgungsprobleme, Sicherheitsfragen und nicht zuletzt die Gesamtkosten können ausschlaggebend sein für die Entscheidung, im Halbmikromaßstab zu arbeiten.

Während in diesem Buch die bisherige Ansatzgröße in einem Bereich von 0,1 mol bis 0,5 mol der Edukte liegt, wird bei Kleinmengensyntesen oft mit 0,05 mol Substanz gearbeitet.

Dieses Arbeiten mit kleinsten Mengen erfordert eine neue, andere Arbeitstechnik. Schon die Auswahl entsprechender Kleingeräte aus dem Standardprogramm der Glasgerätehersteller (z.B. Normag Glasgeräte, Hofheim im Taunus) ist von entscheidender

Bedeutung. Denn „Verluste" in zu groß gewählten Apparaturen machen sich bei Kleinmengensynthesen überaus deutlich bemerkbar. Daher ist nachstehend ein sogenanntes Standard-Set für präparatives Arbeiten im Halbmikromaßstab zusammengestellt und aufgeführt worden.

Geräte-Grundausrüstung für Kleinmengensynthesen:

1	100-mL-Dreihals-Rundkolben (3 NS 14)
1	100-mL-Zweihals-Rundkolben (2 NS 14)
10	Spitzkolben (NS 14), Volumen: 10 ... 100 mL
1	Rückflußkühler (2 NS 14), Länge ca. 20 cm
1	50-mL-Tropftrichter mit Druckausgleich (2 NS 14)
1	Vigreux-Kolonne (2 NS 14), Länge ca. 20 cm
1	Mikro-Destillationsbrücke nach Claisen (alle NS 14) mit Spinne (alle: NS 14)
4	Schraubkappen GL 14/ GL 18 (NS 14)
2	Schliffthermometer (NS 14), Einbaulänge: 90 mm
2	Stockthermometer (0 ... 250 °C)
8	Schliffstopfen (NS 14)
1	Porzellannutsche (d = 4 cm) mit passendem Dichtungsring und passenden Filtern
8	Schliffklammern für NS 14
1	Kristallisierschale/Badschale (d = 12 cm)
3	Kristallisierschale/Badschale (d = 4 cm)
10	Erlenmeyerkolben, Volumen: 25 ... 100 mL
10	Bechergläser, Volumen: 25 ... 100 mL
1	Heizkorb (für 100-mL-Kolben) mit Regler
1	Magnetrührer mit integrierter Heizung
4	Magnetrührstäbchen (1 ... 2 cm)

Nachfolgend sind einige Vorschriften wiedergegeben, die für das Arbeiten im Halbmikromaßstab umgearbeitet wurden.

Diese Vorschriften entsprechen – abgesehen von der zu verwendenden Apparatur und den einzusetzenden Chemikalienmengen – exakt denjenigen aus den Kapiteln 4 bzw. 5. Daher wird an dieser Stelle jeweils eine stark gekürzte Form angegeben, die lediglich Empfehlungen zur Apparatur und die eigentliche Arbeitsvorschrift enthält.

Vorschriften (Halbmikromaßstab):

7.1.1 Ammoniumeisen(II)-sulfat (vgl. Kapitel 4.4.1)
7.1.2 Kupfersulfat-5-hydrat (vgl. Kapitel 4.4.3)
7.1.3 Acetanilid (vgl. Kapitel 5.1.1)
7.1.4 Acetylsalicylsäure (vgl. Kapitel 5.1.2)
7.1.5 4-Bromacetanilid (vgl. Kapitel 5.6.2)
7.1.6 1,2-Dibromcyclohexan (vgl. Kapitel 5.6.6)
7.1.7 4-Nitroacetanilid (vgl. Kapitel 5.8.2)
7.1.8 Sulfanilsäure (vgl. Kapitel 5.12.1)
7.1.9 Benzoesäure (vgl. Kapitel 5.15.1)
7.1.10 Salicylsäure (vgl. Kapitel 5.15.3)

7.1.1 Darstellung von Ammoniumeisen(II)-sulfat (im Halbmikromaßstab)

Apparatur

100 mL Zweihalskolben 2 NS 14
Thermometer NS 14
Rückflußkühler NS 14
Magnetrührer
100 mL Heizkorb mit Regler
Absaugstück NS 14

Arbeitsvorschrift

In der Rührapparatur werden 2,8 g (0,05 mol) feines Eisenpulver mit 60 mL Schwefelsäure, $w(H_2SO_4) = 10\ \%$, solange erhitzt, bis alles Eisen umgesetzt ist.

Von eventuell zurückbleibenden Verunreinigungen wird abfiltriert und die klare Lösung vorsichtig eingeengt, bis sich auf der Oberfläche eine Kristallhaut bildet.

Eine zweite, heiß gesättigte Lösung von 6,6 g Ammoniumsulfat in Wasser wird zugegeben und das Gemisch langsam erkalten gelassen.

Es scheiden sich hellgrüne Kristalle von Ammoniumeisen(II)-sulfat-6-hydrat ab, die scharf abgesaugt werden und mit ganz wenig eiskaltem Wasser gewaschen werden. Das Salz wird dann zwischen Filterpapier an der Luft getrocknet.

Aus der Mutterlauge ist durch vorsichtiges Eindampfen eine zweite Fraktion von geringerer Reinheit zu gewinnen.

7.1.2 Darstellung von Kupfersulfat-5-hydrat (im Halbmikromaßstab)

Apparatur

100 mL Einhalskolben NS 14
Rückflußkühler NS 14
Absaugstück NS 14
100 mL Heizkorb mit Regler

Arbeitsvorschrift

In dem Rundkolben werden 3,18 g (0,05 mol) Kupferpulver oder -späne mit 10 g Schwefelsäure, $w(H_2SO_4) = 96\ \%$, versetzt. Nach Zugabe von etwa 0,3 ml Salpetersäure, $w(HNO_3) = 63\ \%$, wird 90 Minuten zum Sieden erhitzt.

Danach gießt man den erkalteten, teilweise erstarrten Kolbeninhalt im Becherglas auf 16 mL Eiswasser. Es wird anschließend zum Sieden erhitzt und, nachdem alles Kupfersulfat gelöst ist, filtriert.

Nach dem Erkalten der Lösung wird das auskristallisierte Kupfersulfat abgesaugt und an der Luft zwischen Filterpapier getrocknet.

7.1.3 Darstellung von Acetanilid (im Halbmikromaßstab)

Apparatur

100 mL Dreihalskolben 3 NS 14
Thermometer NS 14
Rückflußkühler NS 14
Tropftrichter 50 mL NS 14
Badschale
Magnetrührer
100 mL Heizkorb mit Regler

Arbeitsvorschrift

In der Rührapparatur werden 4,7 g (0,05 mol) Anilin und 25 mL Essigsäure, $w(CH_3COOH) = 98 - 100\ \%$, vorgelegt. Unter Kühlung von außen (durch ein Eisbad) werden bei 20 °C 5 mL Acetylchlorid langsam unter Rühren zugetropft. Das Reaktionsgemisch wird dabei durch ausfallendes Acetanilid breiig.

Nach beendetem Zutropfen wird 20 Minuten am Rückfluß gekocht. Anschließend kühlt man auf 20 °C ab und tropft unter Kühlung von außen 37,5 mL Wasser zu. Die Temperatur sollte dabei 20 °C nicht übersteigen.

Ist alles Acetanilid ausgefallen, rührt man noch 60 Minuten nach und saugt anschließend bei Raumtemperatur scharf ab. Es wird dreimal mit je 2 mL kaltem Wasser gewaschen. Je nach Qualität (Schmelzpunkt, Aussehen) des Rohproduktes wird aus Wasser umkristallisiert.

Die Trocknung kann im Trockenschrank, besser im Vakuumtrockenschrank, bei 70 °C erfolgen.

7.1.4 Darstellung von Acetylsalicylsäure (im Halbmikromaßstab)

Apparatur

100 mL Dreihalskolben 3 NS 14
Thermometer NS 14

Rückflußkühler NS 14
Tropftrichter 50 mL NS 14
Badschale
Magnetrührer
100 mL Heizkorb mit Regler

Arbeitsvorschrift

In der Rührapparatur werden 5,8 mL Essigsäureanhydrid und 5 mL Eisessig vorgelegt. Unter Rühren werden 6,9 g (0,05 mol) Salicylsäure zugegeben. Man erhitzt auf 90 – 100 °C und hält diese Temperatur 2 Stunden.

Danach werden zu dem heißen Gemisch innerhalb von 10 Minuten 25 mL Wasser getropft. Durch Außenkühlung mit Eiswasser wird das Gemisch auf 20 ° abgekühlt und bei dieser Temperatur 30 Minuten nachgerührt.

Die abgeschiedene Acetylsalicylsäure wird abgesaugt und zweimal mit je 8 mL kaltem Wasser gewaschen.

Je nach Qualität des Rohproduktes (Aussehen, Schmelzpunkt) kann aus einem Gemisch Wasser/Ethanol 2:1 umkristallisiert oder umgelöst werden.

Die Acetylsalicylsäure wird im Trockenschrank, besser im Vakuumtrockenschrank, bei etwa 70 °C getrocknet.

7.1.5 Darstellung von 4-Bromacetanilid (im Halbmikromaßstab)

Apparatur

100 mL Dreihalskolben 3 NS 14
Thermometer NS 14
Rückflußkühler NS 14
Tropftrichter 50 mL NS 14
Badschale
Magnetrührer
100 mL Heizkorb mit Regler

Arbeitsvorschrift

In der Rührapparatur werden 6,75 g (0,05 mol) Acetanilid in 20 mL Essigsäure, $w(CH_3COOH)$ = 98 – 100 % , unter Rühren gelöst. Bei 20 – 25 °C (Wasserbad) werden langsam 2,5 mL Brom zugetropft und 30 Minuten nachgerührt.

Anschließend tropft man innerhalb von 5 Minuten 50 mL Wasser zu, wobei das Rohprodukt ausfällt. Es wird scharf abgesaugt und mit Wasser neutral gewaschen.

Je nach Qualität des Rohproduktes (Aussehen, Schmelzpunkt) kann aus Methylalkohol umkristallisiert oder umgelöst werden.

Das weitgehend trockengesaugte Produkt wird im Trockenschrank, besser im Vakuumtrockenschrank, bei etwa 60 °C getrocknet.

7.1.6 Darstellung von 1,2-Dibromcyclohexan (im Halbmikromaßstab)

Apparatur

100 mL Dreihalskolben 3 NS 14
Thermometer NS 14
Rückflußkühler NS 14
Tropftrichter 50 mL NS 14
Badschale
Magnetrührer
100 mL Heizkorb mit Regler
Mikrovakuumrektifikationsapparatur
Vakuumpumpe mit Zubehör

Arbeitsvorschrift

In der Rührapparatur werden 30 mL Dichlormethan und 8,2 g (0,1 mol) Cyclohexan vorgelegt. Unter Rühren und Kühlung von außen (mit einem Eisbad) wird das Gemisch auf 0 °C abgekühlt.

Innerhalb von etwa 90 Minuten wird ein Gemisch von 5 mL Brom in 10 mL Dichlormethan unter Rühren zugetropft. Die Reaktionstemperatur von 5 °C darf dabei nicht überschritten werden. Die Zutropfgeschwindigkeit sollte so reguliert werden, daß kein größerer Überschuß an Brom entsteht, was an einer deutlichen Braunfärbung des Gemisches erkennbar ist.

Nach beendeter Reaktion destilliert man das Dichlormethan direkt aus der Rührapparatur ab. Anschließend wird das rohe 1,2-Dibromcyclohexan im Vakuum rektifiziert.

7.1.7 Darstellung von 4-Nitroacetanilid (im Halbmikromaßstab)

Apparatur

100 mL Dreihalskolben 3 NS 14
Thermometer NS 14

Rückflußkühler
Tropftrichter 50 mL NS 14
Badschale
Magnetrührer
100 mL Heizkorb mit Regler

Arbeitsvorschrift

In einem 50 mL Erlenmeyerkolben werden 6,75 g (0,05 mol) Acetanilid in 22,5 mL Essigsäure, $w(CH_3COOH) = 98\%$, unter leichtem Erwärmen (im Wasserbad) gelöst.

In der Rührapparatur legt man 17,5 mL Schwefelsäure, $w(H_2SO_4) = 98\ \%$, vor und läßt aus dem Tropftrichter die Lösung von Acetanilid in Essigsäure unter Rühren zutropfen. Durch Kühlung mit einem Eisbad hält man die Temperatur im Kolben bei etwa 10 °C .

Nachdem der Tropftrichter gereinigt wurde, werden 4 mL Salpetersäure, $w(HNO_3) = 100\ \%$, langsam bei 10 °C zugetropft. Nach beendeter Zugabe wird 30 Minuten bei etwa 10 °C nachgerührt.

Danach wird der Kolbeninhalt in 100 mL Eiswasser eingerührt, wobei das 4-Nitroacetanilid als leicht hellgelbes Rohprodukt ausfällt. Es wird abgesaugt, mit kaltem Wasser neutral gewaschen und weitgehend trockengesaugt.

Das Rohprodukt kann je nach Qualität (Schmelzpunkt, Aussehen) aus Ethanol in einer Rückflußapparatur umgelöst oder umkristallisiert werden. Die Trocknung kann im Vakuumtrockenschrank oder der Trockenpistole bei etwa 60 °C erfolgen.

7.1.8 Darstellung von Sulfanilsäure (im Halbmikromaßstab)

Apparatur

100 mL Dreihalskolben 3 NS 14
Thermometer NS 14
Rückflußkühler NS 14
Tropftrichter 50 mL NS 14
Badschale
Magnetrührer
100 mL Heizkorb mit Regler

Arbeitsvorschrift

In der Rührapparatur werden 21 mL Essigsäureanhydrid vorgelegt und unter Kühlung von außen bei 20 °C unter Rühren 6,5 g Schwefelsäure, $w(H_2SO_4) = 98\ \%$, zugetropft.

Anschließend trägt man 6,8 g (0,05 mol) Acetanilid ein und erwärmt langsam auf 85 – 90 °C . Bei dieser Temperatur wird 30 Minuten nachgerührt.

Nachdem auf Raumtemperatur abgekühlt wurde, saugt man den Kristallbrei scharf ab. Der Rückstand wird mit 25 mL Wasser versetzt und in der Ausgangsapparatur unter

Rühren zum Sieden erhitzt. Innerhalb von 5 Minuten werden 1,0 mL Salzsäure, w(HCl) = 36 % , zugetropft und bei Siedetemperatur 20 Minuten nachgerührt.

Die auf 20 °C abgekühlte Suspension wird scharf abgesaugt, dreimal mit je 5 mL Ethanol, w(C_2H_5OH) = 96 % , gewaschen und weitgehendst trockengesaugt.

Das Endprodukt wird im Trockenschrank oder Vakuumtrockenschrank bei etwa 80 °C getrocknet.

7.1.9 Darstellung von Benzoesäure (im Halbmikromaßstab)

Apparatur

100 mL Dreihalskolben 3 NS 14
Thermometer NS 14
Rückflußkühler NS 14
Tropftrichter 50 mL NS 14
Magnetrührer
100 mL Heizkorb mit Regler

Arbeitsvorschrift

In der Rührapparatur werden 30 mL Natronlauge, w(NaOH) = 8 %, und 7,5 g (0,05 mol) Benzoesäureethylester vorgelegt. Das Gemisch wird 90 Minuten unter kräftigem Rühren am Rückfluß gekocht.

Anschließend wird die klare Lösung, die keinesfalls zwei Phasen bilden darf, in ein Becherglas überführt, auf 20 °C abgekühlt und mit 25 mL Wasser verdünnt. Bei 20 °C wird so lange Salzsäure, w(HCl) = 10 % , zugetropft, bis ein pH-Wert von 2–3 erreicht ist, wobei die Benzoesäure ausfällt.

Die Suspension wird abgesaugt und das Filtrat auf Vollständigkeit der Fällung überprüft. Der scharf abgepreßte Filterkuchen wird dreimal mit je 5 mL kaltem Wasser gewaschen, erneut scharf abgepreßt und je nach Qualität (Aussehen, Schmelzpunkt) umgefällt.

Die Trocknung des Endproduktes erfolgt im Trockenschrank bei etwa 80 °C .

7.1.10 Darstellung von Salicylsäure (im Halbmikromaßstab)

Apparatur

100 mL Dreihalskolben 3 NS 14
Thermometer NS 14
Rückflußkühler NS 14

Tropftrichter 50 mL NS 14
Badschale
Magnetrührer
100 mL Heizkorb mit Regler

Arbeitsvorschrift

In der Rührapparatur werden 30 mL Natronlauge, w(NaOH) = 10 %, und 7,6 g (0,05 mol) Salicylsäuremethylster vorgelegt. Unter Rühren wird dieses Gemisch 90 Minuten am Rückfluß gekocht. Die klare Lösung, die keinesfalls zwei Phasen bilden darf, wird mit 25 mL Wasser verdünnt und auf 20 °C abgekühlt. Bei dieser Temperatur ist solange Salzsäure, w(HCl) = 10 %, zuzutropfen, bis die entstehende Suspension einen pH-Wert von 2–3 zeigt.

Die Salicylsäure wird abgesaugt und das Filtrat durch erneute tropfenweise Zugabe von Salzsäure darauf überprüft, ob die Fällung vollständig verlief. Der Filterkuchen ist dreimal mit je 8 mL kaltem Wasser zu waschen.

Je nach Qualität des Rohproduktes (Aussehen, Schmelzpunkt) kann aus einem Gemisch Wasser/Ethanol 1:2 umkristallisiert oder umgelöst werden.

Die Salicylsäure wird anschließend bei 80 °C im Trockenschrank, besser im Vakuumtrockenschrank, getrocknet.

7.2 In-Prozeß-Kontrolle

Häufig ist ein gewünschtes (End-) Produkt nicht mit einer einzigen chemischen Reaktion herstellbar. Vielmehr müssen oft mehrere Umsetzungen nacheinander durchgeführt werden, um die angestrebte Verbindung zu erhalten. Dabei treten Zwischenprodukte auf, die jeweils gereinigt werden müssen.

Um die Qualität (Reinheit) der Zwischenprodukte zu überprüfen, werden entsprechende analytische Methoden wie z.B. IR-Spektroskopie oder Dünnschicht-Chromatographie angewandt. Nur wenn die Qualität des Zwischenproduktes den gestellten Anforderungen gerecht wird, kann dieses zum weiteren Synthesegang Verwendung finden.

Ein solches Vorgehen wird als In-Prozeß-Kontrolle bezeichnet und bietet den wesentlichen Vorteil, frühzeitig erkennen zu können, ob das Endprodukt qualitativ hochwertig sein wird.

Die mehrstufige Herstellung von Hansagelb® wird als typisches Beispiel für die vernünftige Anwendung einer In-Prozeß-Kontrolle aufgeführt.

In-Prozeß-Kontrolle bei der Herstellung von Hansagelb®

* Ausgangsstoff:	4-Nitrotoluol
	Reinheitskontrolle: Schmelzpunkt, IR
* Zwischenprodukt:	p-Toluidin
	Reinheitskontrolle: Schmelzpunkt, IR, DC
* Zwischenprodukt:	4-Methylacetanilid
	Reinheitskontrolle: Schmelzpunkt, IR, DC
* Zwischenprodukt:	4-Methyl-2-nitroacetanilid
	Reinheitskontrolle: IR, DC
* Zwischenprodukt:	4-Methyl-2-nitroanilin
	Reinheiskontrolle: Schmelzpunkt, IR, DC
* (End-) Produkt:	Hansagelb®
	Reinheitskontrolle: IR, DC

Werden alle (Reinheits-)Kontrollen während des gesamten Herstellungsprozesses durchgeführt und ergeben jeweils ein gutes Qualitätsergebnis, so steht der Weiterverwendung des Zwischenproduktes nichts im Wege.

Anhang

IR-Spektren zur Identifizierung und Reinheitskontrolle der Organischen Präparate (Kap. 5) in alphabetischer Reihenfolge

Acetanilid

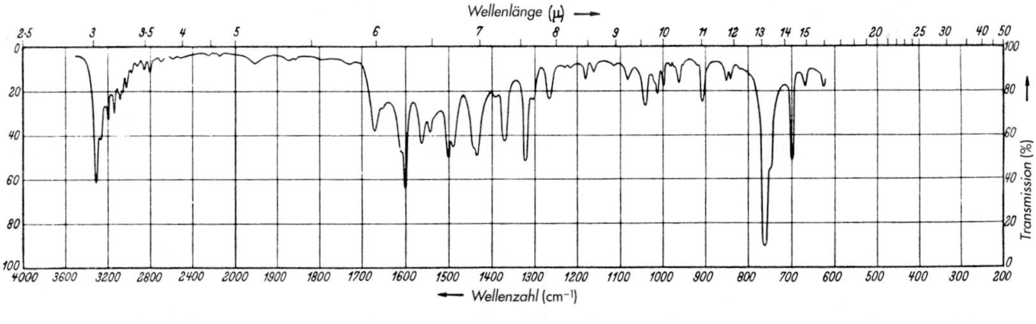

Aceton

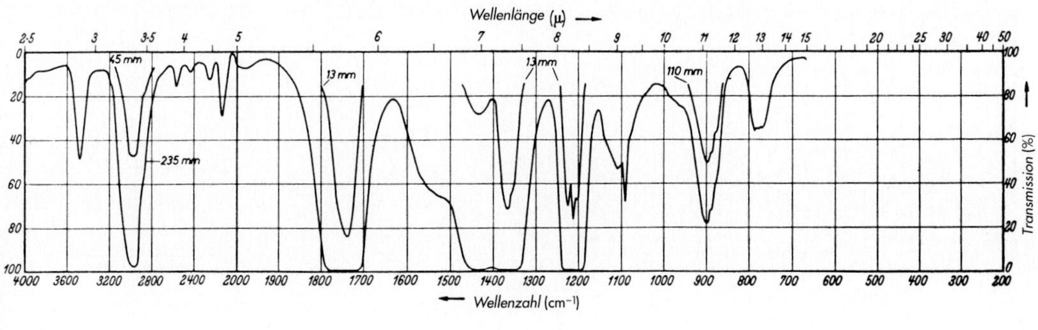

Acetylchlorid

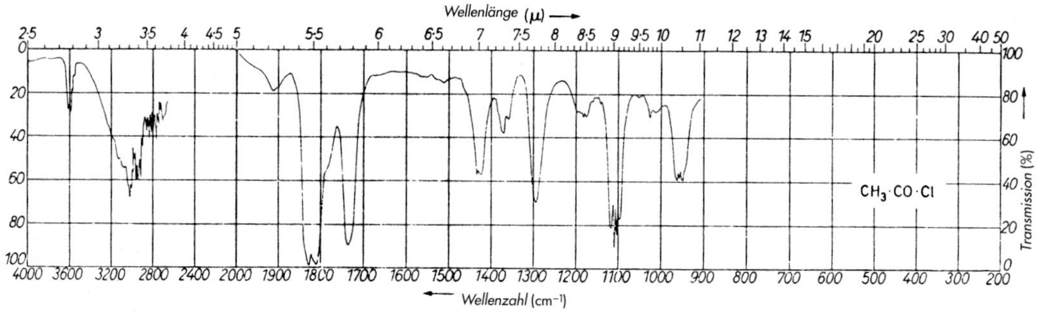

Acetylsalicylsäure

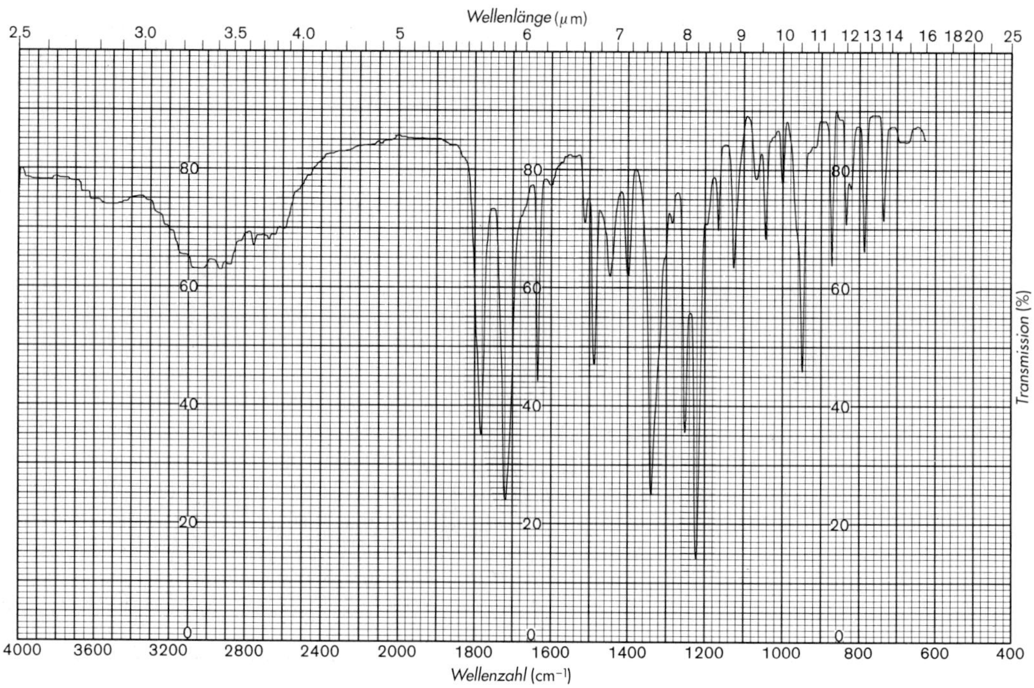

4-Aminoacetanilid

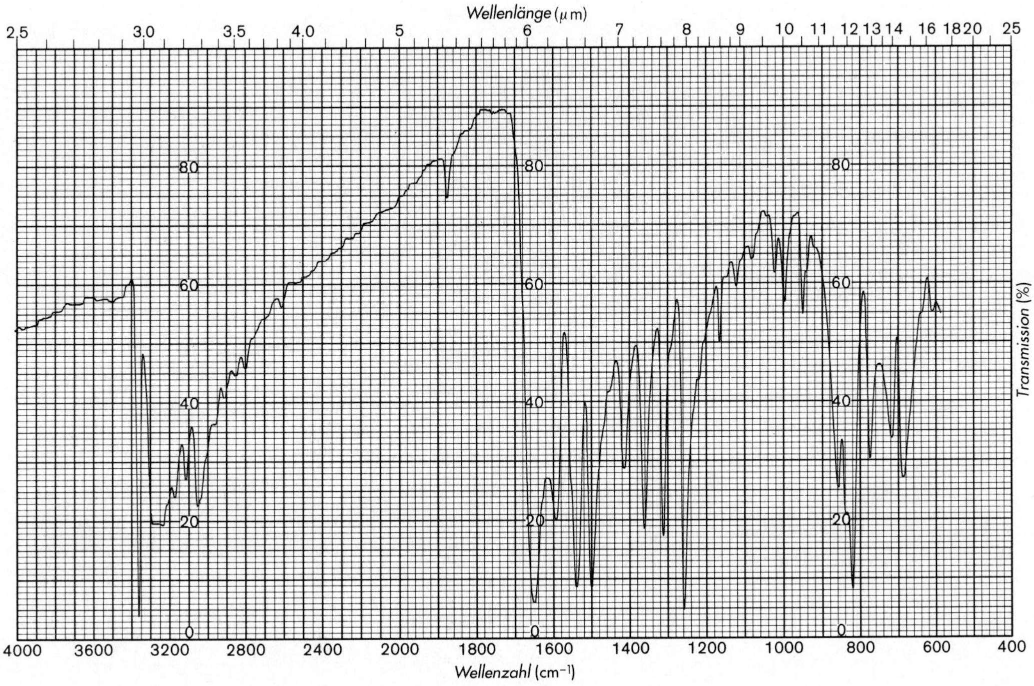

2-Aminobenzoesäure

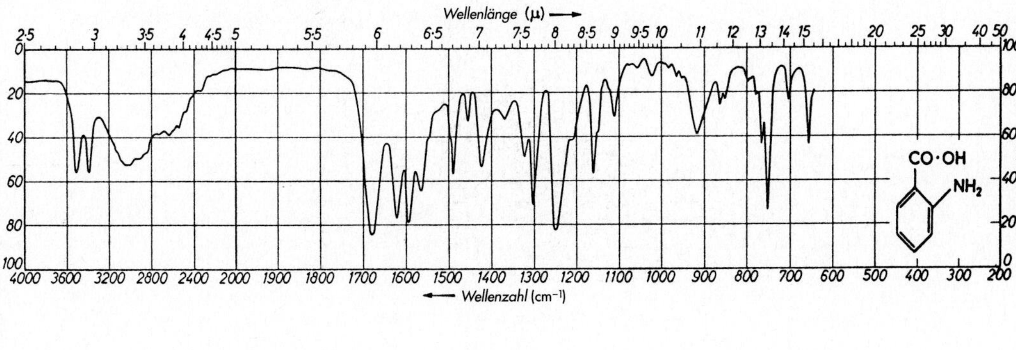

Anilin

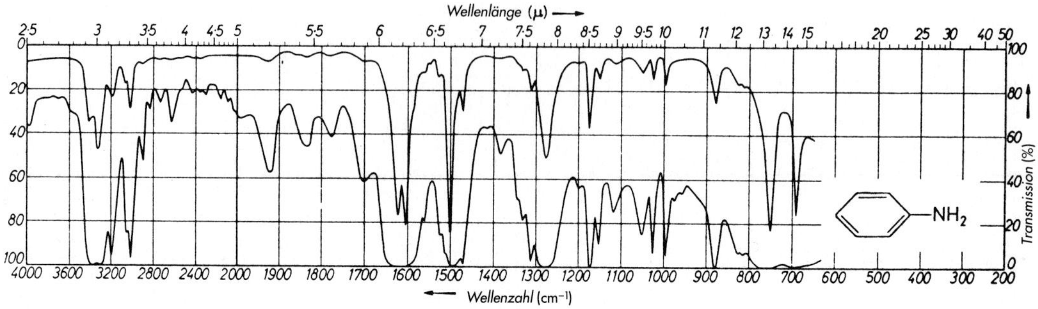

Benzoesäure

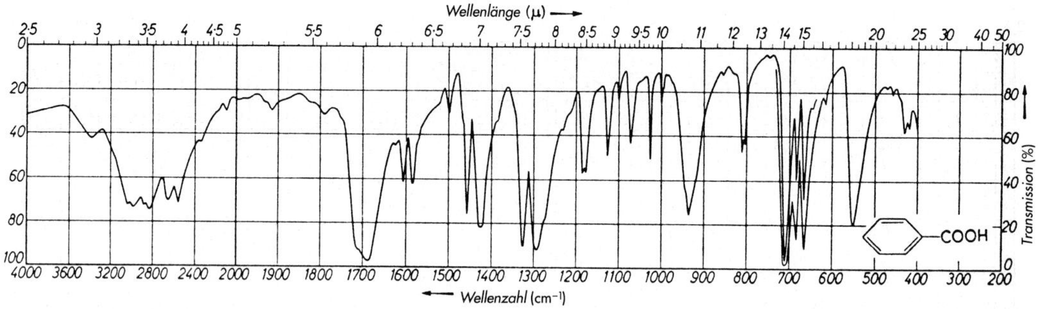

Benzoesäureethylester

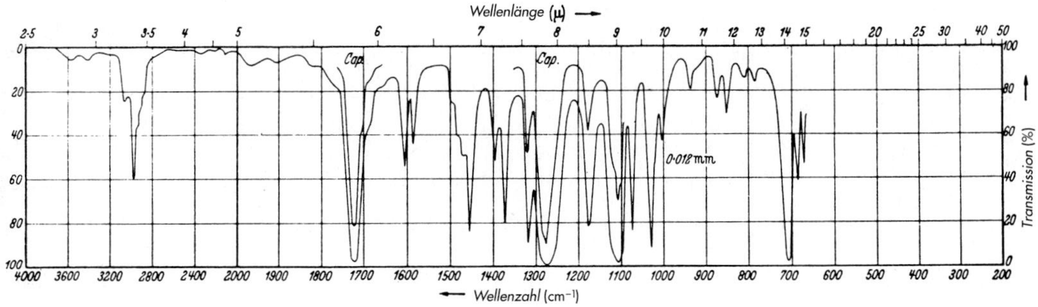

4-Bromacetanilid

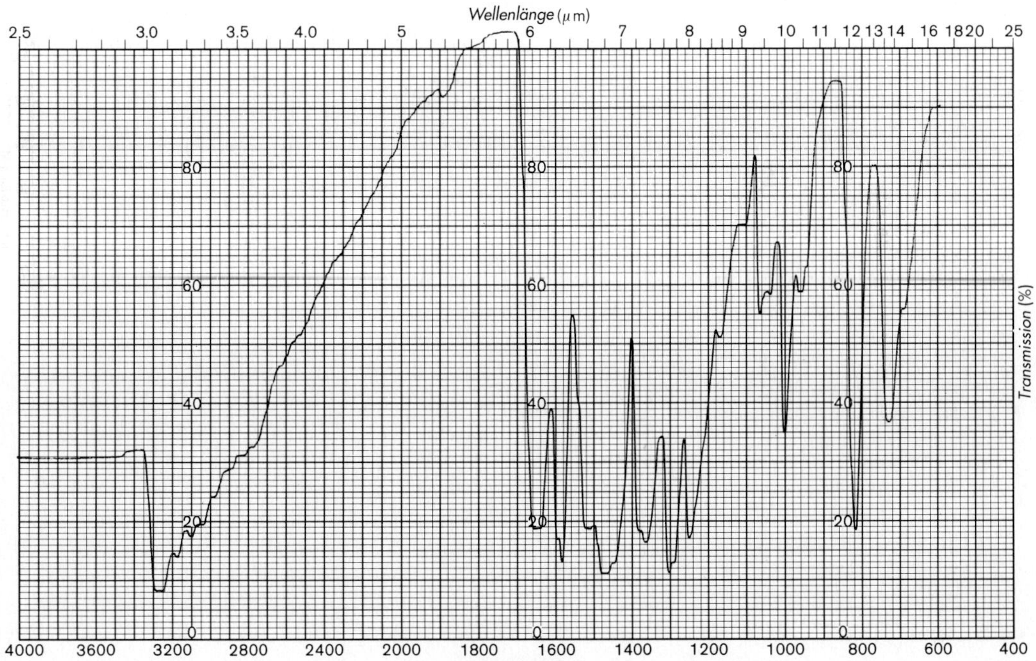

1-Brombutan

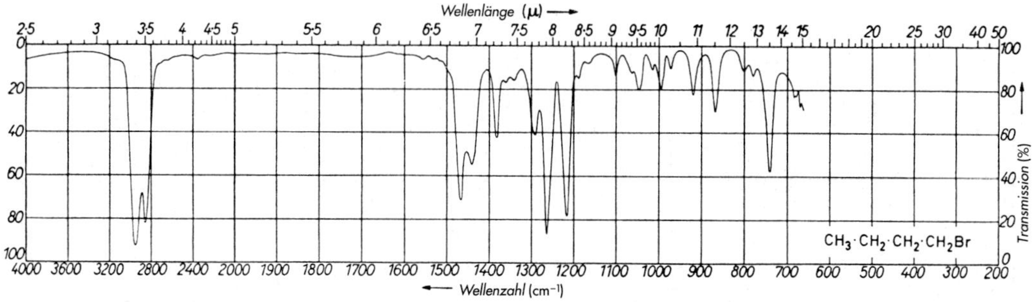

10-Bromundecansäure

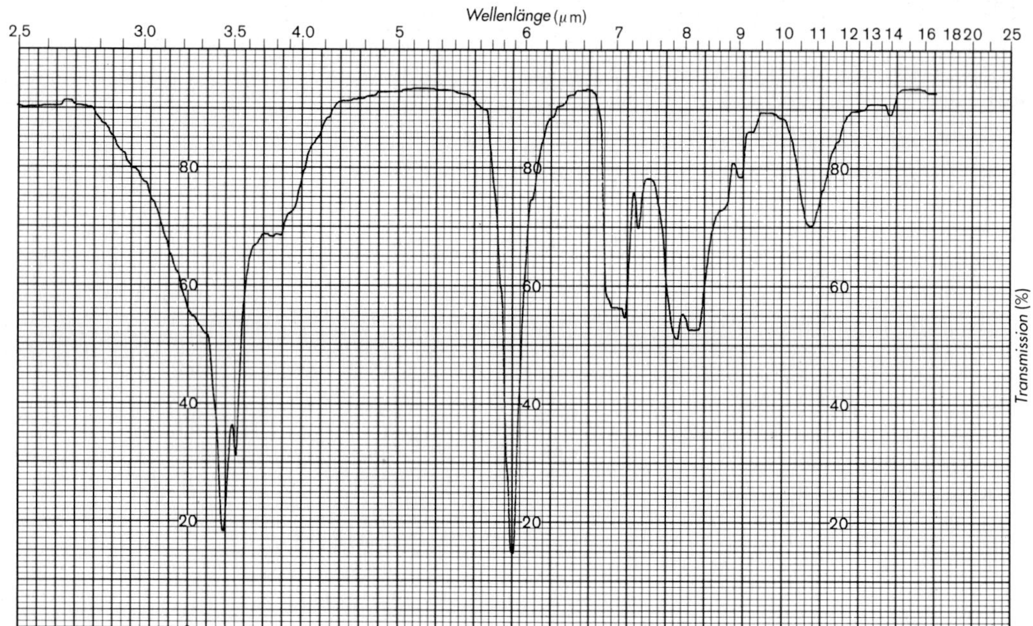

5-tert-Butyl-m-xylol

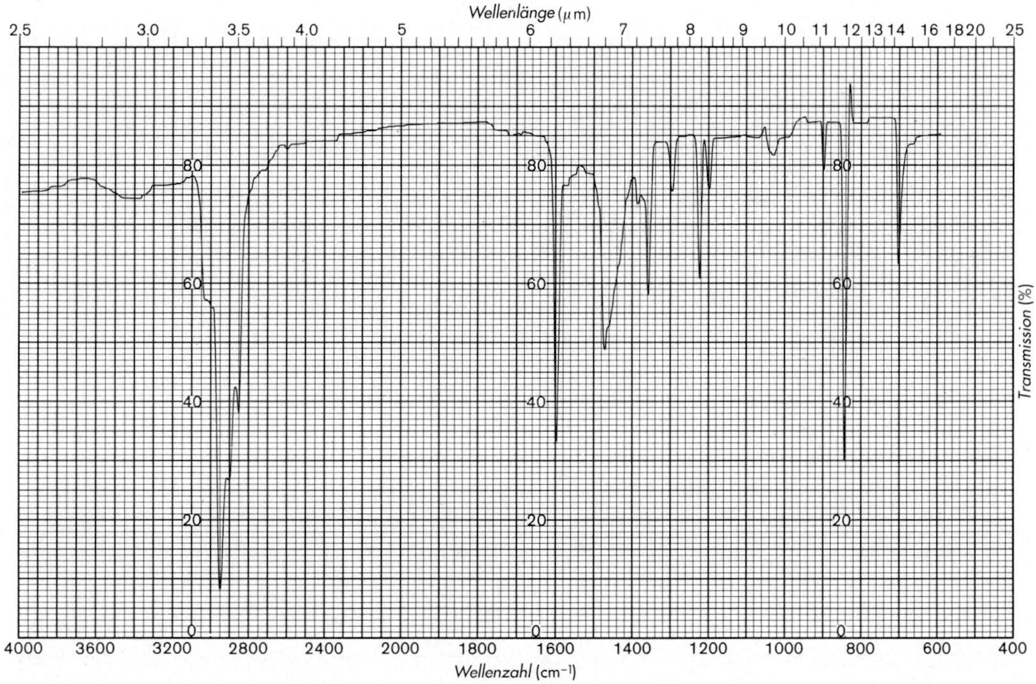

ε-Caprolactam

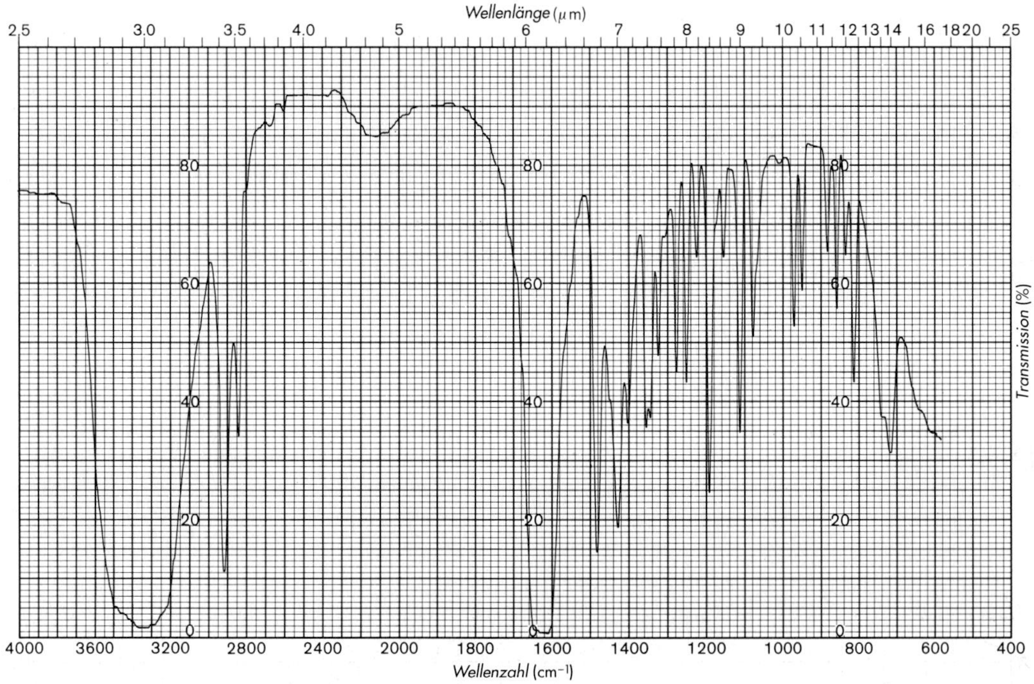

2-Chlorbenzoesäure

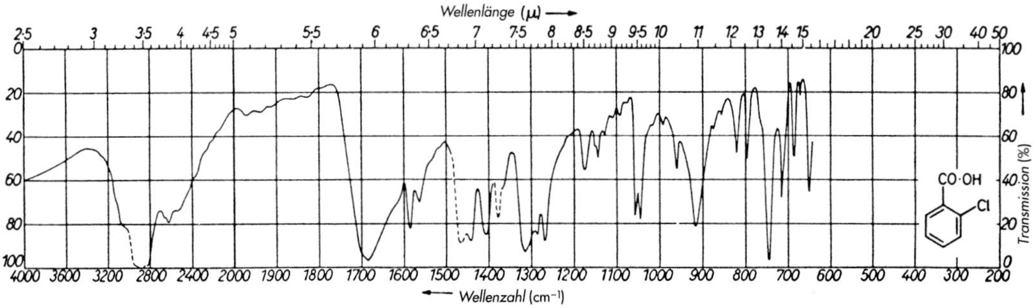

Cyclohexen

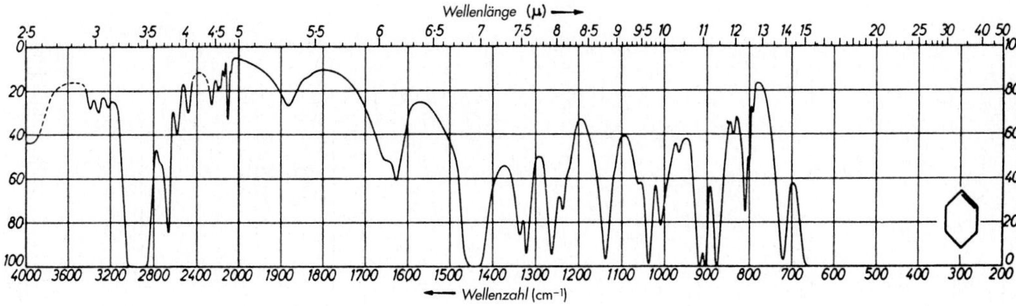

Diacetyldioxim

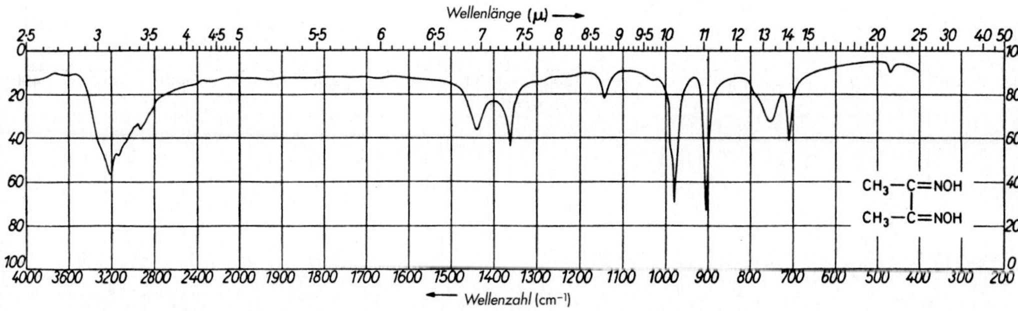

1,2-Dibromcyclohexan

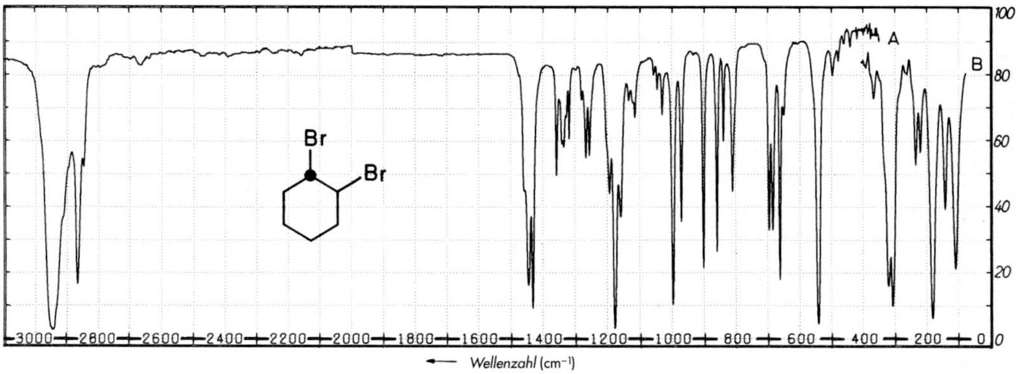

2,4-Dihydroxybenzoesäure

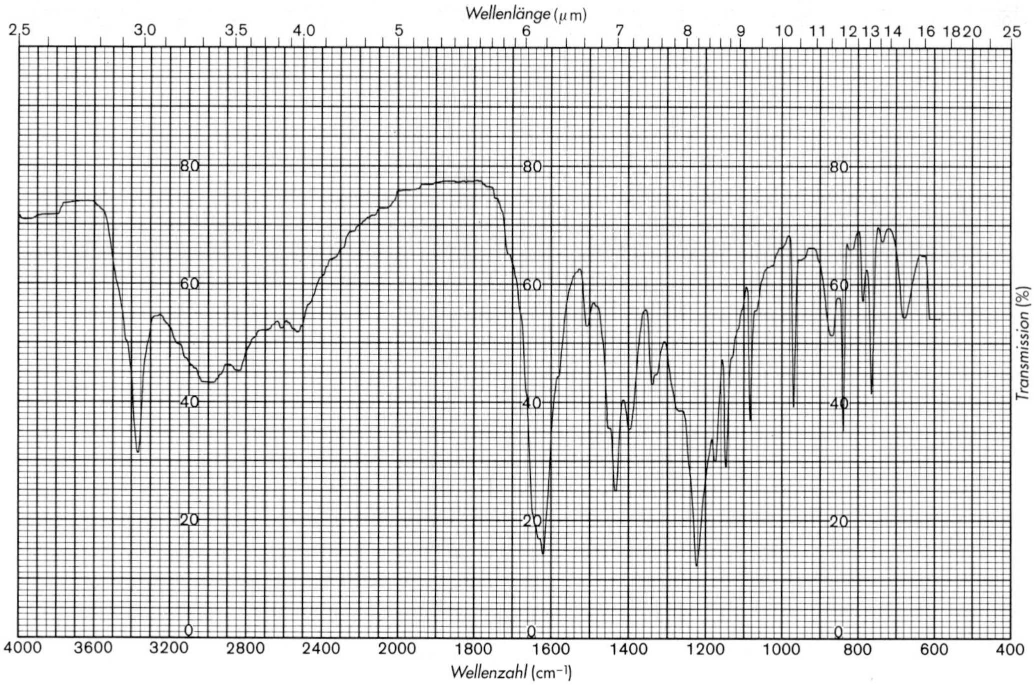

Hansagelb G

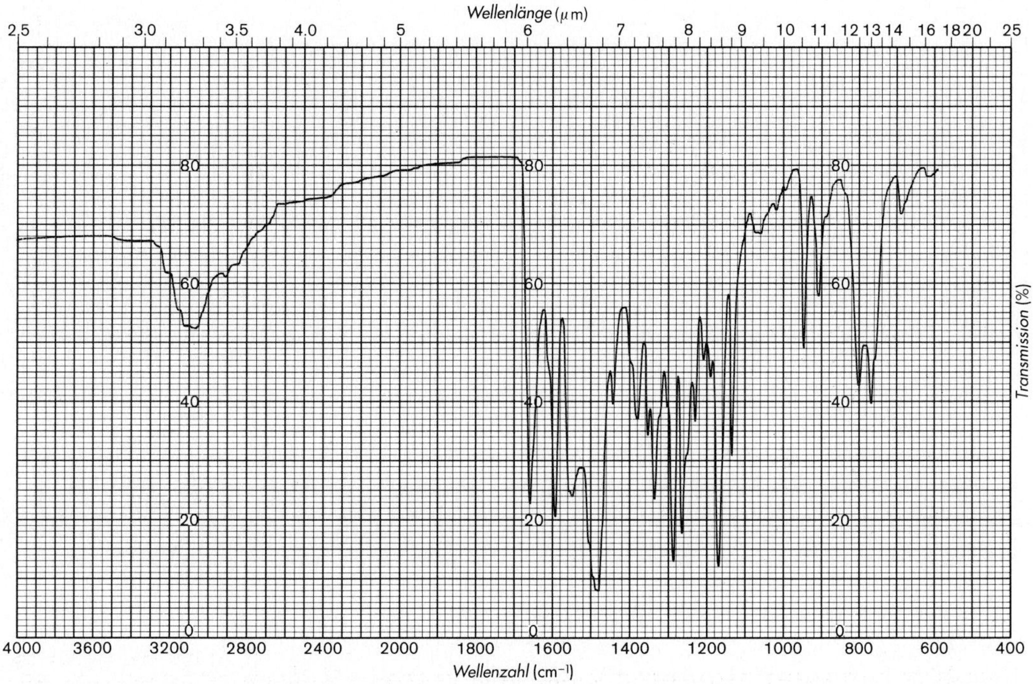
Wellenlänge (μm)
2.5 3.0 3.5 4.0 5 6 7 8 9 10 11 12 13 14 16 18 20 25
Transmission (%)
80 60 40 20 0
4000 3600 3200 2800 2400 2000 1800 1600 1400 1200 1000 800 600 400
Wellenzahl (cm⁻¹)

Indanthrengelb GK

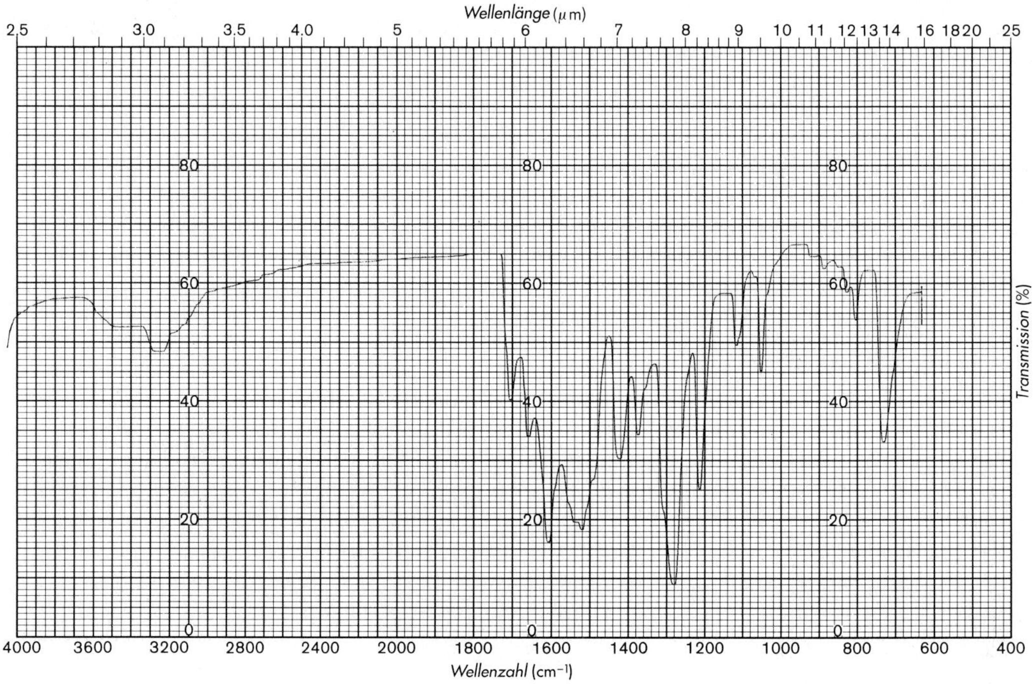

4-Methylacetanilid

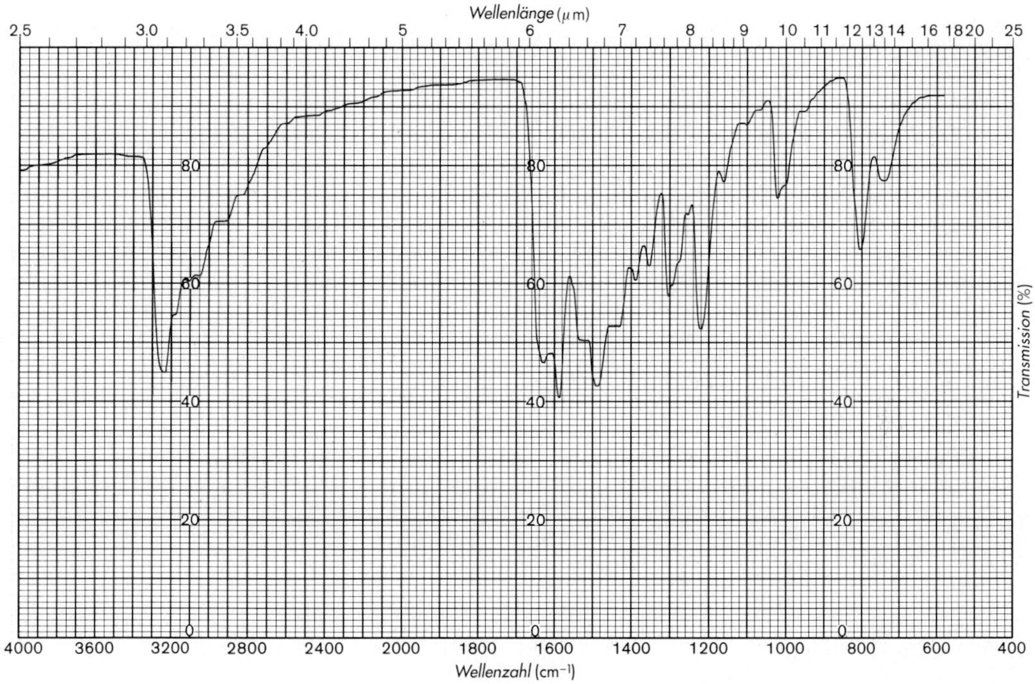

4-Methyl-2-nitroacetanilid

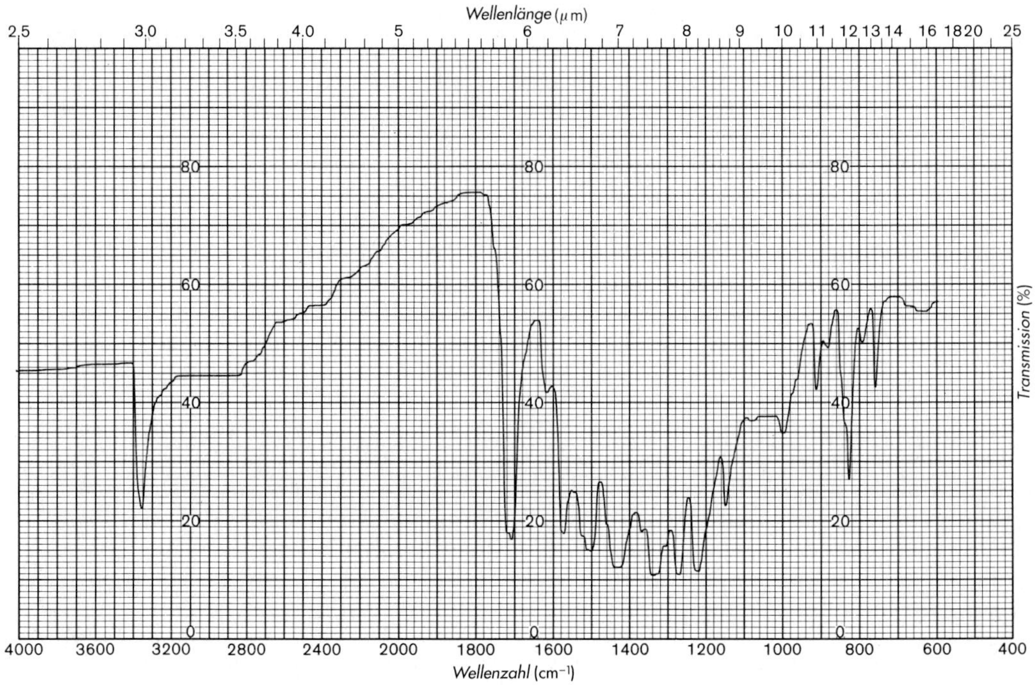

4-Methyl-2-nitroanilin

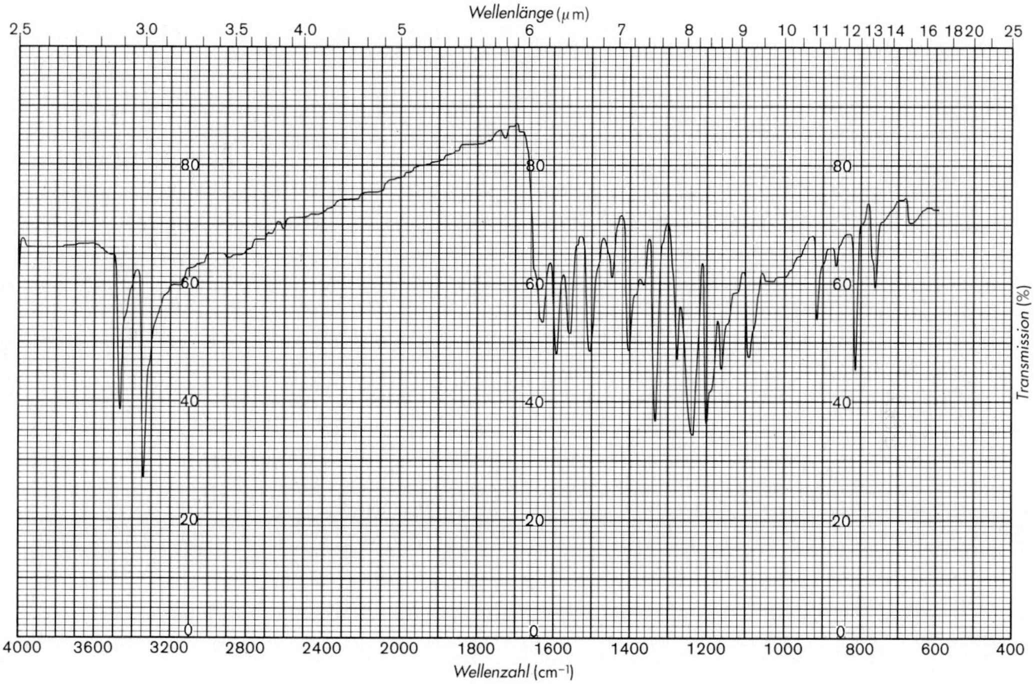

β-Naphtolorange

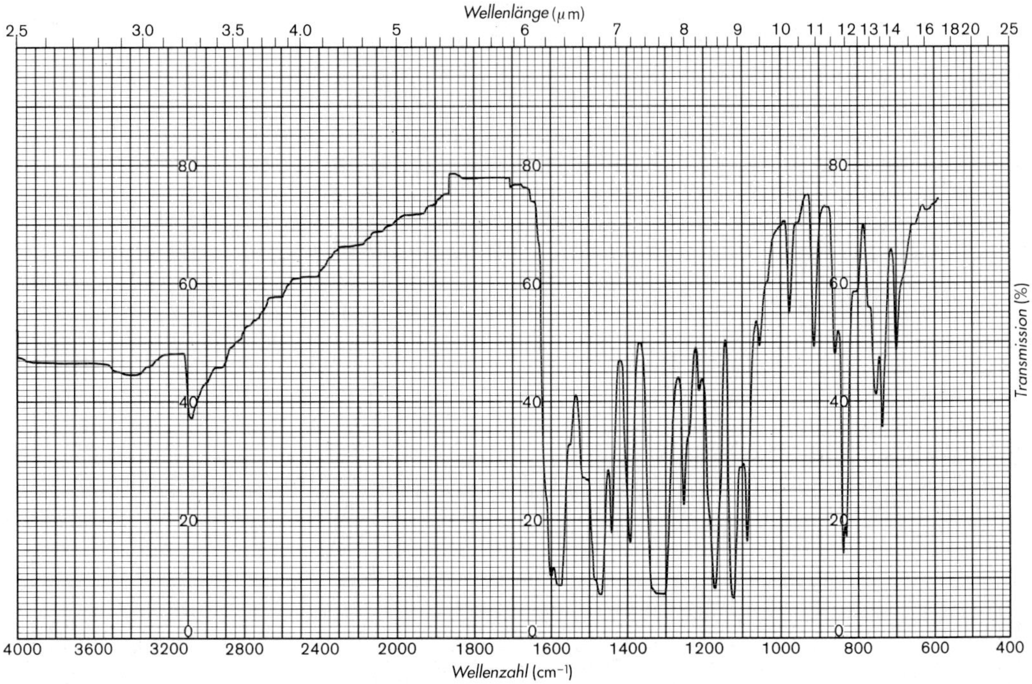

4-Nitroacetanilid

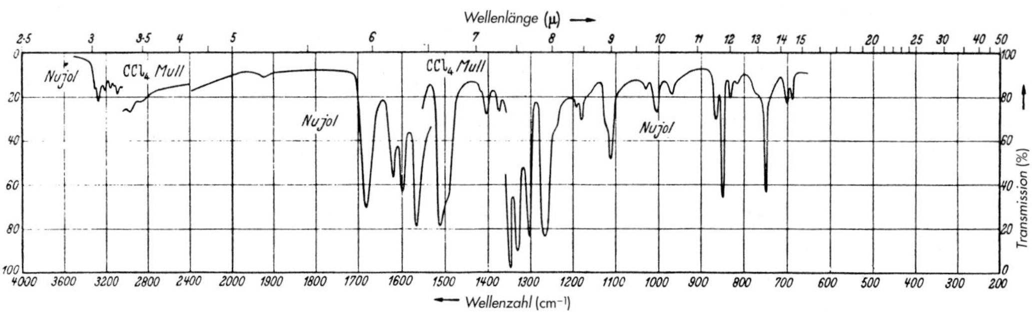

1-Phenyl-3-methylpyrazolon-5

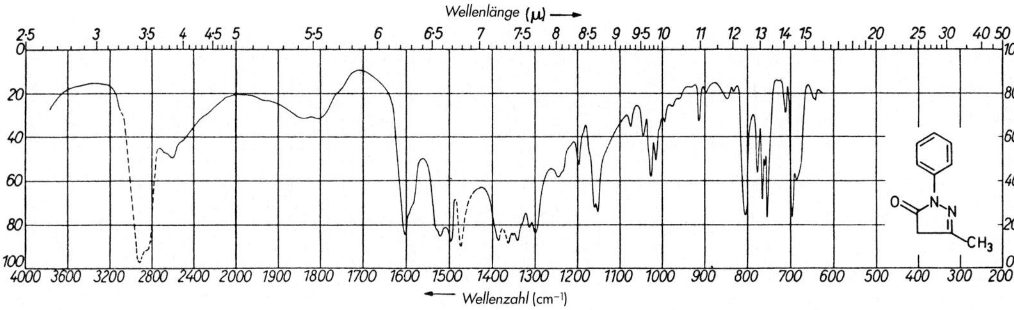

Polymethacrylsäuremethylester

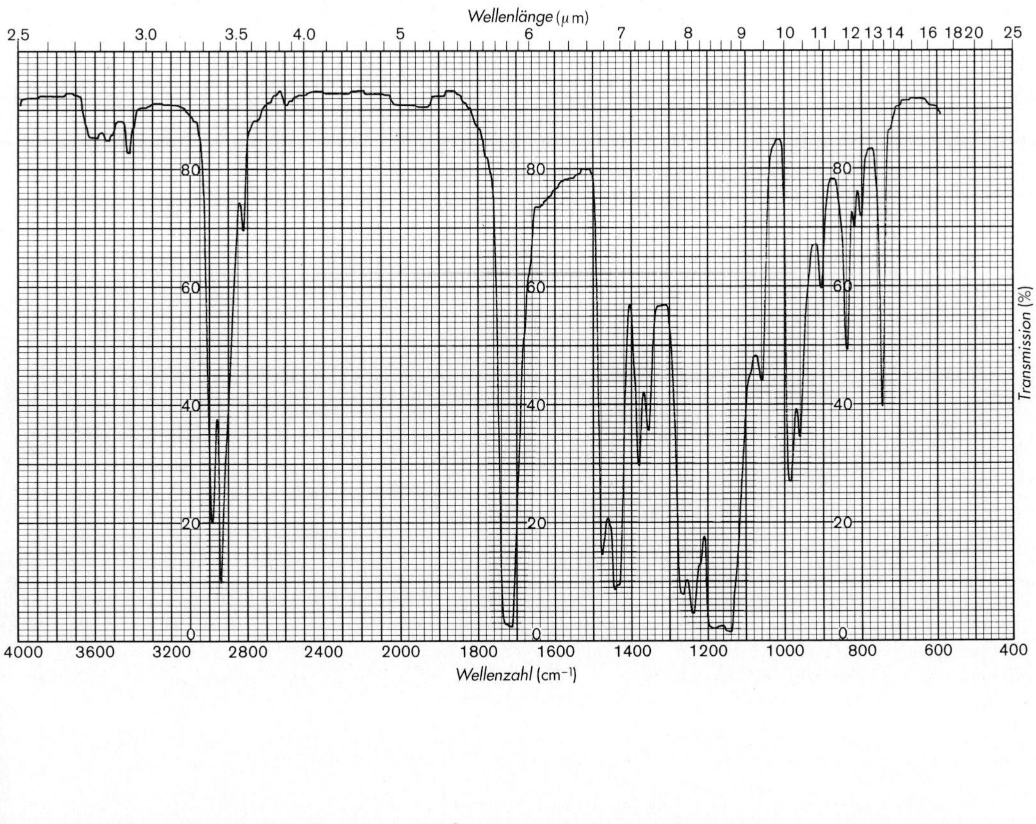

Polyvinylacetat

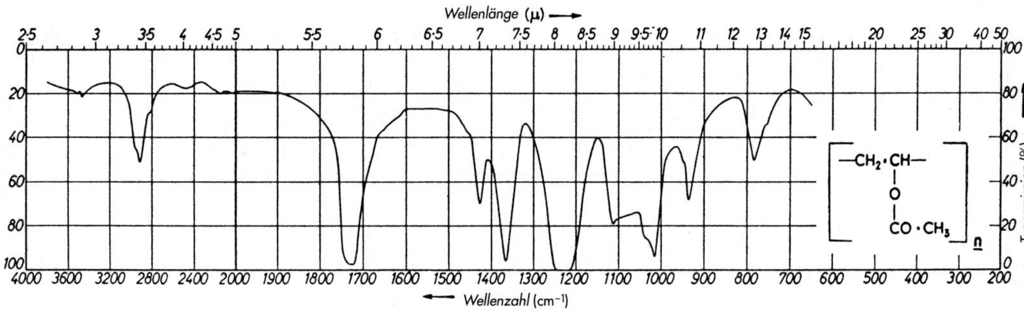

Salicylsäure

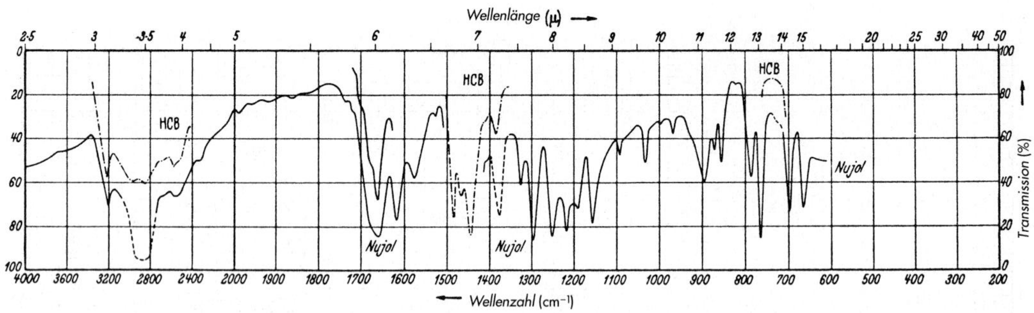

Salicylsäuremethylester

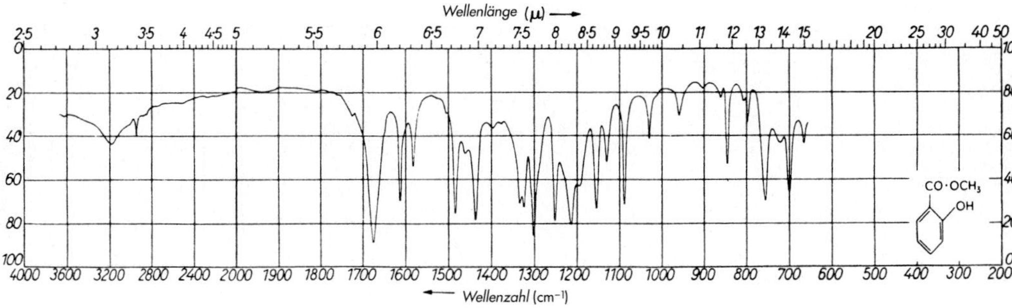

Sudanrot B

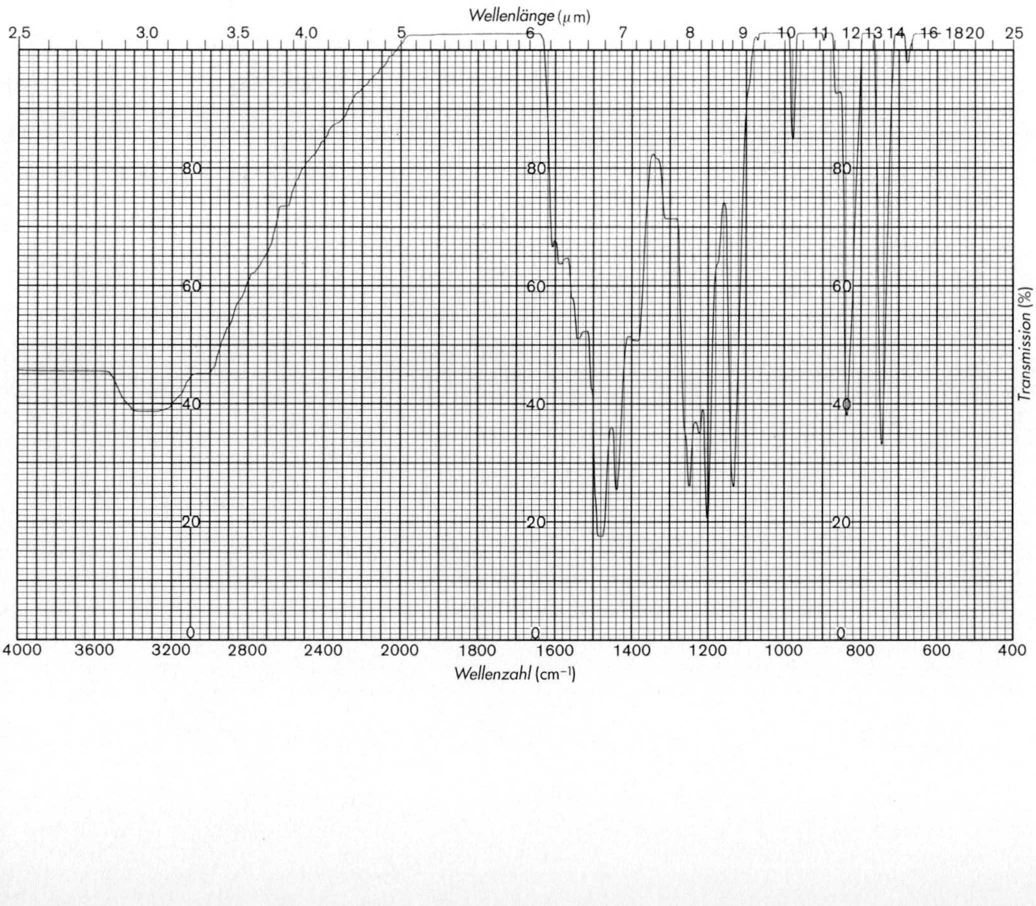

Sulfanilsäure

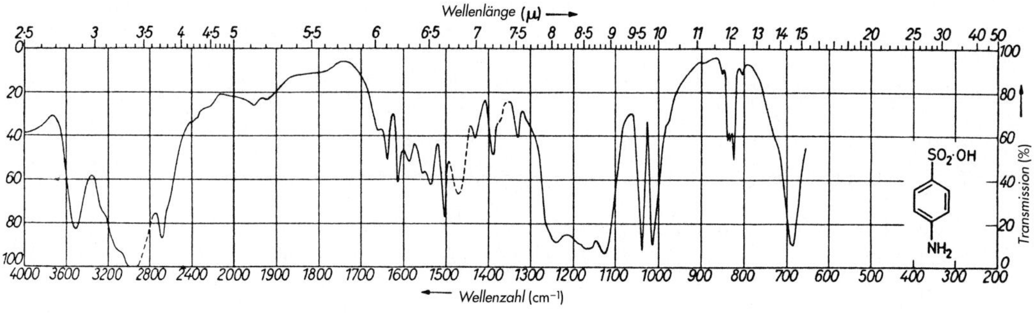

p-Toluidin

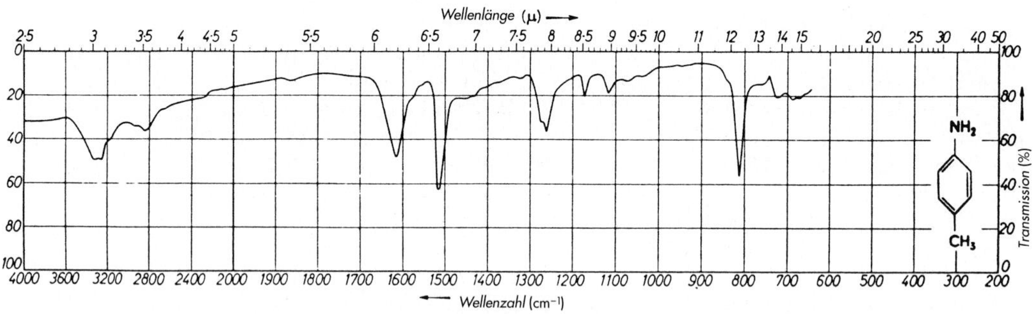

Sachwortregister

Literatur

F. J. Hahn, G. Haubold
Analytisches Praktikum, Band 2a
VCH, Weinheim 1988

T. Gübitz, G. Haubold, C. Stoll
Analytisches Praktikum, Band 2b
VCH, Weinheim 1989

W. Gottwald, R. Sossenheimer
Angewandte Informatik im Labor
VCH, Weinheim 1989

Riedel-de Haen
Laborchemikalien 1992
Seelze 1992

E. Schmittel, G. Bouchee, W.-R. Less
Labortechnische Grundoperationen
2. Auflage, VCH, Weinheim 1990

Klaus Schwetlick u.a.
Organikum
9. Auflage, Deutscher Verlag der Wissenschaften, Berlin 1969

W. Gottwald, W. Puff
Physikalisch-chemisches Praktikum
VCH, Weinheim 1986

Merck
Reagenzien, Diagnostika, Chemikalien
Darmstadt 1992

Peter Sykes
Reaktionsmechanismen in der Organischen Chemie
8. Auflage, Verlag Chemie, Weinheim 1984

Arbeitsatlas der Infrarot-Spektroskopie
Butterworths, Verlag Chemie 1972

Hauptverband der gewerblichen Berufsgenossenschaften
Datenjahrbuch
Universum Verlagsanstalt GmbH KG, Wiesbaden 1992